高等职业教育数控技术专业教学改革成果系列教材

数控设备管理与维护技术基础

主编 朱仁盛
副主编 冯 磊 刘 玲 邵剑光
主审 王 猛

電子工業出版社
Publishing House of Electronics Industry
北京·BEIJING

内 容 简 介

本书是根据高等职业教育数控技术专业“数控设备管理与维护”课程标准，并依据现实一体化的原则而编写，全书介绍了常用数控设备的管理技术基础，数控机床机械部件维护保养技术基础，数控系统的维护保养技术基础，数控机床电气部分维护保养技术基础，数控机床气、液压控制系统的维护保养技术基础等核心内容。

本书可作为高等职业院校数控技术专业、机电技术专业及机电类相关专业的教材，也可作为相关行业岗位培训教材及有关人员自学用书。

图书在版编目(CIP)数据

数控设备管理与维护技术基础 / 朱仁盛主编. —北京：电子工业出版社，2013.2
高等职业教育数控技术专业教学改革成果系列教材
ISBN 978-7-121-19615-7

Ⅰ. ①数… Ⅱ. ①朱… Ⅲ. ①数控机床—设备管理—高等职业教育—教材②数控机床—维护—高等职业教育—教材 Ⅳ. ①TG659

中国版本图书馆 CIP 数据核字(2013)第 030132 号

策划编辑：朱怀永
责任编辑：朱怀永　　特约编辑：王纲
印　　刷：北京七彩京通数码快印有限公司
装　　订：北京七彩京通数码快印有限公司
出版发行：电子工业出版社
　　　　　北京市海淀区万寿路 173 信箱　邮编 100036
开　　本：787×1092　1/16　印张：11.75　字数：301 千字
版　　次：2013 年 2 月第 1 版
印　　次：2021 年 11 月第 10 次印刷
定　　价：24.00 元

凡所购买电子工业出版社图书有缺损问题，请向购买书店调换。若书店售缺，请与本社发行部联系，联系及邮购电话：(010)88254888，88258888。

质量投诉请发邮件至 zlts@phei.com.cn，盗版侵权举报请发邮件至 dbqq@phei.com.cn。

本书咨询联系方式：(010)88254608。

前　言

本书是高等职业院校教学改革成果系列教材之一。在教育部新一轮职业教育教学改革的进程中，来自高等职业院校教学工作一线的骨干教师和学科带头人，通过社会调研，对劳动力市场人才需求分析和进行课题研究，在企业有关人员积极参与下，研发了机电技术专业、数控技术专业人才培养方案，并制定了相关核心课程标准。本书是根据最新制定的“数控设备的管理与维护技术基础核心课程标准”编写的。

数控设备的管理和维护，面向制造类企业，围绕常用数控设备的管理与维护技术，以“实用、够用、兼顾学生可持续发展”为原则，组织教材内容。课程教学把提高学生的职业能力放在突出的位置，加强实践性教学环节，努力使学生成为企业生产服务一线迫切需要的高技能人才。

本书的编写主要有以下几个方面特点：

① 凸现职业教育特色。以就业为导向，根据职业院校数控技术专业及工程技术类相关专业学生将来面向的职业岗位群对高素质技能型人才提出的相关职业素养要求来组织本课程的结构与内容，降低理论的难度，注重学生实践技能的培养与训练。

② 根据职业院校数控技术专业及工程技术类相关专业毕业生将从事的职业岗位(群)要求，按企业要求的毕业生必须了解哪些知识、掌握什么技术、具备哪些能力，删除原教学内容中难、繁、深、旧的部分，对原教学内容中过多的理论推导及繁琐的验证计算降低难度；重点介绍数控机床机械部件维护保养技术基础，数控系统的维护保养技术基础，数控机床电气部分维护保养技术基础，数控机床气、液压控制系统的维护保养技术基础；根据各校实验实训具体条件，教材中提供了一定的技能实训内容，为各学校教学的自主性、灵活性留有一定的空间。

③ 体现以能力为本位的职教理念，以学生的“行动能力”为出发点组织教材内容；合理选取各单元内容，由浅入深、循序渐进，符合学生的认知规律；每个单元后面都配有一定数量的习题与思考，通过学习与训练，培养学生本课程的综合应用能力，以及为后续其他课程的学习打下良好的基础。

学时分配建议如下：

序号	内　容	课　时
1	单元一　数控设备管理技术基础	10
2	单元二　数控机床机械部件维护保养技术基础	16
3	单元三　数控系统的维护保养技术基础	14
4	单元四　电气部分维护保养技术基础	10
5	单元五　气、液压控制系统的维护保养技术基础	8
6	机　　动	2
7	总　　计	60

本书由江苏省泰州机电高等职业技术学校朱仁盛任主编，编写了单元一、单元五；扬州高等职业技术学校刘玲编写单元四，泰州机电高等职业技术学校冯磊编写单元二；邵剑光编写单元三。本书由常州刘国钧机电高等职业技术学校王猛任主审，对书稿提出了许多宝贵的修改意见和建议，提高了书稿质量，在此表示衷心的感谢！

本书作为教学改革成果系列教材之一，在推广使用中，非常希望得到其教学适用性反馈意见，以便不断改进与完善。由于编者水平有限，书中错漏之处在所难免，敬请读者批评指正。

编者

2012 年 9 月

目　录

单元一　数控设备管理技术基础

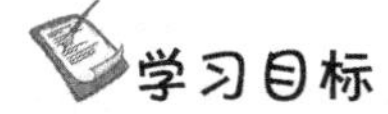

学习目标

1. 了解数控设备管理的内容及其知识；
2. 熟悉数控设备管理的企业岗位及职责；
3. 了解企业数控设备管理常见模式及其发展趋势；
4. 认识封闭式管理模式和现代化联网集成管理的特点；
5. 初步掌握数控设备技术管理和经济管理的内容；
6. 熟悉企业设备管理制度。

教学要求

1. 观看数控设备管理的技术录像；
2. 参观数控加工技术企业及数控实训工厂；
3. 利用互联网查找数控设备管理的技术资料，进行案例分析；
4. 进一步熟悉数控设备的常见管理模式和管理流程。

随着科学技术的发展，对机械产品的加工相应提出了高精度、高柔性与高度自动化的要求，数字控制机床就是为了解决单件、小批量，特别是复杂型面零件加工的自动化并保证质量的要求而产生的。

数控机床的发展先后经历了电子管(1952年)、晶体管(1959年)、小规模集成电路(1965年)、大规模集成电路及小型计算机(1970年)和微处理机或微型机算机(1974年)等五代数控系统。

拥有数控设备是企业综合实力的体现，科学、规范地管理好数控设备，最大限度地利用设备，对提高企业生产效益是十分有益的。数控设备管理是一门十分丰富的综合工程科学。

一、数控设备管理基础知识

(一) 数控设备常见种类简介

设备是企业主要的生产工具，也是企业现代化水平的重要标志。设备既是发展国民经济的物质技术基础，又是衡量社会发展水平与物质文明程度的重要尺度。

随着生产的发展，设备现代化水平不断提高，数控设备的出现更是进一步提高了生产率，降低了工人的劳动强度。

数控设备是利用数字指令来控制设备实现动作的。数控机床是典型的数控设备，它集机械制造、计算机、气动、传感检测、液压、技术等于一体，具有柔性，能够进行复杂型面零件的加工，解决工艺难题；能实现机械加工的高速度、高精度和高度自动化，代表了机床发展的方向。

数控机床的种类很多，分类方法也很多，主要有以下一些分类方法。

1. 按工艺用途分类

① 数控车床（ NC Lathe）；
② 数控铣床（NC Milling Machine）；
③ 数控钻床（NC Drilling Machine）；
④ 数控镗床（NC Boring Machine）；
⑤ 数控齿轮加工机床（NC Gearing Holding Machine）；
⑥ 数控平面磨床（NC Surface Grinding Machine）；
⑦ 数控外圆磨床（NC External Cylindrical Grinding Machine）；
⑧ 数控轮廓磨床（NC Contour Grinding Machine）；
⑨ 数控工具磨床（NC Tool Grinding Machine）；
⑩ 数控坐标磨床（NC Jig Grinding Machine）；
⑪ 数控电火花加工机床（NC Dieseling Electric Discharge Machine）；
⑫ 数控线切割机床（NC Wire Discharge Machine）；
⑬ 数控激光加工机床（NC Laser Beam Machine）；
⑭ 数控冲床（NC Punching Press）；
⑮ 加工中心（Machine Center）；
⑯ 数控超声波加工机床（NC Ultrasonic Machine）；
⑰ 其他（如三坐标测量机等）。

2. 按控制的运动轨迹分类

（1） 点位控制系统

点位控制系统是指数控系统只控制刀具或机床工作台，从一点准确地移动到另一点，而点与点之间运动的轨迹不需要严格控制的系统。为了减少移动部件的运动与定位时间，一般先快速移动到终点附近位置，然后再低速准确移动到终点定位位置，以保证良好的定位精度。移动过程中，刀具不进行切削。使用这类控制系统的主要有数控坐标镗床、数控钻床、数控冲床等。如图 1-1 所示是点位控制加工示意图。

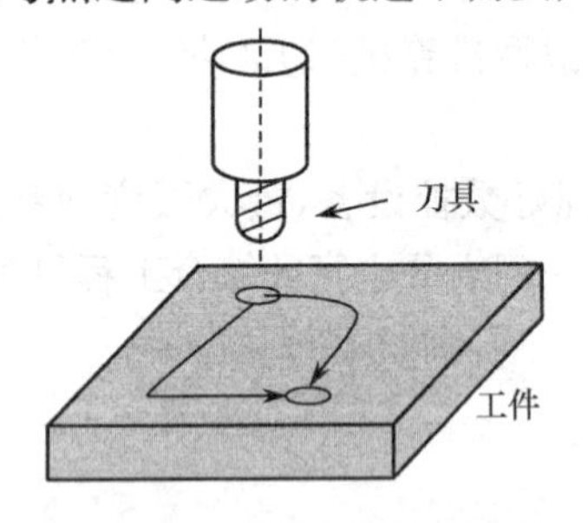

图 1-1　点位控制加工示意图

（2） 点位直线控制系统

点位直线控制系统是指数控系统不仅控制刀具或工作台从一个点准确地移动到下一个点，而且保证在两点之间的运动轨迹是一条直线的控制系统。移动过程中，刀具可以进行切削。应用这类控制系统的有数控车床、数控钻床和数控铣床等。如图 1-2 所示是点位直线控制切削加工示意图。

（3） 轮廓控制系统

轮廓控制系统也称连续切削控制系统，是指数控系统能够对两个或两个以上的坐标轴同时进行严格连续控制的系统。它不仅能控制移动部件从一个点准确地移动到另一个点，而且还能控制整个加工过程每一点的速度与位移量，将零件加工成一定的轮廓形状。应用这类控制系统的有数控铣床、数控车床、数控齿轮加工机床和加工中心等。如图 1-3 所示是轮廓控制数控加工示意图。

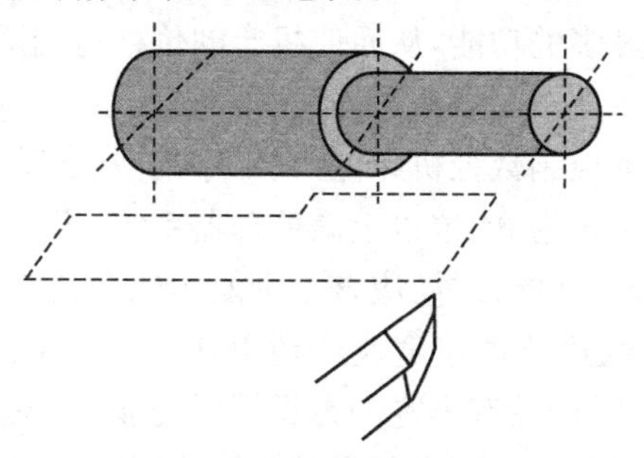

图 1-2　点位直线控制切削加工示意图

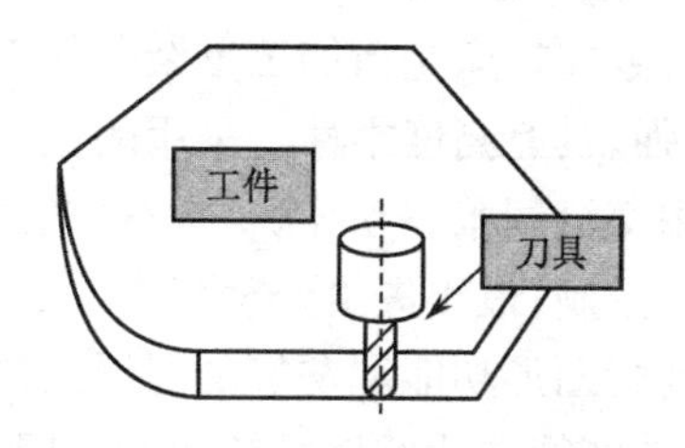

图 1-3　轮廓控制数控加工示意图

3. 按控制坐标联动轴数分类

数控系统控制几个坐标轴按一定的函数关系同时协调运动，称为坐标联动，按照联动轴数可以分为以下几种。

(1) 两轴联动

数控机床能同时控制两个坐标轴联动，适于数控车床加工旋转曲面或数控铣床铣削平面轮廓。

(2) 两轴半联动

在两轴的基础上增加了 Z 轴的移动，当机床坐标系的 X 和 Y 轴固定时，Z 轴可以作周期性进给。两轴半联动加工可以实现分层加工。

(3) 三轴联动

数控机床能同时控制三个坐标轴的联动，用于一般曲面的加工。普通的型腔模具均可以用三轴加工完成。

(4) 多坐标联动

数控机床能同时控制四个以上坐标轴的联动。多坐标数控机床的结构复杂，精度要求高，程序编制复杂，适于加工形状复杂的零件，如叶轮、叶片类零件。

通常，三轴机床可以实现二轴、二轴半、三轴加工；五轴机床也可以只用到三轴联动加工，而其他两轴不联动。

4. 按性能分类

(1) 经济型数控机床

经济型数控机床是数控机床的一种，又称简易数控机床。它的主要特点是价格便宜，功能针对性强。一般情况下，普通机床改装成简易数控机床后可以提高工效 1～4 倍，同时能降低废品率，提高产品质量，又可减轻工人劳动强度。

(2) 中档型数控机床

这类数控机床的数控系统功能较多，但不追求过多，以实用为准，除了具有一般数控系统的功能以外，还具有一定的图形显示功能及面向用户的宏程序功能等。采用的微型计算机系统一般为 32 位微处理器系统，具有 RS-232 通信接口；机床的进给多用交流或直流伺服驱动，一般系统能实现 4 轴或 4 轴以下联动控制；进给分辨率为 1μm，快速进给速度为 10～20m/min；其输入、输出的控制一般可由可编程控制器来完成，从而大大增强了系统的可靠性和控制的灵活性。这类数控机床的品种极多，几乎覆盖了各种机床类别，且其价格适中。目前它总的趋势是趋向于简单、实用，不追求过多的功能，从而使机床的价格适当降低。

(3) 高档型数控机床

高档型数控机床是指加工复杂形状工件的多轴控制数控机床，且其工序集中、自动化程度高、功能强，具有高度柔性。采用的微型计算机系统为 64 位以上微处理器系统；机床的进给大都采用交流伺服驱动，除了具有一般数控系统的功能以外，应该至少能实现 5 轴或 5 轴以上的联动控制；最小进给分辨率为 0.1μm，最大快速移动速度能达到 100m/min 或更高；具有三维动画图形功能和友好的图形用户界面，同时还具有丰富的刀具管理功能、宽调速主轴系统、多功能智能化监控系统和面向用户的宏程序功能，还有很强的智能诊断功能和智能工艺数据库，能实现加工条件的自动设定，且能实现计算机的联网和通信。这类系统的数控机床功能齐全，价格昂贵。

5. 按进给伺服系统分类

由数控装置发出脉冲或电压信号，通过伺服系统控制机床各运动部件运动。数控机床按进给伺服系统控制方式可分为三种类型：开环控制系统、闭环控制系统和半闭环控制系统。

(1) 开环控制系统

这种控制系统采用步进电机，无位置测量元件，输入数据经过数控系统运算，输出指令脉冲控制步进电机工作，如图 1-4 所示。这种控制方式对执行机构不检测，无反馈控制信号，因此称为开环控制系统。开环控制系统的设备成本低，调试方便，操作简单，但控制精度低，工作速度受到步进电机的限制。

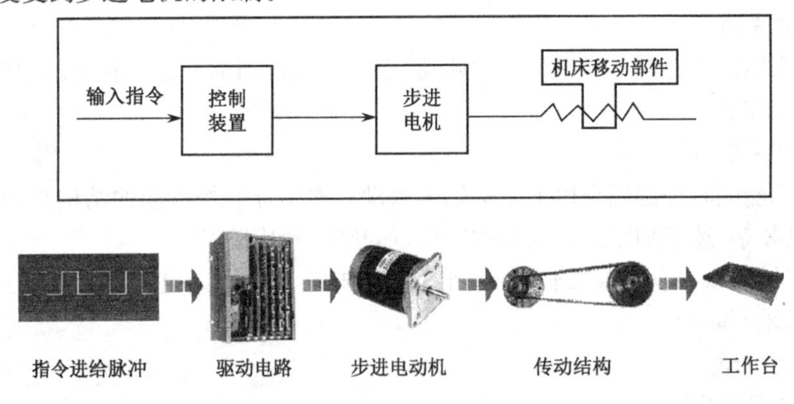

图 1-4　开环控制系统

(2) 闭环控制系统

这种控制系统绝大多数采用伺服电机，有位置测量元件和位置比较电路。如图 1-5 所示，测量元件安装在工作台上，测出工作台的实际位移值反馈给数控装置，位置比较电路将测量元件反馈的工作台实际位移值与指令的位移值相比较，用比较的误差值控制伺服电机工作，直至到达实际位置，误差值消除，所以称为闭环控制。闭环控制系统的控制精度高，但要求机床的刚性好，对机床的加工、装配要求高，调试较复杂，而且设备的成本高。

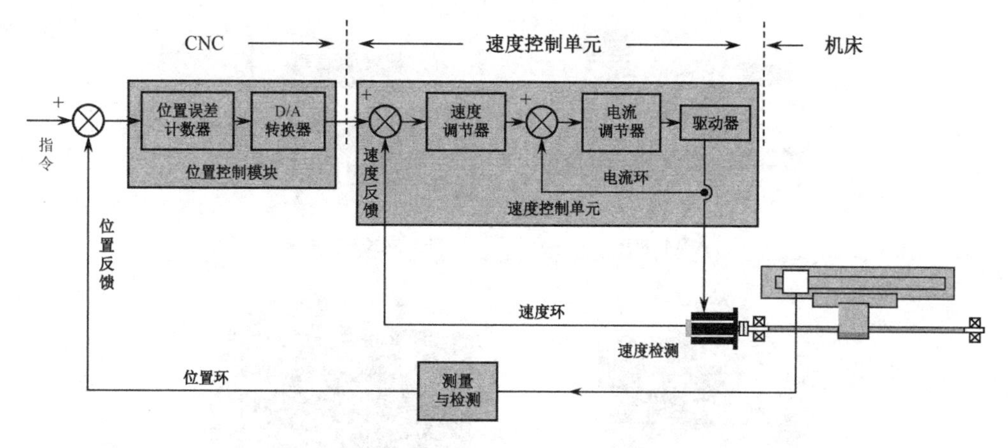

图 1-5　闭环控制系统

(3) 半闭环控制系统

如图 1-6 所示，这种控制系统的位置测量元件不是测量工作台的实际位置，而是测量伺服电机的转角，经过推算得出工作台位移值，反馈至位置比较电路，与指令中的位移值相比较，用比较的误差值控制伺服电机工作。这种用推算方法间接测量工作台位移，不能补偿数控机床传动链零件误差的系统，称为半闭环控制系统。半闭环控制系统的控制精度高于开环控制系统，调试比闭环控制系统容易，设备的成本介于开环与闭环控制系统之间。

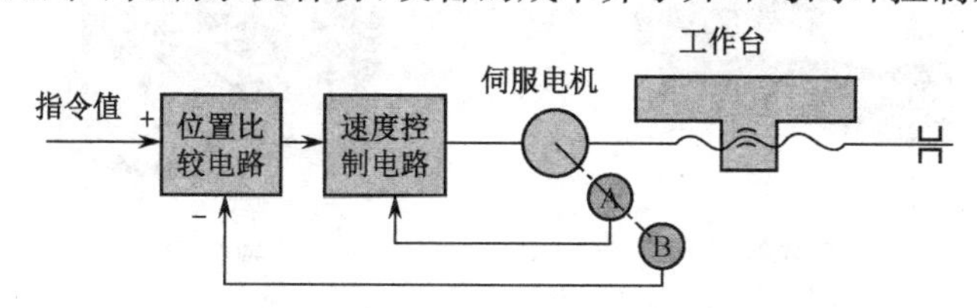

图 1-6　半闭环控制系统

常见的数控机床如图 1-7 所示。

(二) 数控设备管理的内涵

数控设备管理是指对数控设备从选择、评价、使用、维护修理、更新改造直至报废处理全过程的管理工作的总称。企业的数控设备在其使用寿命周期内有两种运动的形态：一是实物形态，包括数控设备的选购、进企业验收、安装、调试、使用、维修、改造更新等，对设备的物质运动形态的管理称为设备的技术管理；二是价值形态，包括设备的最初投资、维修费用支出、折旧、更新改造资金的支出等。对价值运动形态的管理称为设备的经济管理。工业企业的设备管理，应包括两种形态的全面管理。

1. 数控设备管理的形成与发展

数控设备管理是随着工业生产的发展、设备现代化水平的不断提高，以及管理科学和技术的发展逐步发展起来的，设备管理发展的历史主要体现在设备维修方式的演变上，大致经历了以下 3 个历史时期。

(1) 事后维修阶段

事后维修就是企业的机床设备发生了损坏或事故以后才进行修理，可划分为 2 个阶段。

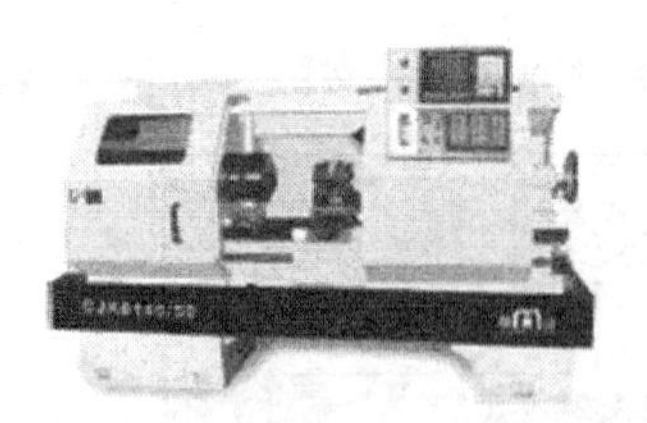

（a）卧式数控机床

（b）立式数控机床

（c）立式数控铣床

（d）数控磨床

（e）卧式加工中心

（f）五轴加工中心

（g）快走丝数控线切割机床

（h）电火花机床

图 1-7　常见的数控机床

① 兼修阶段。在 18 世纪末到 19 世纪初，以广泛使用蒸汽机为标志的第一次工业革命后，由于机器生产的发展，生产中开始大量使用机器设备；但工企业规模小、生产水平低、技术水平落后、机器结构简单，机器操作者可以兼做维修，不需要专门的设备维修人员。

② 专修阶段。随着工业发展和技术进步，尤其在 19 世纪后半期，以电力的发明和应用为标志的第二次工业革命以后，由于内燃机、电动机等的广泛使用，生产设备的类型逐渐增多，结构越来越复杂，设备的故障和突发的意外事故不断增加，对生产的影响更为突出。这

时设备维修工作显得更加重要，由原来操作工人兼做修理工作已很不适应，于是修理工作便从生产中分离出来，出现了专职机修人员。但是，这时实行的仍然是事后维修，也就是设备坏了才修，不坏不修。因此，设备管理是从事后维修开始的。这个时期还没有形成科学的、系统的设备管理理论。

(2) 预防性维修阶段

预防性维修就是在机械设备发生故障之前，对易损零件或容易发生故障的部位，事先有计划地安排维修或换件，以预防设备事故发生。这个阶段，计划预防修理理论及制度的形成和完善，可分为以下 3 个阶段。

① 定期计划修理方法形成阶段。在该阶段中，苏联出现了定期计划检查修理的做法和修理的组织机构。

② 计划预防维修制度形成阶段。在第二次世界大战之后到 1955 年，机器设备发生了变化，单机自动化已用于生产，出现了高效率、复杂的设备。苏联先后制订出计划预防维修制度。

③ 统一计划预防维修制度阶段。随着自动化程度不断提高，人们开始注意到了维修的经济效果，制订了一些规章制度和定额，计划预防维修制度日趋完善。

(3) 设备综合管理阶段

设备的综合管理，是对设备实行全面管理的一种重要方式。它是在设备维修的基础上，为了提高设备管理的技术、经济和社会效益，针对使用现代化设备所带来的一系列新问题，继承了设备工程以及设备综合工程学的成果，吸取了现代管理理论(包括系统论、控制论、信息论)，尤其是经营理论、决策理论，综合了现代科学技术的新成就(主要是故障物理学、可靠性工程、维修性工程等)，而逐步发展起来的一种新型的设备管理体系。

2. 我国机电设备管理的发展与形式

由于中国长期处于封建社会，旧中国工业落后，设备管理工作很差，基本上是坏了就修，修好了再用，没有储备的备品配件，没有设备档案和操作规程等技术文件。新中国成立后，在设备管理方面，基本上是学习苏联的工业管理体系，照抄、照搬了不少规章制度，也引进了总机械师、总动力师的组织编制，这在当时对加强管理起了一定推动作用，使管理工作从无到有，逐步建立了起来；但是由于设备本身和技术水平比较落后，不考虑国情生搬硬套式的管理带来了一些弊病和负面影响。总地来说，在这个阶段还是为中国的工业管理打下了一定的基础。

从 20 世纪 50 年代末期至 60 年代中期，中国的设备管理工作，进入一个自主探索和改进阶段。其特点是：权力下放，解决权力过分集中的弊病，比如修订了“大修理管理办法”，简化了“设备事故管理办法”，改进了“计划预修制度”和“备品配件管理制度”，采取了较为适合各企业具体情况的检修体制，实行包机制、巡回检查制和设备评级活动等，使设备管理制度比较适合我国具体情况。

改革开放以后，通过企业整顿，建立、健全了各级责任制，建立并充实了各级管理机构，充实完善了部分基础资料；随着改革开放的深入，中国的设备管理也进入了一个新的发展阶段，国外的“设备综合工程学”、“全员维修”、“后勤工程学”和“计划预修制度”的新发展，给以启发和促进作用，加速了中国设备管理科学的发展。

我国企业内设备管理形式主要有两种。一种是在企业长(或经理)的统一领导下，企业设备系统与生产系统并列，分别由两位副企业长（或副经理）领导各自系统的工作。有些企业内部成立了几大中心或多个公司，技术装备中心（或设备工程公司）是其中之一，承担对设备的综合管理。在经济体制改革过程中，随着各类承包责任制的推行，技术装备中心（设备工程公司）一般都逐步发展成为相对独立、自主经营、自负盈亏的经济实体。

另一种是基层设备管理组织形式，我国大多数企业在推行设备综合管理过程中，继承了我国"群众参加管理"的优良传统，参照日本 TPM（全员生产维护）的经验，在基层建立了生产操作工人参加的 PM 小组。

随着企业内部承包制的发展，在企业基层班组中出现了多种设备管理形式。其重要的特点是打破了两种传统分工：一是生产操作工人与设备维修工人的分工；二是检修工人机械、电气的分工，有些企业成立了包机组，把与设备运行直接有关的工人组成一个整体，成为企业生产设备管理的基层组织和内部相对独立核算的基本单位，并且每个操作工在设备使用过程中同时做好设备的维护和保养工作，减少故障发生率，延长设备使用寿命。

3. 数控设备管理的内容

设备管理的内容，主要有设备物质运动形态和设备价值运动形态的管理。企业设备物质运动形态的管理是指设备的选型、购置、安装、调试、验收、使用、维护、修理、更新、改造、直到报废，对企业的自制设备还包括设备的调研、设计、制造等全过程的管理。不管是自制还是外购设备，企业有责任把设备"后半生"管理的信息反馈给设计制造部门；同时，制造部门也应及时向使用部门提供各种改进资料，做到对设备实现从无到有到应用于生产的"一生"管理。企业设备价值运动形态的管理是指从设备的投资决策、自制费、维护费、修理费、折旧费、占用税、更新改造资金的筹措到支出，实行企业设备的经济管理，使其设备"一生"总费用最经济。前者一般叫做设备的技术管理，由设备主管部门承担；后者叫做设备的经济管理，由财务部门承担。将这两种形态的管理结合起来，贯穿设备管理的全过程，即设备综合管理。设备综合管理有如下几方面内容。

（1）设备的合理购置

设备的购置主要依据技术上先进、经济上合理、生产上可行的原则，一般应从下面几个方面进行考虑并合理购置。

① 设备的效率，如功效、行程、速度等；

② 精度、性能的保持性、零件的耐用性、安全可靠性；

③ 可维修性；

④ 耐用性；

⑤ 节能性；

⑥ 环保性；

⑦ 成套性；

⑧ 灵活性。

（2）设备的正确使用与维护

若将安装调试好的机器设备投入到生产使用中，能被合理使用，可大大减少设备的磨损和故障，保持良好的工作性能和应有的精度。严格执行有关规章制度，防止超负荷、拼设备现象发生，使全员参加设备管理工作。

设备在使用过程中，会有松动、干摩擦、异常响声、疲劳等，应及时检查处理，防止设备过早磨损，确保在使用时设备每台都完好，处在良好的技术状态。

(3) 设备的检查与修理

设备的检查是对机器设备的运行情况、工作精度、磨损程度进行检查和校验。通过修理和更换磨损、腐蚀的零部件，使设备的效能得到恢复。只有通过检查，才能确定采用什么样的维修方式，并能及时消除隐患。

(4) 设备的更新改造

应做到有计划、有重点地对现有设备进行技术改造和更新。包括设备更新规划与方案的编制、筹措更新改造资金、选购和评价新设备、合理处理老设备等。

(5)设备的安全经济运行

要使设备安全经济运行，就必须严格执行运行规程，加强巡回检查，防止并杜绝设备的"跑、冒、滴、漏"，做好节能工作。对于压力容器、压力管道与防爆设备，应严格按照国家颁发的有关规定进行使用，定期检测与维修。水、气、电、蒸汽的生产与使用，应制订各类消耗定额，严格进行经济核算。

(6) 生产组织方面

合理组织生产，按设备的操作规程进行操作，禁止违规操作，以防设备的损坏和安全事故的发生。

二、数控设备的管理模式

(一) 封闭式管理模式与现代化管理模式

在数控设备使用初期，由于数控设备少，类型单一，并且集中在一、两个单位，因此，各有关单位自身形成数控设备管理、使用、维修三位一体的封闭式管理模式。

随着工业化、经济全球化、信息化的发展，机械制造、自动控制、可靠性工程及管理科学出现了新的突破，越来越多的设备使用了数控技术，许多生产车间都有了数控设备。封闭式管理模式就难以适应了，如若采用这种模式，每个单位均要建立维修机构及人员，必然造成人力、物力和财力的极大浪费，现实的条件也是不允许的。现代设备的科学管理出现了新的模式，即出现了数控设备使用、管理和维修各归相关部门负责并用计算机网络技术对设备实现综合管理的现代化管理模式。

(二) 设备现代化管理的发展方向

1. 设备管理信息化趋势

管理信息化是以发达的信息技术和发达的信息设备为物质基础对管理流程进行重组和再造，使管理技术和信息技术全面融合，实现管理过程自动化、数字化、智能化的全过程。现代设备管理的信息化应该是以丰富、发达的全面管理信息为基础，通过先进的计算机和通信设备及网络技术设备，充分利用社会信息服务为设备管理服务。设备管理的信息化是现代社会发展的必然。

设备管理信息化趋势的实质是对设备实施全面的信息管理，主要表现在以下几个方面。

(1) 设备投资评价的信息化

企业在投资决策时，一定要进行全面的技术经济评价，设备管理的信息化为设备的投资评价提供了一种高效可靠的途径。通过设备管理信息系统的数据库获得投资多方案决策所需的统计信息、技术参数、经济分析信息等，为设备投资提供全面、客观的依据，从而保证设备投资决策的科学化。

(2) 设备经济效益和社会效益评价的信息化

由于设备使用效益的评价工作量过于庞大，很多企业都不做这方面的工作。设备信息系统的构建，可以积累设备使用的有关经济效益和社会效益评价的信息，利用计算机能够短时间内对大量信息进行处理，提高设备效益评价的效率，为设备的有效运行提供科学的监控手段。

(3) 设备使用的信息化

信息化管理使得记录设备使用的各种信息更加容易和全面，这些使用信息可以通过设备制造商的客户关系管理反馈给设备制造企业，提高机器设备的实用性、经济性和可靠性。同时，设备使用者通过对这些信息的分享和交流，有利于强化设备的管理和使用。

2. 设备维修社会化、专业化、网络化趋势

设备管理的社会化、专业化、网络化的实质是建立设备维修供应链，改变过去大而全、小而全的生产模式。随着生产规模化、集约化的发展，设备系统越来越复杂，技术含量也越来越高，维修保养需要各类专业技术和建立高效的维修保养体系，才能保证设备的有效运行。传统的维修组织方式已经不能满足生产的要求，有必要建立一种社会化、专业化、网络化的维修体制。

这样，可以提高设备的维修效率，减少设备使用单位备品配件的储存及维修人员，从而提高了设备使用效率，降低资金占用。

3. 可靠性工程在设备管理中的应用趋势

现代设备的发展方向是自动化、集成化。由于设备系统越来越复杂，对设备性能的要求也越来越高，因而势必提高对设备可靠性的要求。

可靠性是一门研究技术装备和系统质量指标变化规律的科学，并在研究的基础上制订能以最少的时间和费用，保证所需的工作寿命和零故障率的方法。可靠性科学在预测系统的状态和行为的基础上建立选取最佳方案的理论，保证所要求的可靠性水平。

可靠性标志着机器在其整个使用周期内保持所需质量指标的性能。不可靠的设备显然不能有效工作，因为无论是由于个别零部件的损伤，还是技术性能降到允许水平以下而造成停机，都会带来巨大的损失，甚至发生灾难性后果。

可靠性工程通过研究设备的初始参数在使用过程中的变化，预测设备的行为和工作状态，进而估计设备在使用条件下的可靠性，从而避免设备意外停止作业或造成重大损失和灾难性事故。

4. 在维休体制中应用状态监测和故障诊断技术的趋势

设备状态监测技术是指通过监测设备或生产系统的温度、压力、流量、振动、噪声、润滑油黏度、消耗量等各种参数，与设备生产企业提供的数据相对比，分析设备运行的好坏，对机组故障做早期预测、分析诊断与排除，将事故消灭在萌芽状态，降低设备故障停机时间，提高设备运行可靠性，延长机组运行周期。

设备故障诊断技术是一种了解和掌握设备在使用过程的状态，确定其整体或局部是否

正常或异常，早期发现故障及其原因，并能预报故障发展趋势的技术。

随着科学技术与生产的发展，机械设备工作强度不断增大，生产效率、自动化程度越来越高，同时设备更加复杂，各部分的关联越加密切，往往某处微小故障就会引发连锁反应，导致整个设备乃至与设备有关的环境遭受灾难性的毁坏，不仅造成巨大的经济损失，而且会危及人身安全，后果极为严重。采用设备状态监测技术和故障诊断技术，就可以事先发现故障，避免发生较大的经济损失和事故。

这一技术的应用深刻地改变了我国原有的维修体制，节省了大量维修费用。长期以来，我国对机械设备主要采用计划维修，常常不该修的修了，不仅费时花钱，甚至降低了设备的工作性能；该修的又没修，不仅降低设备寿命，而且导致事故。采用故障诊断技术后，可以变“事后维修”为“事前维修”，变“计划维修”为“预知维修”。

5. *从定期维修向预知维修转变的趋势*

设备的预知维修管理是现代设备科学管理发展的方向，为减少设备故障，降低设备维修成本，防止生产设备的意外损坏，通过状态监测技术和故障诊断技术，在设备正常运行的情况下，进行设备整体维修和保养。在工业生产中，通过预知维修，降低事故率，使设备在最佳状态下正常运转，这是保证生产按预定计划完成的必要条件，也是提高企业经济效益的有效途径。

预知维修的发展是和设备管理的信息化、设备状态监测技术、故障诊断技术的发展密切相关的，预知维修需要的大量信息是由设备管理信息系统提供的，通过对设备的状态监测，得到关于设备或生产系统的温度、压力、流量、振动、噪声、润滑油黏度、消耗量等各种参数，由专家系统对各种参数进行分析，进而实现对设备的预知维修。

以上提到的现代设备管理的几个发展趋势并不是相互孤立的，它们之间相互依存、相互促进。信息化在设备管理中的应用可以促进设备维修的专业化、社会化；预知维修又离不开设备的故障诊断技术和可靠性工程；设备维修的专业化又促进了故障诊断技术、可靠性工程的研究和应用。

三、数控设备的技术管理与经济管理

(一) 数控设备的技术管理

技术管理是指企业有关生产技术组织与管理工作的总称，包括以下几个方面。

1. *设备的前期管理*

设备前期管理又称设备规划工程，是指从制订设备规划方案起到设备投产止这一阶段全部活动的管理工作，包括：①设备的规划决策，②外购设备的选型采购和自制设备的设计制造，③设备的安装调试，④设备使用的初期管理四个环节。其主要内容包括：①设备规划方案的调研、制订、论证和决策，②设备货源调查及市场情报的搜集、整理与分析，③设备投资计划及费用预算的编制与实施程序的确定，④自制设备的设计方案的选择和制造，⑤外购设备的选型、订货及合同管理，⑥设备的开箱检查、安装、调试运转、验收与投产使用，⑦设备初期使用的分析、评价和信息反馈等。做好设备的前期管理工作，为进行设备投产后的使用、维修、更新改造等管理工作奠定了基础，创造了条件。

2. 设备资产管理

设备的资产管理是一项重要的基础管理工作，是对设备运动过程中的实物形态和价值形态的某些规律进行分析、控制和实施管理。由于设备资产管理涉及面比较广，应实行“一把手”工程，通过设备管理部门、设备使用部门和财务部门的共同努力，互相配合，做好这一工作。当前，企业设备资产管理工作的主要内容有如下几方面。

① 保证设备固定资产的实物形态完整和完好，并能正常维护、正确使用和有效利用。

② 保证固定资产的价值形态清楚、完整和正确无误，及时做好固定资产清理、核算和评估等工作。

③ 重视提高设备利用率与设备资产经营效益，确保资产的保值增值。

④ 强化设备资产动态管理的理念，使企业设备资产保持高效运行状态。

⑤ 积极参与设备及设备市场交易，调整企业设备存量资产，促进全社会设备资源的优化配置和有效运行。

⑥ 完善企业资产产权管理机制。在企业经营活动中，企业不得使资产及其权益遭受损失。企业资产如发生产权变动时，应进行设备的技术鉴定和资产评估。

3. 设备状态监测管理

(1) 设备状态监测的概念

对运转中的设备整体或其零部件的技术状态进行检查鉴定，以判断其运转是否正常，有无异常与劣化征兆；或对异常情况进行追踪，预测其劣化趋势，确定其劣化及磨损程度等，这种活动就称为状态监测(Condition Monitoring)。状态监测的目的在于掌握设备发生故障之前的异常征兆与劣化信息，以便事前采取针对性措施控制和防止故障的发生。

对于在使用状态下的设备进行不停机或在线监测，能够确切掌握设备的实际特性，有助于判定需要修复或更换的零部件和元器件，充分利用设备和零件的潜力，避免过剩维修，节约维修费用，减少停机损失。特别是对自动线、程式、流水式生产线或复杂的关键设备来说，意义更为突出。

(2) 状态监测与定期检查的区别

设备的定期检查是对生产设备在一定时期内所进行的较为全面的一般性检查，间隔时间较长(多在半年以上)，检查方法多靠主观感觉与经验，目的在于保持设备的规定性能和正常运转。而状态监测是以关键的重要的设备(如生产联动线，精密、大型、稀有设备，动力设备等)为主要对象，检测范围比定期检查小，要使用专门的检测仪器对事先确定的监测点进行间断或连续的监测检查，目的在于定量地掌握设备的异常征兆和劣化的动态参数，判断设备的技术状态及损伤部位和原因，以决定相应的维修措施。

设备状态监测是设备诊断技术的具体实施，是一种掌握设备动态特性的检查技术。它包括了各种主要的非破坏性检查技术，如振动理论、噪声控制、振动监测、应力监测、腐蚀监测、泄漏监测、温度监测、磨粒测试、光谱分析及其他各种物理监测技术等。

设备状态监测是实施设备状态维修(Condition Based Maintenance)的基础。根据设备检查与状态监测结果，确定设备的维修方式，所以，实行设备状态监测与状态维修有以下优点：

① 减少因机械故障引起的灾害；

② 增加设备运转时间；

③ 减少维修时间；

④ 提高生产效率；

⑤ 提高产品和服务质量。

设备技术状态是否正常，有无异常征兆或故障出现，可根据监测所取得的设备动态参数（温度、振动、应力等）与缺陷状况，与标准状态进行对照加以鉴别，见表1-1。

表1-1 设备状态的一般标准

设备状态	部件			设备性能
	应力	性能	缺陷状态	
正常	在允许值内	满足规定	微小缺陷	满足规定
异常	超过允许值	部分降低	缺陷扩大（如噪声、振动增大）	接近规定，部分降低
故障	达到破坏值	达不到规定	破损	达不到规定

（3）设备状态监测的分类与工作程序

设备状态监测按其监测的对象和状态量划分，可分为两方面的监测。

① 机器设备的状态监测：指监测设备的运行状态，如监测设备的振动、温度、油压、油质劣化、泄漏等情况。

② 生产过程的状态监测：指监测由几个因素构成的生产过程的状态，如监测产品质量、流量、成分、温度或工艺参数量等。

上述两方面的状态监测是相互关联的，例如生产过程发生异常，将会发现设备的异常或导致设备的故障；反之，往往由于设备运行状态发生异常，出现生产过程的异常。

设备状态监测按监测手段划分，可分为两种类型的监测。

① 主观型状态监测：即由设备维修或检测人员凭感官感觉和技术经验对设备的技术状态进行检查和判断。这是目前在设备状态监测中使用较为普及的一种监测方法。由于这种方法依靠的是人的主观感觉和经验、技能，要准确地做出判断难度较大，因此必须重视对检测维修人员进行技术培训，编制各种检查指导书，绘制不同状态比较图，以提高主观检测的可靠程度。

② 客观型状态监测：即由设备维修或检测人员利用各种监测器械和仪表，直接对设备的关键部位进行定期、间断或连续监测，以获得设备技术状态（如磨损、温度、振动、噪声、压力等）变化的图像、参数等确切信息。这是一种能精确测定劣化数据和故障信息的方法。

在实施状态监测时，应尽可能采用客观监测法，在一般情况下，使用一些简易方法是可以达到客观监测的效果的。但是，为能在不停机和不拆卸设备的情况下取得精确的检测参数和信息，就需要购买一些专门的检测仪器和装置，其中有些仪器装置的价值比较昂贵。因此，在选择监测方法时，必须从技术与经济两个方面进行综合考虑，既要能不停机地迅速取得正确可靠的信息，又必须经济合理。这就要将购买仪器装置所需费用同故障停机造成的总损失加以比较，来确定应当选择何种监测方法。一般地说，对以下四种设备应考虑采用客观监测方法：发生故障时对整个系统影响大的设备，特别是自动化流水生产线和联动设备；

必须确保安全性能的设备，如动能设备；价格昂贵的精密、大型、重型、稀有设备；故障停机修理费用及停机损失大的设备。

4. 设备安全环保管理

设备使用过程中不可避免地会出现以下问题：

① 废水、废液——如油、污浊物、重金属类废液，此外还有温度较高的冷却排水等。

② 噪声——泵、空气压缩机、空冷式热交换器、鼓风机以及其他直接生产设备、运输设备等所发生的噪声。

③ 振动——空气压缩机、鼓风机以及其他直接生产设备等所产生的各种振动。

④ 恶臭——产品的生产、储存、运输等环节泄漏出少量有臭物质。

⑤ 工业废弃物——比如金属切屑。

这些问题处理不好，会影响到企业环境和正常生产，因此在设备管理过程中必须考虑到设备使用的安全环保问题，确定相应处理措施，配备处理设备，同时还要对这些设备维修保养好，将其看做生产系统的一部分进行管理。

5. 设备润滑管理

将具有润滑性能的物质施入机器中做相对运动的零件的接触表面上，以减少接触表面的摩擦、降低磨损的技术方式。施入机器零件摩擦表面的润滑剂，能够牢牢地吸附在摩擦表面上，并形成一种润滑油膜，这种油膜与零件的摩擦表面结合得很强，因而两个摩擦表面能够被润滑剂有效地隔开。这样，零件间接触表面的摩擦就变为润滑剂本身的分子间的摩擦，从而起到降低摩擦、磨损的作用。设备润滑是防止和延缓零件磨损和其他形式失效的重要手段之一。润滑管理是设备工程的重要内容之一，加强设备的润滑管理工作，并把它建立在科学管理的基础上，对保证企业的均衡生产、保证设备完好并充分发挥设备效能、减少设备事故和故障、提高企业经济效益和社会效益都有着极其重要的意义。因此，搞好设备的润滑工作是企业设备管理中不可忽视的环节。

润滑的作用一般可归结为：控制摩擦、减少磨损、降温冷却、可防止摩擦面锈蚀、冲洗作用、密封作用、减振作用等。润滑的这些作用是互相依存、互相影响的。如不能有效地减少摩擦和磨损，就会产生大量的摩擦热，迅速破坏摩擦表面和润滑介质本身，这就是摩擦时缺油会出现润滑故障的原因。必须根据摩擦副的工作条件和作用性质，选用适当润滑材料；根据摩擦副的工作条件和性质，确定正确的润滑方式和润滑方法，设计合理的润滑装置和润滑系统，严格保持润滑剂和润滑部位的清洁，保证供给适量的润滑剂，防止缺油及漏油，适时清洗换油，既保证润滑又要节省润滑材料。

为保证上述要求，必须做好润滑管理。

(1) 润滑管理的目的和任务

控制设备摩擦、减少和消除设备磨损的一系列技术方法和组织方法，称为设备润滑管理，其目的是：给设备以正确润滑，减少和消除设备磨损，延长设备使用寿命，保证设备正常运转，防止发生设备事故和降低设备性能，减少摩擦阻力，降低动能消耗，提高设备的生产效率和产品加工精度，保证企业获得良好的经济效益，合理润滑，节约用油，避免浪费。

(2) 润滑管理的基本任务

① 建立设备润滑管理制度和工作细则，拟订润滑工作人员的职责。

② 搜集润滑技术、管理资料，建立润滑技术档案，编制润滑卡片。

③ 指导操作工和专职润滑工搞好润滑工作，核定单台设备润滑材料及其消耗定额。

④ 及时编制润滑材料计划，检查润滑材料的采购质量，做好润滑材料进库、保管、发放的工作。

⑤ 编制设备定期换油计划，并做好废油的回收、利用工作。

⑥ 检查设备润滑情况，及时解决存在的问题，更换缺损的润滑元件、装置、加油工具和用具。

⑦ 改进润滑方法，采取积极措施，防止和治理设备漏油。

⑧ 做好有关人员的技术培训工作，提高润滑技术水平，贯彻润滑的“五定”原则——定人(定人加油)、定时(定时换油)、定点(定点给油)、定质(定质进油)、定量(定量用油)，总结推广和学习应用先进的润滑技术和经验，以实现科学管理。

6. 设备维修管理

设备维修管理工作有以下主要内容：

① 设备维修用技术资料的管理。

② 编制设备维修用技术文件——主要包括：维修技术任务书、修换件明细表、材料明细表、修理工艺规程及维修质量标准等。

③ 制订磨损零件的修、换标准。

④ 在设备维修中，推广有关新技术、新材料、新工艺，提高维修技术水平。

⑤ 设备维修用品、检具的管理等。

7. 设备备件管理

(1) 备件的技术管理

主要是技术基础资料的收集与技术定额的制订工作，包括：备件图纸的收集、测绘、整理，备件图册的编制；各类备件统计卡片和储备定额等基础资料的设计、编制及备件卡的编制工作。

(2) 备件的计划管理

备件的计划管理是指备件由提出自制计划或外协、外购计划到备件入库这一阶段的管理工作。可分为年、季、月自制备件计划，外购备件年度及分批计划，铸、锻毛坯件的需要量申请、制造计划，备件零星采购和加工计划，备件的修复计划。

(3) 备件库房管理

备件的库房管理是指从备件入库到发出这一阶段的库存控制和管理工作。包括：备件入库时的质量检查、清洗、涂油防锈、包装、登记上卡、上架存放；备件收、发及库房的清洁与安全；订货量与库存量的控制；备件的消耗量、资金占用额、资金周转率的统计分析和控制；备件质量信息的搜集等。

(4) 备件的经济管理

主要是备件的经济核算与统计分析工作，包括：备件库存资金的核定、出入库账目的管理、备件成本的审定、备件消耗统计和备件各项经济指标的统计分析等。经济管理应贯穿于备件管理的全过程，同时应根据各项经济指标的统计分析结果，来衡量、检查备件管理工作的质量和水平，总结经验，改进工作。

备件管理机构的设置和人员配置，与企业的规模、性质有关。表1-2中所列为一般机械行业配置情况，可供参考。表中所列人员的配置是企业在自行生产和储备备件情况下的组织机构。在备件逐步走入专业化生产和集中供应的情况下，企业备件管理人员的工作重点应是科学、及时地掌握市场供应信息，减少人员，并降低备件储备数量和库存资金。

表1-2　备件管理机构和人员配置

企业规模	组织机构	人员配置	职责范围
大型企业	①在设备管理部门领导下成立备件科（或组） ②备件专门生产车间 ③设置备件总库	备件计划员 备件生产调度员 备件采购员 备件质量检验员 备件库管员 备件经济核算员	备件技术管理、备件计划管理 自制备件生产调度 外购备件采购 备件质量检验 备件检验、收发、保管 备件经济管理
中型企业	①设备科管理组（或技术组）分管备件技术、管理工作 ②设置备件库房 ③机修分企业（车间）负责自制备件	备件技术员 备件计划员（可兼职） 备件采购员 备件库管员 备件经济核算员（可兼职）	同上（允许兼职）
小型企业	①设备科（组）管理备件生产与技术工作 ②备件库可与材料库合一	备件技术员 备件库管员（可兼职）	满足维修生产，不断完善备件管理工作

8. 设备改造革新管理

(1) 设备改造革新的目标

① 提高加工效率和产品质量。设备经过改造后，要使原设备的技术性能得到改善，提高精度和增加功能，使之达到或局部达到新设备的水平，满足产品生产的要求。

② 提高设备运行安全性。对影响人身安全的设备，应进行针对性改造，防止人身伤亡事故的发生，确保安全生产。

③ 节约能源。通过设备的技术改造提高能源的利用率，大幅度地节电、节煤、节水，在短期内收回设备改造投入的资金。

④ 保护环境。有些设备对生产环境乃至社会环境造成较大污染，如烟尘污染、噪声污染以及工业废水的污染。要积极进行设备改造，消除或减少污染，改善生存环境。

此外，对进口设备的国产化改造和对闲置设备的技术改造，也有利于降低修理费用和提高资产利用率。

(2) 设备改造革新的实施

① 编制和审定设备更新申请单。设备更新申请单由企业主管部门根据各设备使用部门的意见汇总编制，经有关部门审查，在充分进行技术经济分析论证的基础上，确认实施的可能性和资金来源等方面情况后，经上级主管部门和企业长审批后实施。设备更新申请单的主要内容包括：

● 设备更新的理由(附技术经济分析报告);

● 对新设备的技术要求,包括对随机附件的要求;

● 现有设备的处理意见;

● 订货方面的商务要求及要求使用的时间。

② 对旧设备组织技术鉴定,确定残值,区别不同情况进行处理。对报废的受压容器及国家规定淘汰设备,不得转售其他单位。目前尚无确定残值的较为科学的方法,但它是真实反映设备本身价值的量,确定它很有意义。因此,残值确定的合理与否,直接关系到经济分析的准确与否。

③ 积极筹措设备更新资金。

9. 设备专业管理

设备的专业管理,是企业内设备管理系统专业人员的管理。它是相对于群众管理而言的,群众管理是指企业内与设备有关的人员,特别是设备操作、维修工人参与设备的民主管理活动。专业管理与群众管理相结合可使企业的设备管理工作上下成线、左右成网,使广大干部职工关心和支持设备管理工作,有利于加强设备日常维修工作和提高设备现代化管理水平。

(二) 数控设备的经济管理

经济管理是指在社会物质生产活动中,用较少的人力、物力、财力和时间,获得较大成果的管理工作的总称。

经济管理的内容包括:

① 投资方案技术分析、评估;

② 设备折旧计算与实施;

③ 设备寿命周期费用、寿命周期效益分析;

④ 备件流动基金管理。

(三) 数控设备管理制度

1. 数控机床的管理规定

数控机床的管理要规范化、系统化并具有可操作性。数控机床管理工作的任务概括为"三好",即"管好、用好、修好"。

① 管好数控机床。企业经营者必须管好本企业所拥有的数控机床,即掌握数控机床的数量、质量及其变动情况,合理配置数控机床。严格执行关于设备的移装、调拨、借用、出租、封存、报废、改装及更新的有关管理制度,保证财产的完整齐全,保持其完好和价值。操作工必须管好自己使用的机床,未经上级批准不准他人使用,杜绝无证操作现象。

② 用好数控机床。企业管理者应教育本企业员工正确使用和精心维护好数控机床,生产应依据机床的能力合理安排,不得有超性能使用和拼设备之类的行为。操作工必须严格遵守操作维护规程,不超负荷使用及采取不文明的操作方法,认真进行日常保养和定期维护,使数控机床保持"整齐、清洁、润滑、安全"的标准。

③ 修好数控机床。车间安排生产时应考虑和预留计划维修时间,防止机床带病运行。操作工要配合维修工修好设备,及时排除故障。要贯彻"预防为主,养为基础"的原则,实行计划预防修理制度,广泛采用新技术、新工艺,保证修理质量,缩短停机时间,降低修理费用,

提高数控机床的各项技术经济指标。

2. 数控机床的使用规定

(1) 强化技术工人的技术培训

为了正确合理地使用数控机床，操作工在独立使用设备前，必须经过基础知识、技术理论及操作技能的培训，并且在熟练技师指导下，进行上机训练，达到一定的熟练程度，同时要参加国家职业资格的考核鉴定，经过鉴定合格并取得资格证后，方能独立操作所使用数控机床。严禁无证上岗操作。

技术培训、考核的内容包括：数控机床结构性能、数控机床工作原理、传动装置、数控系统技术特性、金属加工技术规范、操作规程、安全操作要领、维护保养事项、安全防护措施、故障处理原则等。

(2) 实行定人定机持证操作

数控机床必须由持职业资格证书的操作工担任操作，严格实行定人定机和岗位责任制，以确保正确使用数控机床和落实日常维护工作。多人操作的数控机床应实行机长负责制，由机长对使用和维护工作负责。公用数控机床应由企业管理者指定专人负责维护保管。数控机床定人定机名单由使用部门提出，报设备管理部门审批，签发操作证；精密、大型、稀有、关键设备的定人定机名单，设备部门审核报企业管理者批准后签发。定人定机名单批准后，不得随意变动。对技术熟练能掌握多种数控机床操作技术的工人，经考试合格可签发操作多种数控机床的操作证。

(3) 建立使用数控机床的岗位责任制

① 数控机床操作工必须严格按"数控机床操作维护规程"、"四项要求"(详见下文)、"五项纪律"(详见下文)的规定正确使用与精心维护设备。

② 实行日常检查，认真记录。做到上班前正确润滑设备；上班中注意运转情况；下班后清扫擦拭设备，保持清洁，涂油防锈。

③ 在做到"三好"要求下，练好"四会"(详见下文)基本功，搞好日常维护和定期维护工作；配合维修工人检查修理自己操作的设备；保管好设备附件和工具，并参加数控机床修后验收工作。

④ 认真执行交接班制度和填写好交接班及运行记录。

⑤ 发生设备事故时立即切断电源，保持现场，及时向生产工长和车间机械员(师)报告，听候处理；分析事故时应如实说明经过；对违反操作规程等造成的事故应负直接责任。

(4) 建立交接班制度

连续生产和多班制生产的设备必须实行交接班制度，交班人除完成设备日常维护作业外，还必须把设备运行情况和发现的问题，详细记录在"交接班簿"上，并主动向接班人介绍清楚，双方当面检查，在交接班簿上签字。接班人如发现异常或情况不明、记录不清时，可拒绝接班。如交接不清，设备在接班后发生问题，由接班人负责。

企业对在用设备均需设"交接班簿"，不准涂改撕毁。区域维修部(站)和机械员(师)应及时收集分析、掌握交接班执行情况和数控机床技术状态信息，为数控机床状态管理提供资料。

3. 数控机床安全生产规程

(1) 操作工使用数控机床的基本要求

① 数控机床操作工"四会"基本功。

● 会使用——操作工应先学习数控机床操作规程，熟悉设备结构性能、传动装置，懂得加工工艺和工装工具在数控机床上的正确使用。

● 会维护——能正确执行数控机床维护和润滑规定，按时清扫，保持设备清洁完好。

● 会检查——了解设备易损零件部位，知道完好检查项目、标准和方法，并能按规定进行日常检查。

● 会维修——熟悉设备特点，能鉴别设备正常与异常现象，懂得其零部件拆装注意事项，会做一般故障调整或协同维修人员进行排除。

② 维护使用数控机床的"四项要求"。

● 整齐——工具、工件、附件摆放整齐，设备零部件及安全防护装置齐全，线路管道完整。

● 清洁——设备内外清洁，无"黄袍"，各滑动面、丝杠、齿条、齿轮无油污，无损伤；各部位不漏油、漏水、漏气，铁屑清扫干净。

● 润滑——按时加油、换油，油质符合要求；油枪、油壶、油杯、油嘴齐全，油毡、油线清洁，油窗明亮，油路畅通。

● 安全——实行定人定机制度，遵守操作维护规程，合理使用，注意观察运行情况，不出安全事故。

③ 数控机床操作工的"五项纪律"

● 凭操作证使用设备，遵守安全操作维护规程。

● 经常保持机床整洁，按规定加油，保证合理润滑。

● 遵守交接班制度。

● 管好工具、附件，不得遗失。

● 发现异常，立即通知有关人员检查处理。

(2) 数控设备的预防性维护

① 保证工作环境的适宜，数控机床的工作环境直接影响机床的运转和使用寿命，诸如温度、湿度、电网电压等。

② 严格遵循操作规程，加强对相关人员的培训，避免因操作不当引起故障。

③ 防止数控装置过热，定期清理数控装置的散热通风系统，必要时应及时加装空调装置。

④ 保持数控装置内部清洁，尽量少开电气柜门。

⑤ 定期保养伺服电机，如果数控机床闲置半年以上，应取出直流伺服电机的电刷，避免换向器表面腐蚀，损坏电机。

⑥ 定期检查和更换存储器用电池，一般应 1 年更换 1 次电池。更换电池一般要在数控系统通电状态下进行，避免存储数据丢失。

⑦ 数控机床长期闲置时，在机床锁住情况下，让其空运行。夏季应天天通电，电气元件发热会驱走数控柜内的潮气，保证零部件的可靠性。

四、数控设备管理技术个案剖析

(一) 数控设备管理模式案例剖析

某企业在20世纪90年代就开始进行高度自动化的现代化生产，该企业从投产起就具有完整的三级计算机管理和控制系统，生产控制和生产管理全部采用计算机，投产后，又建成了办公和数据管理局域网。由于当时受引进设备的条件限制，在引进的生产控制系统和后期自己开发的企业内部办公和数据管理局域网中都没有包含设备管理的功能，因此，所有的设备运行记录、故障登记、检修计划、备件台账、备件领用等，仍采用传统的手工记录或PC单机处理方式。为此，从2005年底开始，该企业采用计算机网络技术对设备实现了综合管理。

1. 系统结构和系统框架

到2005年下半年，该企业已建成投运的计算机网络结构如图1-8所示。

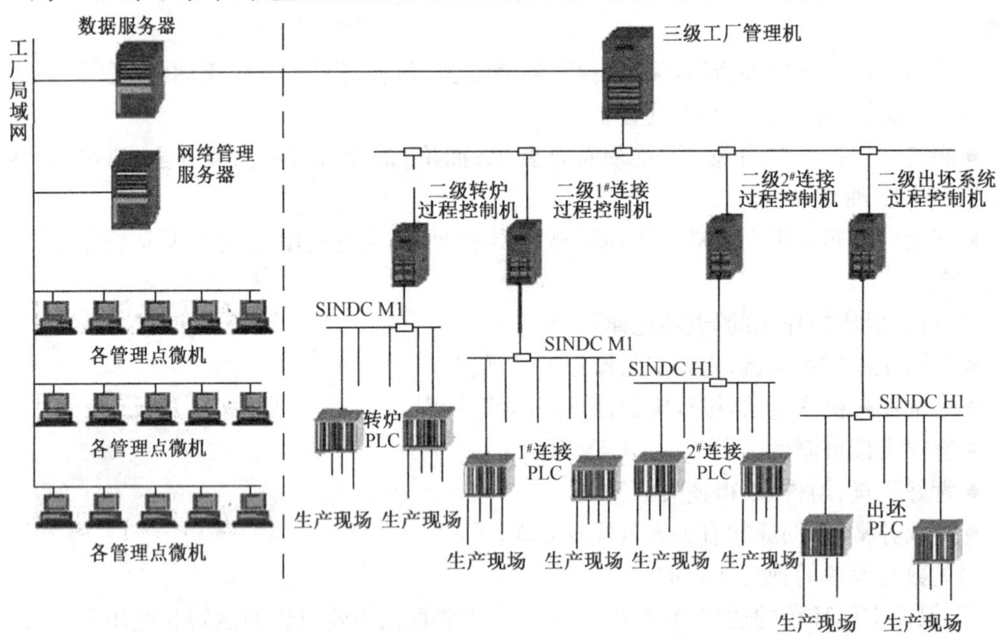

图1-8 某企业计算机网络结构示意图

由图1-8可见，企业内部建有生产控制网和管理局域网两个网络，这两个计算机网络相对独立，又有一定的数据通信管道。根据设备管理系统主要功能是管理，对控制系统仅限于对个别数据进行收集的特点，企业在系统规划时就决定不牵涉生产控制系统，在管理网络上增加一台独立服务器完成设备管理的全部功能，同时将管理网络延伸到生产现场各控制室和维修点以收集设备数据。改造后的网络结构如图1-9所示。

在软件系统设计方面，整个系统以SQL数据库为核心，所有设备数据存入SQL数据库中，界面采用最新的浏览器/服务器(B/S)架构，以Web页显示。根据系统管理的需要，企业把系统的全部软件设计分为设备运行管理、设备检修管理、备品备件管理、其他管理等四大模块。

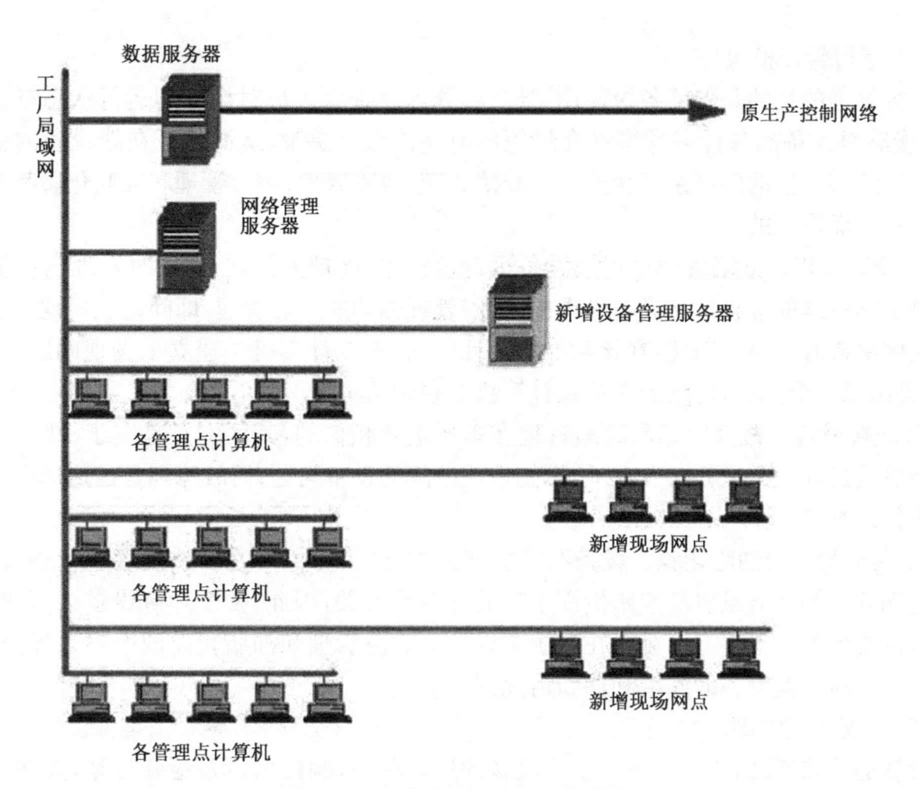

图 1-9　改造后的计算机网络结构

设备管理系统软件结构图如图 1-10 所示。

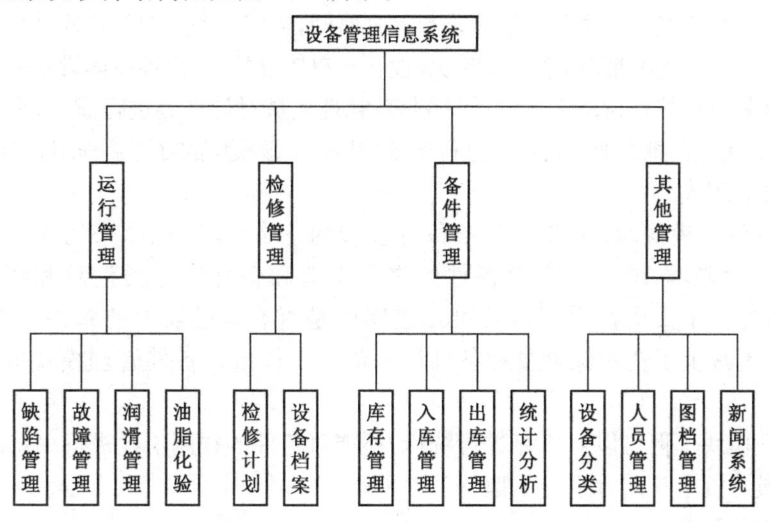

图 1-10　设备管理系统软件结构图

2. 系统功能及其实现

在局域网上的所有微机终端均可通过 Web 浏览设定网页地址而进入系统。

系统中的所有数据是完全、充分共享的。进入各专用数据处理功能必须输入其用户名和密码，否则只能浏览基本数据。

(1) 运行管理模块

运行管理的目的是保证各级使用、维护和管理设备的人员对设备的运行状态有充分的了解,能够对设备的各种突发事件在最短的时间内做出决策,从而保证在线设备的正常运行。运行管理模块的四项主要功能——缺陷管理、故障管理、润滑管理和油脂化验都是为达到以上目的而设置的。

① 缺陷管理。缺陷管理是指把设备运行过程中,维护人员在、巡检时发现的设备缺陷进行登记和处理的过程。在设备管理中,缺陷管理强调的闭环管理,即问题从发现一直跟踪到最终解决都有记录。因此,在该功能的设计时,企业在计算机中建立了发现问题、计划处理、处理结果三个档案,由维护人员在计算机上登录填写。

② 故障管理。故障管理和缺陷管理在本质上是相似的,其区别只是在于,缺陷是维护人员在设备还在正常运行时发现的、可能造成故障的设备问题;而故障则是已造成设备不能正常运行的缺陷。

③ 润滑管理与油脂化验。设备润滑状态的好坏,一方面与是否按制度进行润滑有关,同时也和润滑剂的质量以及油脂使用中的成分变化有关,因此,要管理好设备运行,必须要及时掌握设备的润滑状态。企业在系统中设计了润滑管理和油脂化验两个输入界面,以便专业人员随时掌握设备的润滑和油脂情况。

(2) 检修管理模块

设备的检修管理,主要功能是根据设备的运行状态,制订出设备检修计划,并在生产允许的情况下进行实施。对已造成设备不能运行的故障进行检修,虽然在处理故障时一般已进行了检修,但由于生产的紧迫性,大部分故障仍需要在生产允许时实施彻底检修。

首先是由管理人员在计算机上确定定检计划时间,形成一个空白的定检计划表;然后各车间工程师根据自己掌握的情况,按“生产线—设备—单体设备”提交各单体设备的检修计划;提交后的检修计划由计算机自动汇入定检计划表,管理人员对计划表进行删选、平衡、审核后批准,车间按计算机上已批准的定检计划进行准备和执行。该模块的处理流程图如图 1-11 所示。

(3) 备件管理模块

设计备件管理模块时,企业保留了备件管理的正常流程,把原来的手记账本转换成计算机的数据库账本,增加了库存备件的查询功能和备件的分类汇总和统计功能。这样,使所有备件领用人员在申请前就可知道库中是否有自己需要的备件。因此,既降低了备件库存,也减少了仓库保管员和备件计划员的工作量。备件管理模块的工作流程图如图 1-12 所示。

备件管理模块不但可以对库存进行统计,还能对备件的领用消耗进行一定的分析,便于设备管理人员对资金流向等进行掌握。

(4) 其他管理模块

由于系统是基于 Web 浏览的,因此任何在企业局域网上的 PC 机均可使用 Internet 浏览器登录和访问本系统。为保证系统的安全和数据的准确性,人员管理模块详细地设置了各类不同的权限,系统运行时将跟踪记录用户的存在情况,以便在需要时进行数据追溯。

图档管理是为了设备资料的查询方便而设计的,它可以方便地链接到企业档案室的档案管理计算机系统中,不需要到档案室就可以利用本系统方便地查找各类图档资料。

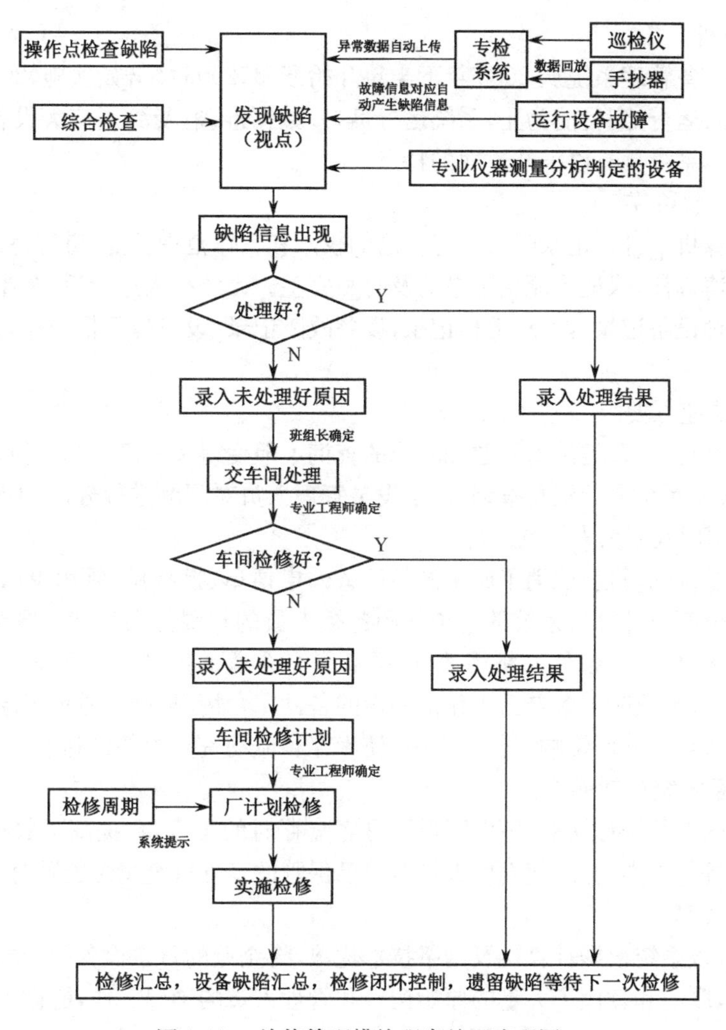

图 1-11　检修管理模块程序处理流程图

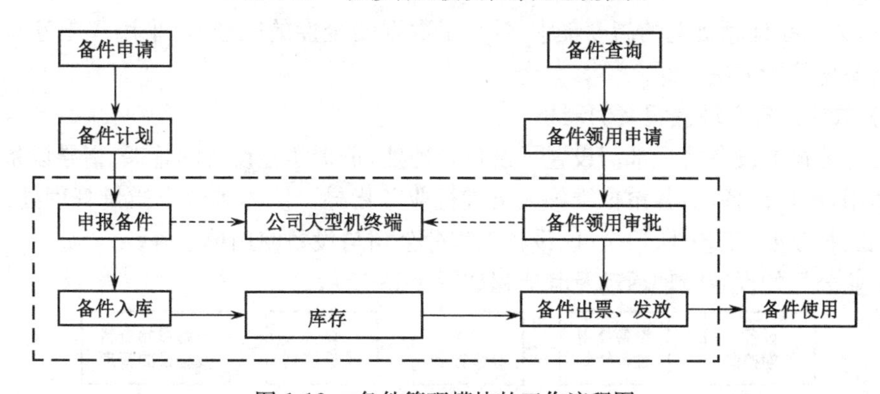

图 1-12　备件管理模块的工作流程图

新闻系统主要用于进行设备系统内的通知、纪要、工作通报的发布，部分替代办公自动化系统的功能，方便管理人员的工作。

3. 系统分析

该计算机设备管理系统从2005年下半年开始酝酿，2006年开始实施，2006年下半年各项功能陆续投入运行，到目前为止，系统运行良好，数据准确，受到了广大设备、生产人员的欢迎和好评。本系统具有以下几方面的特点。

(1) 数据完整可靠

由于在计算机中进行记录时每人有自己的权限和工作范围，无法进行替代，出现问题时便于追踪和分清责任，保证了原始记录的及时和完整。系统投入运行后，企业已取消了原来各岗位上的各种设备记录(如点、巡检记录，设备故障记录，设备运行报表等)，数据却更加完整可靠。

(2) 查询快速方便

系统投入运行后，各类设备问题和故障的查询不但变得及其简单和方便，而且由于能按生产线、单体设备系统进行汇总查询，便于设备管理人员对问题进行分析、预防。

(3) 备件领用效率大大提高

备件管理系统的投运，取消了原来的各种备件申请单、批准单、领用单以及各级部门的签字、审核等，全部由计算机系统的电子化和各级人员的权限签名替代。既节约了纸张，又提高了工作效率，加快了备件的领用速度，提高了全企业的生产率。而备件库存的网上查询，使设备维护人员及时了解自己工作范围内的备件库存情况，彻底避免了原来经常出现的到库后找不到所需备件而影响工作的情况；使库存和流动资金周期得到了有效的改善。

(4) 备件系统统计功能增强

备件系统的汇总统计功能，不但降低了月底盘存时的工作量，提高了数据的正确性，而且由于能随时进行各类统计，使仓库人员对自己保管的备件资金情况能随时心中有数，提高了资金的使用效率。

综上所述，该系统根据计算机及网络技术优势，将企业的日常设备管理的各方面均实现了计算机管理，取消和替代了大量的原始记录和管理人员的琐碎工作，能极大地提高设备管理的工作效率。

当然，数据在计算机上的高度集中，带来了数据安全性的问题，可采用双服务器备份和人工及时备份给予解决。

(二) 数控设备管理流程案例剖析

某工业公司的设备管理部门设置了设备管理处，负责实施设备的管理，指导设备使用单位正确使用，维护设备，对各单位维修人员进行业务指导。协作单位有质量管理处、标准化处、检验处、技改办、工艺处、冶金处、设备工程分公司与设备使用单位等。

该工业公司的设备管理活动及其流程如图1-13所示。

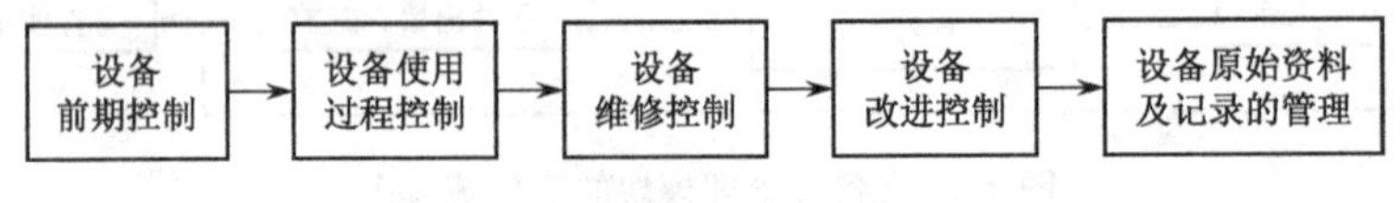

图1-13 设备管理活动及其流程

1. 设备的前期控制

(1) 设备的选型、购置

所选设备应体现技术的先进性、可靠性、维修性、经济性、安全性及环境保护等要求，进口设备必须通过技术经济论证，严格控制所选型设备的技术参数，保证所配置设备充分满足加工产品的工艺要求和质量要求；新购设备到企业要开箱复验，严格按合同及装箱单进行清点，对设备质量、运输情况、随机附件、备件、随机工具、说明书及图纸技术资料等进行鉴定、清点、登记与验收。

(2) 设备的安装、验收与移交

设备的安装位置应符合工艺布置图要求，严格按设备说明书规定安装调试，达到说明书规定的技术标准后予以验收，方可移交使用单位使用。设备管理处对选型、购置、安装、调试至设备的最后移交进行资产登记、管理分类、设备标识、图书资料归档等项目的办理，并做好设备前期管理的综合质量鉴定。

2. 设备的使用过程控制

① 严格实行机动设备合格证的管理。

② 设备使用单位要制订机动设备使用责任制，生产线上必须使用张贴合格证的完好设备，设备不允许带故障加工，动力工艺、供应设备的使用必须贯彻安全防护规定及仪器、仪表的试验、鉴定、校验制度。

③ 设备操作工人必须通过专业培训，应熟悉自己所使用设备的结构和性能。

④ 设备的使用严格执行“五定”，操作工人一般凭操作证使用设备，并做到“三好四会”(管好、用好、维修好；会使用、会保养、会检查、会排故)。

⑤ 多人操作的设备、生产流水线，实行机长负责制，交接班执行设备技术状况交接记录。

⑥ 使用单位对有特殊环境要求的动力控制中心和精密、专用、数控设备，要保持室内温度、湿度、空气、噪声等参数符合国标的规定。

⑦ 定期进行设备的检查与评级

企业设备性能检查的实施方法有以操作工为主的巡回检查、设备的定期检查和专项检查。

● 实行以操作工为主的巡回检查。

巡回检查是操作工按照编制的巡回检查路线对设备进行定时(一般是1～2h)、定点(规定的检查点)、定项(规定的检查项目)的周期性检查。

巡回检查一般采用主观检查法——五字操作法，即用听(听设备运转过程中是否有异常声音)、摸(摸轴承部位及其他部位的温度是否有异常)、查(查一查设备及管路有无跑、冒、滴、漏和其他缺陷隐患)、看(看设备运行参数是否符合规定要求)、闻(闻设备运行部位是否有异常气味)；或者用简单仪器测量和观察在线仪表连续测量的数据变化。

巡回检查的内容一般包括有：检查轴承及有关部位的温度、润滑及振动情况；听设备运行的声音，有无异常撞击和摩擦的声音；看温度、压力、流量、液面等控制计量仪表及自动调节装置的工作情况；检查传动带的紧固情况和平稳度；检查冷却液、物料系统的工作情况；检查安全装置、制动装置、事故报警装置、停车装置是否良好；检查安全防护罩、防护栏杆是否完好；检查设备安装基础、地脚螺栓及其他连接螺栓是否有松动或因连接松动而产生的振动，检查设备、管路的静、动密封点的泄漏情况。

检查过程中发现不正常的情况，应立即查清原因，及时调整处理。如发现特殊声响、振动、严重泄漏、火花等紧急危险情况时，应做紧急处理后，向车间设备员或设备主任报告，采取措施进行妥善处理，并将检查情况和处理结果详细记录在操作记录和设备巡回检查记录表上。

● 设备的定期检查。

设备定期检查一般由维修工人和专业检查工人，按照设备性能要求编制的设备检查标准书，对设备规定部位进行的检查。设备定期检查一般分为日常检查、定期停机或不停机检查。

日常检查是维修工人根据设备检查标准书的要求，每天对主要设备进行定期检查。检查手段主要以人的感官为主。

定期检查可以停机进行；也可以利用生产间隙停机、备用停机进行；也可以不停机进行。必要时，有的项目也可以占用少量生产时间或利用设备停机检修时进行。

定期检查周期，一般由设备维修管理人员根据制造企业提供的设计和使用说明书，结合生产实践综合确定。有些危及安全的重要设备的检查周期应根据国家有关规定执行。为了保证定期检查能按规定如期完成，设备维修管理人员应编制设备定期检查计划。这个计划一般应包括检查时间、检查内容、质量要求、检查方法、检查工具及检查工时和费用预算等。

● 专项检查。

专项检查是对设备进行的专门检查。除前文介绍的几种检查方法外，当设备出现异常和发生重大损坏事故时，为查明原因，制订对策需对一些项目进行重点检查。专项检查的检查项目和时间由维修管理部门确定。

3. 设备的维修控制

① 严格执行设备“五级保修制”。一、二级保养由操作者进行，维修工人检查；三级保养由维修工人按计划完成，设备管理处验收；四级为项修；五级为大修。

② 维修工人实行区域负责制，坚持日巡视检查、周检查，以减少重复故障。设备管理处按设备完好标准进行经常性抽检和季度设备大检查工作。对发现的问题及时整改，以提高设备的维护保养质量，保证设备正常运行。

③ 为了正确地评价设备维修保养的水平，掌握设备的技术状况，设备管理处要把每年进行的状态监测调查的单台设备动态参数，反复筛选，进行综合质量评定。并在规定的表格中填写各类设备的完好率，逐级上报并需汇总出班组、车间、全企业设备完好率情况，作为制订下年设备管理工作计划和机动设备大(项)修计划的依据。

设备完好率计算公式如下：

$$设备完好率=\frac{完好设备台数}{设备总台数}\times 100\%$$

式中，完好设备台数——包括在用、备用、停用和在计划检修前属完好的设备；

设备总台数——包括在用、备用和停用设备。

设备技术状况统计见表 1-3，设备技术状况汇总见表 1-4。

表 1-3　设备技术状况统计表

填表单位：　　　　　　　　　　　　　　　　　　　　　　　　年　月　日

全部设备			主要设备			静密封的泄漏率		
总台数	完好台数	完好率%	总台数	完好台数	完好率/%	静密封点数	泄漏数	泄漏率/%
其中：主要设备技术状况								
序号	主要设备名称		台数	完好台数	完好率/%	主要缺陷分析		
1								
2								
3								
⋮								

企业负责人：　　　　　　　　　企业主管部门：　　　　　　填表人：

表 1-4　设备技术状况汇总表

填表单位：　　　　　　　　　　　　　　　　　　　　　　　　年　月　日

序号	单位	设备总台数	完好台数	完好率/%	主要设备台数	主要设备完好率/%	备注
	全厂合计						
1							
2							
⋮							

主管：　　　　　　　　　　　　审核：　　　　　　　　　　　制表：

凡经评定的设备，对完好设备、不完好设备分别挂上不同颜色的牌子，并促其改进。不完好设备，经过维护修理，经检查组复查认可后，可升级为完好设备更换完好设备牌。

● 设备评定范围包括完好设备和不完好设备，全企业所有在用设备均参加评定，正在检修的设备按检修前的状况评定。停用一年以上的设备可不参加评定(并不统计在全部设备台数中)。全部设备和主要设备台数无特殊原因应基本保持不变(一年可以调整一次)。

● 完好设备标准(一般规定)有这几个方面：设备零部件完整、齐全、质量符合要求；设备运转记录、性能良好，达到铭牌规定功能；设备运转记录和技术资料齐全、准确；设备整洁，无跑、冒、滴、漏现象，防腐、防冻、保温设施完整有效。

④ 各部门严格执行设备大修、项修、改造计划。此计划是公司科研生产计划的组成部分。

⑤ 机修车间要对计划大(项)修的设备，按照设备生产科下达的设备技术修理任务书，从工艺、备件、原材料、工具、拆卸、修配刮研、零件修复与替换、重复安装、喷漆、调试，到恢复精度的全过程都要严格控制行业维修标准的执行。检验科按大(项)修理技术标准检验。对生产用户所要求的特殊修理部件，要全面消除缺陷，必须达到质量要求。

⑥ 特种工艺设备修理车间和动力设备修理车间，在大(项)修计划的任务书下达后，遵照特种工艺控制的质量要求，要特别注重对生产线有特性要求的焊接设备、热处理设备、空压和通风设备、制冷加热设备及压容设备的修理控制，所修设备必须达到行业维修标准。对修理过程中的原材料、备品备件，要做修前质量检查，禁用不合格品。检验科大(项)修后要有检验过程及值班记录。修理不达标准的设备必须返工。

⑦ 精专设备企业对精密、专用、数控设备的维修，建立专业维修质量保证体制，制订机床精度与加工精度对照表，把设备诊断技术作为设备维修质量控制的软件工具，组织实施日常维护检修和计划大(项)修，达到控制设备劣化趋势的预防维修效果。

⑧ 设备修理质量的检查和验收实行以专职检验员为主的"三检制"(即零件制造和修理要经过自检、互检和专职检验；修理后装配、调试要实行使用工人、修理工人和检验员检验)，并实行保修期制度，保修期为六个月。

4. *设备的改造控制*

设备改造要以产品加工特定要求和设备本身的特点为基础，设备管理处制订年度设备改造计划必须具有超前性，技改办合理控制技术改造与更新的速度，长远规划逐步实施，年度计划可同大修进行。

① 设备改造项目的确定。

② 控制三个基准点：生产线上的单一设备；零件加工工艺有专项要求的设备；出现故障多难修复的设备或精度高难保持高精度的设备。

③ 预选要改造的设备，决定要采用的新技术。考核设计与实验，购置备品部件，改造装配过程是否可行。

④ 进行经济技术论证分析，得出结论性数据。确定要改造的项目并纳入计划。

⑤ 设备改造项目的实施控制。

根据设备技术改造任务书，设备管理处为主管单位，组织由预修、设计、生产、供应、检验有关科室组成的设备技改小组，进行质量跟踪。

生产部门制订设备技改作业程序必须在技术文件、工具和材料上保质保量；人员与时间要有可靠性分配；实际装配操作要规范控制；工艺指令填写与签印要准确；检测调试要制定程序单。

⑥ 设备改造项目完工后，设备管理处组织鉴定。检验科做专项精度检验，并办理验收和移交手续。技术资料完整归档，所技改设备合格移交使用单位，并办理固定资产手续，按标准对设备进行维修和管理。

5. *原始资料及记录管理*

设备图纸、说明书、技术资料、安装及检修和各种质量文件及原始记录由设备管理处归档保存；国外进口设备说明书及图纸资料由档案馆存档；设备的周查月评、保修手册记录由使用单位保管。

习题与思考一

1. 企业数控设备的管理与维护对企业经济效益有何影响？

2. 数控机床主要有那些分类方法？

3. 数控设备管理的发展大致可以分为哪三个大的历史时期？
4. 我国企业内部设备管理形式主要有哪些？
5. 封闭式管理模式与现代化管理模式的内涵分别是什么？
6. 数控设备的技术管理内容包括哪些？
7. 润滑管理的目的和任务是什么？
8. 设备维修管理工作有哪些主要内容？
9. 设备改造革新的目标有哪些？
10. 数控机床管理的规定内容是什么？
11. 操作工使用数控机床的基本要求有哪些？
12. 数控设备的预防性维护内容有哪些？

单元二　数控机床机械部件维护保养技术基础

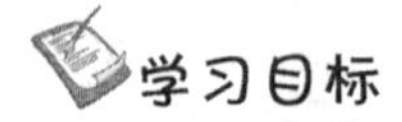

学习目标

1. 了解数控机床安装、调试、验收常识；
2. 了解数控机床在使用环境等方面的要求；
3. 熟悉数控机床机械部件维护保养的基础知识及相关制度；
4. 熟悉机床精度的检测方法；
5. 掌握机床精度维护与保养的技术；
6. 认识卧式数控车床的机械传动结构；
7. 掌握数控车床主传动链、导轨副、滚珠丝杠部件及换刀装置的维护技术；
8. 了解数控铣机械部件的维护保养技术；
9. 了解加工中心自动换刀装置的维护技术基础。

教学要求

1. 通过现场教学法帮助学生熟悉数控机床机械部件维护保养基础知识；
2. 观看数控设备机械部件的维护保养技术录像；
3. 利用网络技术查找数控设备机械部件维护保养的技术资料；
4. 组织学生参与数控机床机械传动部件的简单维护与保养。

数控机床机械部件的正确操作和维护保养是正确使用数控设备的关键因素之一，正确的操作、使用能够防止机床非正常磨损，避免突发故障；做好日常维护保养，可使设备保持良好的技术状态、延缓劣化进程、及时发现和消灭故障隐患，从而保证安全生产。

一、数控机床安装、调试、验收常识

数控机床在购买时签订了一定的标准要求，在机床到位以后必须要检验这些机床是否达到这些标准。数控机床即使在出厂时一切技术参数都符合相关的标准，但是机床在包装运输过程中，可能会因为各种原因导致机床的各部分的位置关系发生变化，导致某些零部件磨损或者损坏。数控机床的精度不仅受制造环节的影响，而且受机床使用环境、机床安装调试水平的限制，通过调整机床的相关部件以及相关参数能够改善机床性能。

（一）数控机床验收常识

1. 调试、验收的流程

① 制造厂内验收：保证机床在制造过程中，或者是在制造环节能够达到签订的标准以及用户的需求。

② 用户方的最终验收：按照合同要求的各项标准，以及通行的检验验收标准和检验检测手段进行机床的最终验收，以使机床能够满足用户的生产需要。

2. 数控机床验收的常见标准

① 通用类标准：这类标准主要是对数控机床这一大类产品，规定了通用的调试验收及检验方法、相关检验检测工具的使用方法，以及一些具体数据。

② 产品类标准：规定了具体某种类型数控机床的检验方法，制造、调试和验收的具体要求。在实际的工作中，就某一个产品的具体验收方法，是由生产厂家和客户在合同签订过程中谈判协商而成的(依据大家都能够接受的标准)。

(二) 数控设备安装常识

1. 数控机床安装地基的准备

查阅相关规范，与机床生产厂商联系，索取相关机床对地基的要求，以及机床外形尺寸、底座形状和尺寸，并且要求机床生产厂商提供机床的地基图。按照相关规范的要求，以及机床厂商提供的机床外形尺寸、机床地基图，准备相关的安装场地以及做好机床安装基础。

2. 准备电源

数控机床是机电一体化高度集成的设备，其中的控制系统和伺服系统对电源有较高的要求。主要的要求如下：

① 电压波动范围应该在－15%～＋10%之间。

② 对于场内有多个用电设备，应该避免多个设备共用一个电源。

③ 对于同一台(套)机床上的不同附件，应该将电源接到统一电源上(通常附件都是由机床自身提供)。

④ 按照机床厂商提供的机床总功率，准备相应的电源、稳压设备及线缆。

3. 准备气源

数控机床上通常会有使用压缩空气的附件或者是机构，如换刀机构、松紧刀机构等。因此，数控机床在工作时一般要求准备压缩空气以供上述机构使用，对于提供给数控机床的压缩空气，通常会有压力、流量、清洁度、干燥度等方面的要求，应该按照机床厂商提供的有关参数做好准备。

4. 搬运、拆箱和就位

机床到达用户厂区内，需要将机床从运输工具上卸载下来，将机床搬运到用户的指定位置，这个过程牵涉以下几个环节。

① 拆箱：在这个环节，首先要注意拆箱前包装箱的状态，如果有破损，要注意有没有损坏机床。如果有条件可以在开箱前用数码相机将包装箱外观拍摄下来，拆箱时要注意拆除外包装的顺序，防止包装箱砸到机床。

② 吊装：机床吊装应该是一项非常专业的工作，所以应该由专业的吊装人员来完成。在现场，应该根据机床吊装图确定吊装位，以及准备适当的吊具(或者由生产商来提供)。

③ 就位：机床就位，是指将机床从卸载现场搬运至机床安装位。机床就位也是一项专业性比较强的工作，因此这项工作也应该由专门的人员来完成，用户或者是生产商的技术人员，应该指导搬运人员将机床就位时地脚螺栓等安装到位，并且将混凝土灌注到位。

(三) 数控设备的安装调试常识

1. 设备的安装

(1) 接通电源、气源

按照数控机床铭牌上的要求，接入合适的电源。在电源接入数控机床前，必须确认电源是否符合机床要求。

(2) 机床上电

在确认机床接入了正确电源后，打开机床强电开关，启动系统，确认系统运行正常，根据机床上的某一个电气附件的运行状态，确认机床电源的相序正确与否。

(3) 机床安装

在机床上电后，按照“机床机械手册”的指引，去除机床的紧固件以及支撑部件，去除机床厂商在机床移动部件上涂抹的防锈油或者其他防锈层，安装好防护罩。

(4) 机床附件安装

安装机床附件，必须按照说明书以及机床上和附件上的标识，正确地连接电缆线以及各种各样的管线。通常，每一种附件的电缆及管线的外形尺寸都有差异，即使是没有差异，在附件的电缆及管线上均有一致的标识。在附件安装完成以后，要再次确认每一种附件的运行状态是否正确，否则要调整电源的相序。

2. 数控设备的调试与验收

(1) 设备的调试

设备的调试主要有几何精度的调试、位置精度的调试、数控功能的调试等。精度的调试应按照机床验收的标准进行，对于不合格的项目，要调整机床相关部件，以期达到预设的要求。

① 几何精度的调试。

几何精度的调试有工作台运动的真直度、各轴向间的垂直度、工作台与各运动方向的平行度、主轴锥孔面的偏摆、主轴中心与工作台面的垂直度等的调试。

机床真直度检验调试方法是将两个水平仪，以相互垂直的方式放置在工作台上(其中一个与 X 向平行，一个与 Y 向平行)。如图 2-1 所示，在检测时将工作台沿 X 向移动，在左、中、右三个点上分别查看水平仪的数据，比较这些数据的差值，使其最大值不超过允差值为限。

如果机床真直度不能够达到标准要求，可以通过调整机床地脚螺栓，使其达到要求。如图 2-2 所示，在调整地脚螺栓的过程中，必需要把机床看成一个既有一定刚性，又有一定塑性的整体，通过调整几个关键的地脚螺栓，将数控机床的真直度调好。

三轴数控铣削机床一共有三根轴，垂直度的检查就要检查这三项。机床各轴相互间垂直度的检验，包括 X 和 Y 轴间垂直度、X 和 Z 轴间垂直度、Y 和 Z 轴间垂直度三项内容。

检验 X 和 Y 轴间垂直度，将方尺平放在工作台上，用千分表找平 X 向或者 Y 向任意一边，然后用千分表检验另外一边，两端读数的差值为误差值，如图 2-3 所示。

检验 X 和 Z 轴间垂直度，将检验方尺沿 X 向放置，把千分表夹持在 Z 轴上，再将千分表靠在方尺检验面上，沿 Z 轴上下移动，这时从千分表上读到的上下差值即为该项的精度值，如图 2-4 所示。

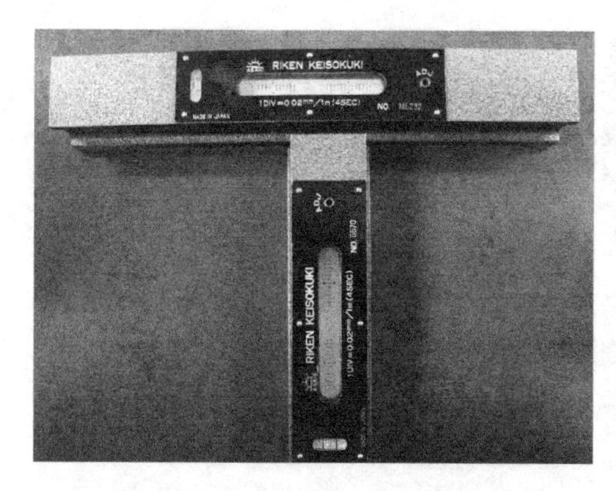

图 2-1　机床真直度检验调试

图 2-2　调节地脚螺栓

图 2-3　X 和 Y 轴间垂直度的检验

Y 和 Z 轴间的垂直度的检验方法与 X 和 Z 轴间垂直度的检验方法是一致的，只不过将检验方尺的方向做一个 90°的旋转，如图 2-5 所示。

图 2-4　X 和 Z 轴间垂直度的检验

图 2-5　Y 和 Z 轴间垂直度的检验

主轴中心对工作台的垂直度检验方法是，将千分表置于主轴上，将主轴置于空挡或者易于手动旋转的位置上，将千分表环绕主轴旋转，设置并确认千分表的触头相对于主轴中心的旋转半径为 150mm，将千分表在工作台上旋转一周，记录其在前后以及左右的读数差值，这两组差值反应了主轴相对于工作台面的垂直度，检验方法如图 2-6 所示。

图 2-6　主轴中心相对于工作台的垂直度的检验

工作台与 X 向、Y 向运动的平行度，该项精度由以下两项组成。

● 工作台与 X 向运动的平行度的检验。将千分表夹持在 Z 轴上，将表触头置于工作台面上，然后将工作台从 X 原点移至负方向的最远点，其间，读数的最大值以及最小值的差值为其精度值，检验方法如图 2-7 所示。

● 工作台与 Y 向运动的平行度的检验。将千分表夹持在 Z 轴上，将表触头置于工作台面上，然后将工作台从 Y 原点移至负方向的最远点，其间，读数的最大值以及最小值的差值为其精度值，检验方法如图 2-8 所示。

图 2-7　X 向与工作台的平行度

图 2-8　Y 向与工作台的平行度

梯形槽跳动度检验。用千分表拉住工作台上的主梯形槽，其读数的最大、最小值为梯形槽的跳动值，检验方法如图 2-9 所示。

主轴内孔偏摆度检验。在主轴上装入测量长为 300mm 的标准芯棒，用千分表顶住主轴近端以及远端 300mm 处，在主轴旋转过程中千分表变化的最大值，分别为这两处的偏摆测定值，检验方法如图 2-10 所示。

主轴轴向跳动度的检验。将千分表顶住主轴端面，旋转主轴千分表会出现测量值的变动，这一变动的数值即为主轴轴向跳动。也可将千分表顶住标准芯棒的下端，旋转主轴，观察千分表的变化，检验方法如图 2-11 所示。

② 位置精度的调试。

数控机床的位置精度主要包括定位精度、重复定位精度和反向偏差三项。定位精度是

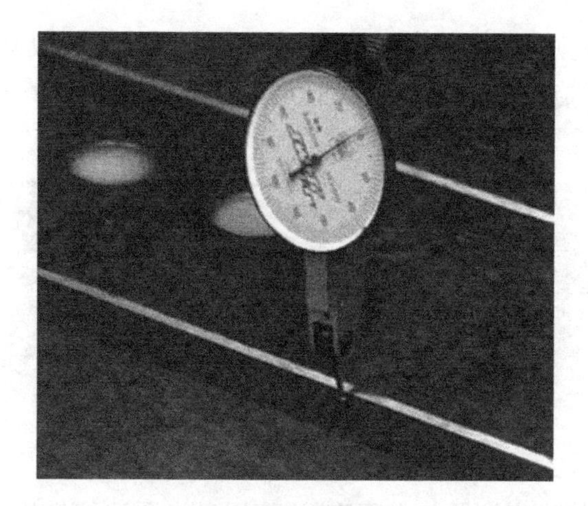

图 2-9　梯形槽跳动度检验

（a）近端

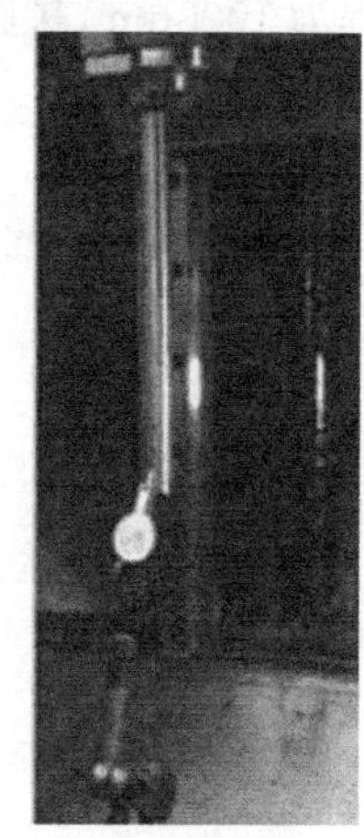

（b）远端

图 2-10　主轴内孔偏摆度检验

图 2-11　主轴轴向跳动度的检验

指机床运行时，到达某一个位置的准确程度，该项精度应该是一个系统性的误差，可以通过各种方法进行调整。重复定位精度是指机床在运行时，反复到达某一个位置的准确程度。

该项精度对于数控机床则是一项偶然性误差，不能够通过调整参数来进行调整。反向偏差是指机床在运行时，各轴在反向时产生的运行误差。位置精度测量一般采用双频激光干涉仪作为检测仪器，如图 2-12 所示。

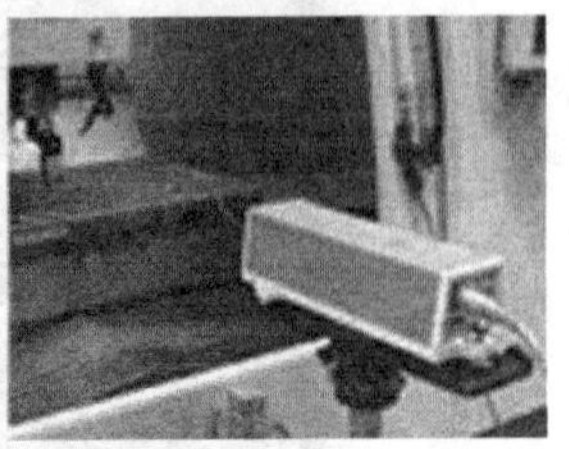

图 2-12　使用双频激光干涉仪测量位置精度

根据检验方法，数控机床按照一定程序运行，用激光干涉仪来检查机床运行是否正确。下面以一个 X 轴行程为 1000mm、螺距为 25mm 的数控机床的 X 轴的检验为例，编制一个检验程序。

```
O0001
G91 G28 X0;
M98 P0002 H7;
M30;
O0002
G91 G00 X5.;
        X- 5.;
G04 X6.;
M98 P0003 H20.;
G91 G00 X- 5.;
        X5.;
GO4 X6.;
M98 P0004 H20;
M99;
O0003
G91 G00 X- 50.;
M99;
O0004
G91 G00 X50.;
M99;
```

运行以上检验程序，测出数控机床的位置精度值以后，可以利用数控机床特有的误差补偿功能，将每一个点上的位置误差尽量减小。每一个系统的补偿方法会有一定的差别，在进行补偿时请遵照说明书的指导进行。

（2）设备的空运行

设备在做空运行时，主要是为了检验机床在长时间运行过程中，机床各部分的性能能否达到预设要求、各项功能能否正确执行。设备的空运行，主要是进行以下内容的测试：

① 温升检验；

② 主运动和进给运动检验；

③ 动作检验；

④ 安全防护装置和保险装置检验；

⑤ 噪声检验；

⑥ 液压、气动、冷却、润滑系统的检验。

设备空运转的时间应该符合相关规定，并且是连续无故障运行。

(3) 设备的功能检验

① 数控功能检验。

数控设备在各项精度调试完成后，必须做数控功能检验，以验证购买的数控机床功能是否符合合同要求（尤其是采用 FANUC、三菱系统）。进行数控功能检验主要有对机床各常规运行功能的检验、各外围设施运行功能的检验、插补功能的检验等。除此以外，还要按照所签订的合同进行特殊功能的检验等。

② 手动功能检验。

在手动的条件下，对数控机床的常规动作和各种装置进行检验，以保证数控机床动作平稳、安全，设施运行可靠。

(4) 切削试件

在完成数控机床的各项精度调试检验后，就要进行试件切削，因为对于一台设备，其动态的精度（性能）远比静态精度重要，对于用户来讲，动态的加工性能其实是最重要的。

试件的切削分为两种：一种是标准形式的试件切削，一种是客户要求的特定产品的切削。

二、数控机床机械部件维护保养基础知识

(一) 数控设备使用中应注意的问题

1. 数控设备的使用环境

为提高数控设备的使用寿命，一般要求应避免阳光的直接照射和其他热辐射，避免太潮湿、粉尘过多或有腐蚀气体的场所。精密数控设备要远离振动大的设备，如冲床、锻压设备等。

2. 良好的稳压电源保证

为了避免电源波动幅度大（大于±10%）和可能的瞬间干扰信号等影响，数控设备一般采用专线供电（如从低压配电室分一路单独供数控机床使用）或增设稳压装置等，都可减少电气干扰。

3. 制订有效操作规程，操作过程中严格遵守

制订和遵守操作规程是保证数控机床安全运行的重要措施之一。实践证明，众多故障可由遵守操作规程而减少。

4. 数控设备不宜长期封存

购买数控机床以后要充分利用，尤其是投入使用的第一年，使其容易出故障的薄弱环节尽早暴露，得以在保修期内排除。加工中，尽量减少数控机床主轴的启停，以降低对离合器、

齿轮等器件的磨损。没有加工任务时，数控机床也要定期通电，最好是每周通电 1～2 次，每次空运行 1 小时左右，以利用机床本身的发热量来降低机内的湿度，使电子元件不致受潮，同时也能及时发现有无电池电量不足的报警，以防止系统设定参数的丢失。

（二）数控机床操作维护规程

1. 数控机床维护与保养的基本要求

① 在思想上重视维护与保养工作。

② 提高操作人员的综合素质。

③ 数控机床良好的使用环境。

④ 严格遵循正确的操作规程。

⑤ 提高数控机床的开动率。

⑥ 要冷静对待机床故障，不可盲目处理。

⑦ 严格执行数控机床管理的规章制度。

2. 数控机床操作维护规程的制订原则

① 一般应按数控机床操作顺序及班前、班中、班后的顺序将相关注意事项分列，力求内容精炼、简明、适用。

② 按照数控机床类别将结构特点、加工范围、操作注意事项、维护要求等分别列出，便于操作工掌握要点，贯彻执行。

③ 各类数控机床具有共性的内容，可编制统一标准通用规程。

④ 重点设备及高精度、大重型及稀有关键数控机床，必须单独编制操作维护规程，并用醒目的标志牌张贴在机床附近，要求操作工特别注意，严格遵守。

3. 操作维护规程的基本内容

① 班前清理工作场地，按日常检查卡的规定项目检查各操作手柄、控制装置是否处于停机位置，安全防护装置是否完整、牢靠，查看电源是否正常，并做好点检记录。

② 查看润滑、液压装置的油质、油量，按润滑图表规定加油，保持油液清洁、油路畅通、润滑良好。

③ 确认各部位正常无误后，方可空车启动设备。先空车低速运转 3～5min，查看各部运转正常，润滑良好，方可进行工作，不得超负荷、超规范使用。

④ 工件必须装卡牢固，禁止在机床上敲击、夹紧工件。

⑤ 合理调整行程撞块，要求定位正确、紧固。

⑥ 操纵变速装置必须切实转换到固定位置，使其啮合正常，停机变速不得用反车制动变速。

⑦ 数控机床运转中要经常注意各部位情况，如有异常应立即停机处理。

⑧ 测量工件、更换工装、拆卸工件都必须停机进行，离开机床时必须切断电源。

⑨ 数控机床的基准面、导轨、滑动面要注意保护，保持清洁，防止损伤。

⑩ 经常保持润滑及液压系统清洁，盖好箱盖，不允许有水、尘、铁屑等污物进入油箱及电器装置。

⑪ 工作完毕，下班前应清扫机床设备，保持清洁，将操作手柄、按钮等置于非工作位置，切断电源，办好交接班手续。

(三) 数控机床的日常维护

1. 每班维护(每班保养)

班前要对设备进行点检,查看有无异状,检查油箱及润滑装置的油质、油量,并按润滑图表规定加油,查看安全装置及电源等是否良好,确认无误后,先空车运转待润滑情况及各部位正常后方可工作。下班前用约15min时间清扫擦拭设备,切断电源,在设备滑动导轨部位涂油,清理工作场地,保持设备整洁。

2. 周末维护(周末保养)

在每周末和节假日前,用1~2h时间较彻底地清洗设备,清除油污,达到维护的"四项要求",并由机械员(师)组织维修组检查、考核评分,公布评分结果。

(四) 数控机床的定期维护(定期保养)

数控机床定期维护是在维修工辅导配合下,由操作工进行的定期维修作业,按设备管理部门的计划执行。设备定期维护后要由机械员(师)组织维修组逐台验收,设备管理部门抽查,作为对车间执行计划的考核。数控机床定期维护的主要内容有如下几方面。

(1) 日检

① 检查液压系统。

② 检查主轴润滑系统。

③ 导轨润滑系统的润滑。

④ 检查冷却系统。

⑤ 检查气压系统。

(2) 周检

① 检查机床零件。

② 检查主轴润滑系统。

③ 清除铁屑

④ 机床外部杂物清扫。

(3) 月检

① 真空清扫控制柜内部。

② 检查、清洗或更换通风系统的空气滤清器。

③ 检查全部按钮和指示灯是否正常。

④ 检查全部电磁铁和限位开关是否正常。

⑤ 检查并紧固全部电缆接头,查看有无腐蚀、破损(的现象)。

⑥ 全面查看安全防护设施是否完整、牢固。

(4) 两月检

① 检查并紧固液压管路接头。

② 查看电源电压是否正常,有无缺相和接地不良。

③ 检查全部电机,并按要求更换电刷。

④ 检查液压马达是否有渗漏并按要求更换油封。

⑤ 开动液压系统,打开放气阀,排出油缸和管路中空气。

⑥ 检查联轴节、带轮和带是否松动、磨损。

⑦ 清洗或更换滑块和导轨的防护毡垫。

(5) 季检

① 清洗冷却液箱,更换冷却液。

② 清洗或更换液压系统的滤油器及伺服控制系统的滤油器。

③ 清洗主轴齿轮箱,重新注入新润滑油。

④ 检查联锁装置、定时器和开关是否正常运行。

⑤ 检查继电器接触压力是否合适,并根据需要清洗和调整触点。

⑥ 检查齿轮箱和传动部件的工作间隙是否合适。

(6) 半年检

① 抽取液压油液化验,根据化验结果,对液压油箱进行清洗换油,疏通油路,清洗或更换滤油器。

② 检查机床工作台是否水平,检查全部锁紧螺钉及调整垫铁是否锁紧,并按要求调整至水平。

③ 检查镶条、滑块的调整机构,调整间隙。

④ 检查并调整全部传动丝杠负荷,清洗滚动丝杠并涂新油。

⑤ 拆卸、清扫电机,加注润滑油脂,检查电机轴承,酌情予以更换。

⑥ 检查、清洗并重新装好机械式联轴节。

⑦ 检查、清洗和调整平衡系统,视情况更换钢缆或链条。

⑧ 清扫电气柜、数控柜及电路板,更换维持 RAM 内容的失效电池。

要经常维护机床各导轨及滑动面的清洁,防止拉伤和研伤,经常检查换刀机械手及刀库的运行情况、定位情况,保持机床精度。

三、数控车床机械部件的维护保养技术基础

(一) 概述

1. 数控车床的分类

数控车床的外形与普通车床相似,即由床身、主轴箱、刀架、进给系统、液压系统、冷却和润滑系统等部分组成。数控车床的进给系统与普通车床有质的区别,传统普通车床有进给箱和交换齿轮架,而数控车床是直接用伺服电机通过滚珠丝杠驱动溜板和刀架实现进给运动,因而进给系统的结构大为简化。数控车床品种繁多,规格不一,分类方法见表 2-1。

表 2-1 数控车床分类

<table>
<tr><th>分类方法</th><th>类 型</th><th>相关说明</th></tr>
<tr><td rowspan="2">按车床位置分类</td><td>卧式数控车床
如图 2-13(a)所示</td><td>又分为数控水平导轨卧式车床和数控倾斜导轨卧式车床。其倾斜导轨结构可以使车床具有更大的刚性,并易于排除切屑</td></tr>
<tr><td>立式数控车床
如图 2-13(b)所示</td><td>其车床主轴垂直于水平面,直径很大的圆形工作台用来装夹工件。这类机床主要用于加工径向尺寸大、轴向尺寸相对较小的大型复杂零件</td></tr>
<tr><td rowspan="2">按刀架数量分类</td><td>单刀架数控车床
如图 2-13(c)所示</td><td>数控车床一般配置有各种形式的单刀架,如四工位卧动转位刀架或多工位转塔式自动转位刀架</td></tr>
<tr><td>双刀架数控车床
如图 2-13(d)所示</td><td>这类车床的双刀架配置平行分布,也可以是相互垂直分布</td></tr>
</table>

(续表)

分类方法	类　型	相关说明
按功能分类	经济型数控车床 如图 2-13(e)所示	采用步进电动机和单片机对普通车床的进给系统进行改造后形成的简易型数控车床。其成本较低,但自动化程度和功能都比较差,车削加工精度也不高,适用于要求不高的回转类零件的车削加工
	普通数控车床 如图 2-13(f)所示	根据车削加工要求,在结构上进行专门设计并配备通用车床而形成的数控车床。其数控系统功能强,自动化程度和加工精度也比较高,适用于一般回转类零件的车削加工。这种数控车床可同时控制两个坐标轴,即 X 轴和 Z 轴
	车削加工中心 如图 2-13(g)所示	在普通数控车床的基础上,增加了 C 轴和动力头,更高级的数控车床带有刀库,可控制 X、Z 和 C 三个坐标轴,联动控制轴可以是(X、Z)、(X、C)或(Z、C)。由于增加了 C 轴和铣削动力头,这种数控车床的加工功能大大增强,除可以进行一般车削外还可以进行径向和轴向铣削、曲面铣削、中心线不在零件回转中心的孔和径向孔的钻削等加工

2. 数控车床的组成结构

数控车床一般均由车床主体、数控装置和伺服系统三大部分组成。如图 2-14 所示是数控车床的基本组成方框图。

除了基本保持普通车床传统布局形式的部分经济型数控车床外,目前大部分数控车床均已通过专门设计并定型生产。

(1) 主轴与主轴箱

① 主轴　数控车床主轴的回转精度直接影响零件的加工精度;其功率大小、回转速度影响加工的效率;其同步运行、自动变速及定向准停等要求,影响车床的自动化程度。

② 主轴箱　具有有级自动调速功能的数控车床,其主轴箱内的传动机构已经大大简化;具有无级自动调速(包括定向准停)的数控车床,其机械传动变速和变向作用的机构已经不复存在了,主轴箱也成了“轴承座”及“润滑箱”的代名词;对于改造式(具有手动操作和自动控制加工双重功能)数控车床,则基本上保留原有的主轴箱。

(2) 导轨

数控车床的导轨是保证进给运动准确性的重要部件。它在很大程度上影响车床的刚度、精度及低速进给时的平稳性,是影响零件加工质量的重要因素之一。除部分数控车床仍沿用传统的滑动导轨(金属型)外,定型生产的数控车床已较多采用贴塑导轨。这种新型滑动导轨的摩擦系数小,其耐磨性、耐腐蚀性及吸震性好,润滑条件也比较优越。

(3) 机械传动机构

除了部分主轴箱内的齿轮传动等机构外,数控车床已在原普通车床传动链的基础上,做了大幅度的简化。如取消了挂轮箱、进给箱、溜板箱及其绝大部分传动机构,而仅保留了纵、横进给的螺旋传动机构,并在驱动电动机至丝杠间增设了(少数车床未增设)可消除其侧隙的齿轮副。

① 螺旋传动机构　数控车床中的螺旋副,是将驱动电动机所输出的旋转运动转换成刀架在纵、横方向上直线运动的运动副。构成螺旋传动机构的部件,一般为滚珠丝杠副,如

(a) 卧式数控车床

(b) 立式数控车床

(c) 单刀架数控车床

(d) 双刀架数控车床

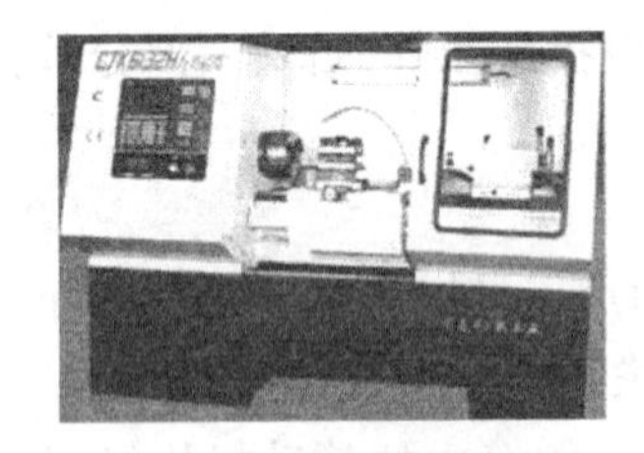

(e) 经济型数控车床

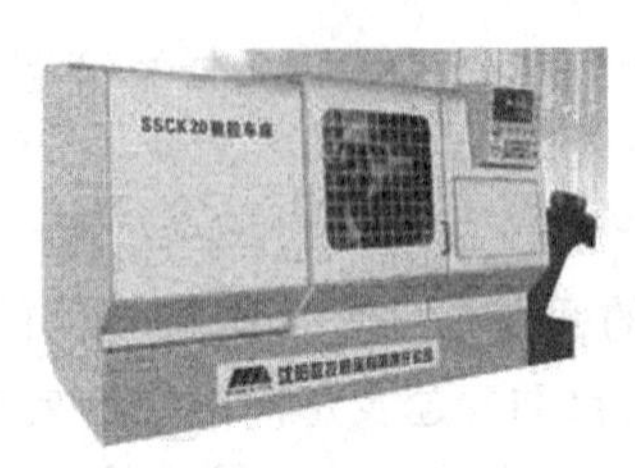

(f) 普通数控车床

(g) 车削加工中心内部示意图

图 2-13　各类数控车床实物图

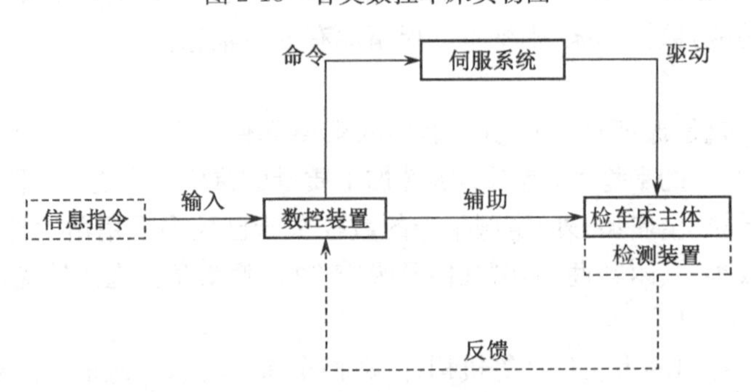

图 2-14　数控车床的基本组成方框图

图 2-15所示。

滚珠丝杠副的摩擦阻力小，可消除轴向间隙及预紧，故传动效率及精度高，运动稳定，动作灵敏。但结构较复杂，制造技术要求较高，所以成本也较高。另外，自行调整其间隙大小

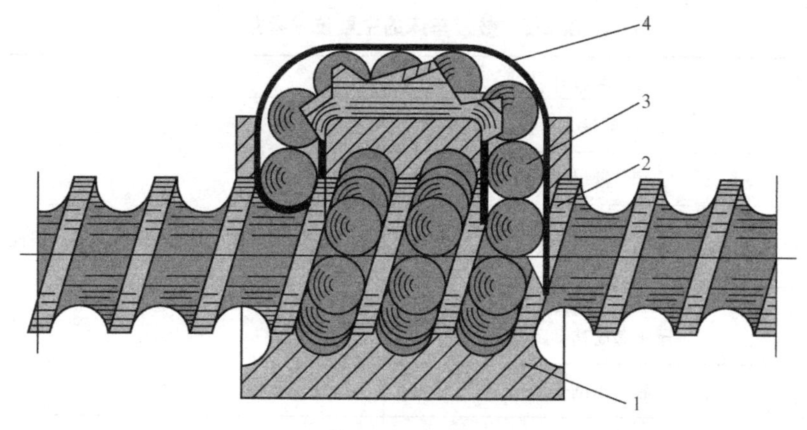

1—螺母；2—丝杠；3—滚珠；4—滚珠循环装置

图 2 15　滚珠丝杠副

时，难度也较大。

② 齿轮副　在较多数控车床的驱动机构中，其驱动电动机与进给丝杠间设置有一个简单的齿轮箱(架)。齿轮副的主要作用是，保证车床进给运动的脉冲当量符合要求，避免丝杠可能产生的轴向窜动对驱动电动机的不利影响。

(4) 自动转动刀架

除了车削中心采用随机换刀(带刀库)的自动换刀装置外，数控车床一般带有固定刀位的自动转位刀架，有的车床还带有各种形式的双刀架。

(5) 检测反馈装置

检测反馈装置是数控车床的重要组成部分，对加工精度、生产效率和自动化程度有很大影响。检测装置包括位移检测装置和工件尺寸检测装置两大类，其中工件尺寸检测装置又分为机内尺寸检测装置和机外尺寸检测装置两种。工件尺寸检测装置仅在少量的高档数控车床上配用。

(6) 对刀装置

除了极少数专用性质的数控车床外，普通数控车床几乎都采用了各种形式的自动转位刀架，以进行多刀车削。这样，每把刀的刀位点在刀架上安装的位置，或相对于车床固定原点的位置，都需要对刀、调整和测量，并予以确认，以保证零件的加工质量。

(7) 数控装置

数控装置的核心是计算机及其软件，它在数控车床中起“指挥”作用。数控装置接收由加工程序送来的各种信息，并经处理和调配后，向驱动机构发出执行命令；在执行过程中，其驱动、检测等机构同时将有关信息反馈给数控装置，以便经处理后发出新的执行命令。

(8) 伺服系统

伺服系统准确地执行数控装置发出的命令，通过驱动电路和执行元件(如步进电机等)，完成数控装置所要求的各种位移。

3. 数控车床的主要技术参数的含义

数控车床的主要技术参数包括最大回转直径、最大车削长度、各坐标轴行程、主轴转速范围、切削进给速度范围、定位精度、刀架定位精度等，见表 2-2。

表 2-2　数控车床的主要技术参数

类别	主要内容	作　用
尺寸参数	X、Z 轴最大行程	影响加工工件的尺寸范围(重量)、编程范围及刀具、工件、机床之间干涉
	卡盘尺寸	
	最大回转直径	
	最大车削直径	
	尾座套筒移动距离	
	最大车削长度	
接口参数	刀位数,刀具装夹尺寸	影响工件及刀具安装
	主轴头型式	
	主轴孔及尾座孔锥度、直径	
运动参数	主轴转速范围	影响加工性能及编程参数
	刀架快进速度、切削进给速度范围	
动力参数	主轴电机功率	影响切削负荷
	伺服电机额定转矩	
精度参数	定位精度、重复定位精度	影响加工精度及其一致性
	刀架定位精度、重复定位精度	
其他参数	外形尺寸(长×宽×高)、质量	影响使用环境

数控车床与普通车床的加工对象结构及工艺有着很大的相似之处,但由于数控系统的存在,也有着很大的区别。与普通车床相比,数控车床具有以下特点:

① 由于数控车床刀架的两个方向运动分别由两台伺服电动机驱动,所以它的传动链短。不必使用挂轮、光杠等传动部件,用伺服电动机直接与丝杠联接带动刀架运动。伺服电动机丝杠间也可以用同步皮带副或齿轮副联接。

② 多功能数控车床是采用直流或交流主轴控制单元来驱动主轴,按控制指令作无级变速,主轴之间不必用多级齿轮副来进行变速。为扩大变速范围,一般还要通过一级齿轮副,以实现分段无级调速,即使这样,床头箱内的结构已比传统车床简单了很多。数控车床的另一个结构特点是刚度大,这是为了与控制系统的高精度控制相匹配,以便适应高精度的加工。

③ 数控车床的第三个结构特点是轻拖动。刀架移动一般采用滚珠丝杠副。滚珠丝杠副是数控车床的关键机械部件之一,滚珠丝杠两端安装的滚动轴承是专用轴承,它的压力角比常用的向心推力球轴承要大得多。这种专用轴承配对安装,是选配的,最好在轴承出厂时就是成对的。

④ 为了拖动轻便,数控车床的润滑都比较充分,大部分采用油雾自动润滑。

⑤ 由于数控机床的价格较高、控制系统的寿命较长，所以数控车床的滑动导轨也要求耐磨性好。数控车床一般采用镶钢导轨，这样机床精度保持的时间就比较长，其使用寿命也可延长许多。

⑥ 数控车床还具有加工冷却充分、防护较严密等特点，自动运转时一般都处于全封闭或半封闭状态。

⑦ 数控车床一般还配有自动排屑装置。

（二）卧式数控车床主传动系统的维护技术基础

数控车床的主传动系统包括主轴电动机、传动系统和主轴组件。系统一般采用直流或交流无级调速电动机，通过皮带传动，带动主轴旋转，实现自动无级调速及恒线速度控制。

1. *主轴部件的结构与工作原理*

(1) 主轴结构与工作原理

主轴部件是机床实现旋转运动的执行件，其结构及工作性能直接影响被加工零件精度、加工质量和生产率以及刀具的寿命。它包括主轴的支撑、安装在主轴上的传动零件等，结构如图 2-16 所示。

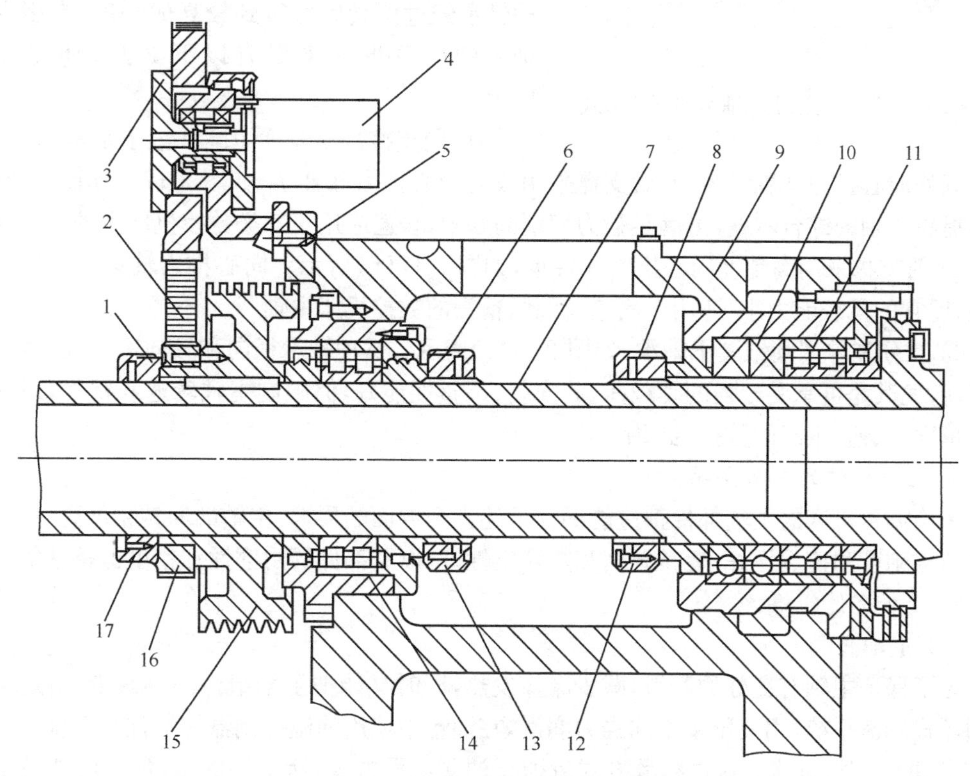

1、6、8—螺母；2—同步带；3、16—同步带轮；4—脉冲编码器；5、12、13、17—螺钉；
7—主轴；9—主轴箱体；10—角接触球轴承；11、14—双列圆柱滚子轴承；15—带轮

图 2-16　卧式车床主轴结构

主轴的工作原理如下：

交流主轴电动机通过带轮 15 把运动传给主轴 7，主轴有前后两个支撑，前支撑由一个

圆锥孔双列圆柱滚子轴承 11 和一对角接触球轴承 10 组成,轴承 11 用来承受径向载荷,两个角接触球轴承一个大口向外(朝向主轴前端),另一个大口向里(朝向主轴后端),用来承受双向的轴向载荷和径向载荷,前支撑轴的间隙用螺母 8 来支撑,螺钉 12 用来防止螺母回松,主轴的后支撑为圆锥孔双列圆柱滚子轴承 14,轴承间隙由螺母 1 和 6 来调整,螺钉 17 和 13 是防止螺母 1 和 6 回松的,主轴的支撑形式为前端定位,主轴受热膨胀向后伸长。前后支撑所用圆锥孔双列圆柱滚子轴承的支撑刚性好,允许的极限转速高,前支撑中的角接触球轴承能承受较大的轴向载荷,且允许的极限转速高。主轴所采用的支撑结构适宜低速大载荷的需要。主轴的运动经过同步带轮 16 和 3 以及同步带 2 带动脉冲编码器 4,使其与主轴同速运转。脉冲编码器用螺钉 5 固定在主轴箱体 9 上。

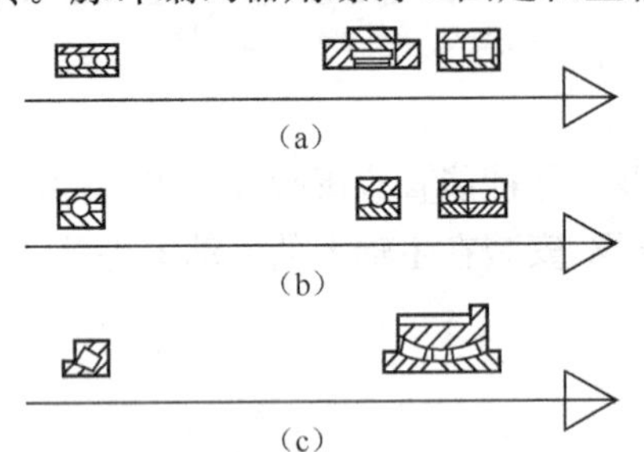

图 2-17　数控机床主轴轴承的配置形式

(2) 主轴的支撑

数控机床主轴前后轴承类型和配置的选择取决于数控机床加工对主轴部件精度、刚度和转速的要求。主轴轴承一般由 2 个或 3 个角接触球轴承组成,或用角接触轴承与圆柱滚子轴承组合,这种轴承经过预紧后可得到较高的刚度,常用主轴轴承的配置形式主要有以下 3 种,如图 2-17 所示。

① 前支撑采用双列短圆柱滚子轴承和 60°角接触双列向心推力球轴承组合,后支撑采用成对向心推力球轴承,如图 2-17(a)所示。此配置可提高主轴的综合刚度,可满足强力切削的要求,普遍应用于各类数控机床主轴。

② 前支撑采用高精度向心推力球轴承,如图 2-17(b)所示。向心推力轴承有良好的高速性,但它的承载能力小,适用于高速、轻载、精密的数控机床主轴。

③ 双列和单列圆锥滚子轴承,如图 2-17(c)所示。这种轴承径向和轴向刚度高,能承受重载荷,尤其是可承受较强的动载荷,其安装、调整性能好,但限制主轴转速和精度,适用于中等精度、低速、重载的数控机床主轴。

2. 主轴部件的基本要求

无论哪种机床的主轴部件都应能满足下述几个方面的要求:主轴的回转精度高,主轴部件的结构刚度和抗震性好,运转温度和热稳定性好,以及部件的耐磨性和精度保持性等。

3. 主轴部件的维护

(1) 主轴润滑

为了保证主轴有良好的润滑,减少摩擦发热,同时又能把主轴组件的热量带走,通常采用循环式润滑系统,用液压泵供油强力润滑,在油箱中使用油温控制器控制油液温度。

① 油气润滑方式　这种润滑方式近似于油雾润滑方式,所不同的是,油气润滑是定时定量地把油雾送进轴承空隙中,这样既实现润滑,又不致因油雾太多而污染周围空气,后者则是连续供给油雾。

② 喷注润滑方式　将较大流量的恒温油(每个轴承 3～4L/min)喷注到主轴轴承,以达到润滑、冷却的目的。这里要特别指出的是,较大流量喷注的油,不是自然回流,而是用排油泵强制排油;同时,采用专用高精度大容量恒温油箱,把油温变动控制在±0.5℃。

(2) 主轴密封

在密封件中,被密封的介质往往是以穿漏、渗透或扩散的形式越界泄漏到密封连接处的另外一侧。造成泄漏的基本原因是流体从密封面上的间隙中溢出,或是由于密封部件内外两侧介质的压力差或浓度差,致使流体向压力或浓度低的一侧流动。

对于循环润滑的主轴,润滑油的防漏主要不是靠"堵",而是靠疏导,单纯地"堵",例如用油毛毡,往往不能防漏,"疏导"的例子之一如图2-18所示主轴轴承防漏。其润滑油流经前轴承后,向右经螺母2外溢。螺母2的外圆有锯齿形环槽,主轴旋转时的离心力把油甩向压盖1内的空腔,然后经回油孔流回主轴箱。锯齿方向应逆着油的流向,如图2-18中的小图所示。图中的箭头表示油的流动方向。环槽应有2~3条,因油被甩至空腔后,可能有少量的油会被溅回螺母2,前面的环槽可以再甩。回油孔的直径应大于ϕ6mm,以保证回油畅通。要使间隙密封结构能在一定的压力和温度范围内具有良好的密封防漏性能,必须保证法兰盘与主轴及轴承端面的配合间隙。

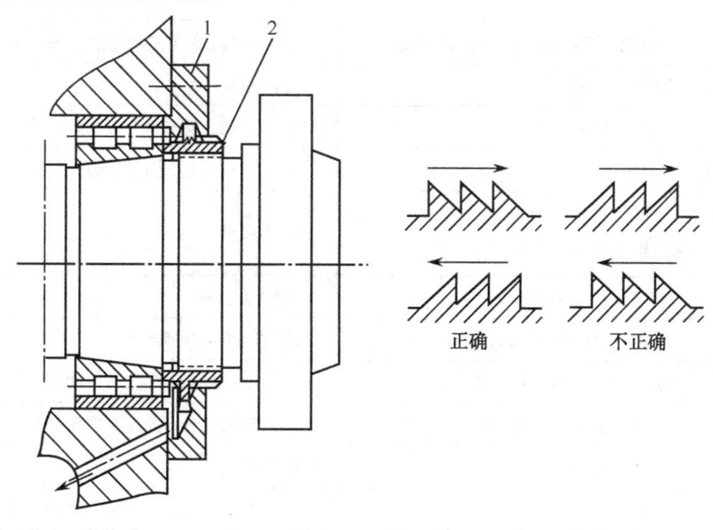

1—压盖;2—螺母

图2-18　主轴前支撑的密封结构

① 法兰盘与主轴的配合间隙应控制在0.1~0.2mm(单边)范围内。如果间隙过大,则泄漏量将按间隙的3次方扩大;若间隙过小,由于加工及安装误差,容易发生与主轴局部接触,使主轴局部升温并产生噪声。

② 法兰盘内端面与轴承端面的间隙应控制0.15~0.3mm之间。小间隙可使外溢油直接被挡住,并沿法兰盘内端面下部的泄油孔流回油箱。

③ 法兰盘上的沟槽与主轴上的护油槽对齐,以保证被主轴甩至法兰盘沟槽内腔的油液能可靠地流回油箱。

在油脂润滑状态下使用该密封结构时,取消了法兰盘泄油孔及回油斜孔,并且有关配合间隙适当放大,经正确加工及装配后同样可达到较为理想的密封效果。

另外,要保证主轴部件的正常运转,还应定期调整主轴驱动带的松紧程度,防止因带打滑造成的丢转现象;检查主轴润滑的恒温油箱、调节温度范围,及时补充油量,并清洗过滤器；主轴中刀具夹紧装置长时间使用后，会产生间隙，影响刀具的夹紧，需及时调整液压缸活塞的位移量。

主轴部件的常见故障及其诊断排除方法见表2-3

表2-3　主轴部件的常见故障及其诊断排除方法

序号	故障现象	故障原因	排除方法
1	加工精度达不到要求	机床在运输过程中受到冲击	检查对机床精度有影响的各部位，特别是导轨副，并按出厂精度要求重新调整或修复
		安装不牢固，安装精度低或有变化	重新安装调平、紧固
2	切削振动大	主轴箱和床身连接螺钉松动	恢复精度后紧固连接螺钉
		轴承预紧力不够，游隙过大	重新调整轴承游隙。但预紧力不宜过大，以免损坏轴承
		轴承预紧螺母松动，使主轴窜动	紧固螺母，确保主轴精度合格
		轴承拉毛或损坏	更换轴承
		主轴与箱体超差	修理主轴或箱体，使其配合精度、位置精度达到要求
		其他因素	检查刀具或切削工艺问题
		如果是车床，则可能是转塔刀架运动部位松动或压力不够而未卡紧	调整修理
3	主轴箱噪声大	主轴部件动平衡不好	重做动平衡
		齿轮啮合间隙不均匀或严重损伤	调整间隙或更换齿轮
		轴承损坏或传动轴弯曲	修复或更换轴承，校直传动轴
		传动带长度不一或过松	调整或更换传动带，不能新旧混用
		齿轮精度差	更换齿轮
		润滑不良	调整润滑油量，保持主轴箱的清洁度

（三）卧式车床进给传动系统的维护技术基础

1. 数控机床进给系统机械部分的组成与基本要求

（1）数控机床进给系统机械部分的基本组成

与数控机床进给系统有关的机械部分一般由导轨、机械传动装置、工作台等组成，基本结构如图2-19所示。

数控车床Z、X两方向的运动由伺服电机直接或间接驱动滚珠丝杠运动同时带动刀架移动，形成纵横向切削运动，从而实现车床进给运动。

（2）数控机床进给系统机械部分的基本要求

① 低惯量。进给传动系统由于经常需启动、停止、变速或反向运动，若机械传动装置惯量大，就会增大负载并使系统动态性能变差。因此，在满足强度与刚度的前提下，应尽可能减小运动部件的自重及各传动元件的直径和自重。

② 高刚度。数控机床进给传动系统的高刚度主要取决于滚珠丝杠副（直线运动）及其支撑部件的刚度。刚度不足和摩擦阻力会导致工作台产生爬行现象及造成反向死区，影响

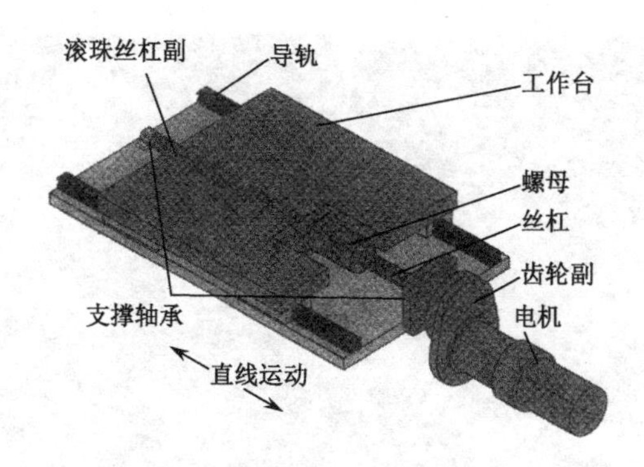

图 2-19　数控机床进给系统基本结构

传动准确性。缩短传动链，合理选择丝杠尺寸及对滚珠丝杠副和支撑部件的预紧是提高传动刚度的有效途径。

③ 无传动间隙。为了提高位移精度，减小传动误差，首先要保证所采用的各种机械部件的加工精度，其次要尽量消除各种间隙。这是因为机械间隙是造成进给传动系统反向死区的另一主要原因。因此，对传动链的各个环节，包括联轴器、齿轮传动副及其支撑部件均应采用消除间隙的各种结构措施。但是采用预紧等各种措施后仍可能留有微量间隙，所以在进给传动系统反向运动时仍需由数控装置发出脉冲指令进行自动补偿。

④ 高谐振。为了提高进给的抗震性，应使机械构件具有较高的固有频率和合适的阻尼，一般要求进给传动系统的固有频率应高于伺服驱动系统固有频率的 2～3 倍。

⑤ 低摩擦阻力。进给传动系统要实现运动平稳、定位准确、快速响应特性好，必须减小运动件的摩擦阻力和动摩擦系数与静摩擦系数之差。所以，导轨必须采用具有较小摩擦系数和高耐磨性的滚动导轨、静压导轨和滑动导轨等。此外，进给传动系统还普遍采用了滚珠丝杠副。

2. 进给传动系统的典型结构的维护技术基础

(1) 滚珠丝杠螺母副

① 滚珠丝杠螺母副的结构。

滚珠丝杠螺母副是把由进给电动机带动的旋转运动，转化为刀架或工作台的直线运动。螺母的螺旋槽的两端用回珠器连接起来，使滚珠能够周而复始地循环运动，管道的两端还起着挡珠的作用，以防滚珠沿滚道掉出，滚珠丝杠螺母副必须有可靠的轴向消除间隙的机构，并易于调整安装，具体如图 2-20 所示。

② 滚珠丝杠螺母副的维护。

定期检查、调整丝杠螺母副的轴向间隙，保证反向传动精度和轴向刚度，定期检查丝杠与床身的连接是否有松动，丝杠防护装置有损坏要及时更换，以防灰尘或切屑进入。

● 轴向间隙调整。

数控机床的进给机械传动采用滚珠丝杠将旋转运动转换为直线运动，滚珠丝杠副的轴向间隙，源于两项因素的总和：第一是负载时滚珠与滚道型面接触的弹性变形所引起的螺母相对丝杠位移量，第二是丝杠与螺母几何间隙。丝杠与螺母的轴向间隙是传动中的反向运动死区，它使丝杠在反向转动时螺母产生运动滞后，直接影响进给运动的传动精度，其结构

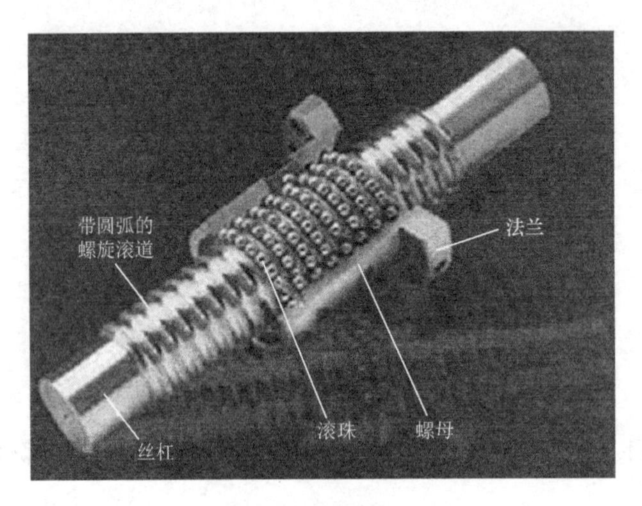

图 2-20　滚珠丝杠螺母副结构

形式有下述三种：

第一种是双螺母垫片调隙式，如图 2-21 所示。其结构是通过改变垫片的厚度，使两个螺母间产生轴向位移，从而两螺母分别与丝杠螺纹滚道的左、右侧接触，达到消除间隙和产生预紧力的作用。这种调整垫片，结构简单可靠、刚性好，但调整费时，且不能在工作中随意调整。

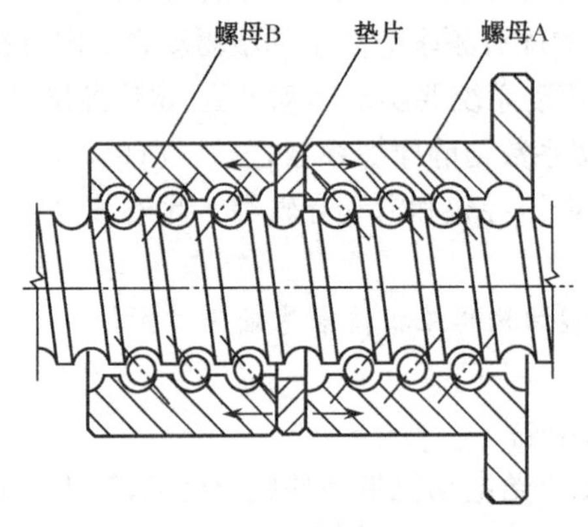

图 2-21　双螺母垫片调隙式结构

第二种是双螺母螺纹调隙式，如图 2-22 所示。其结构为利用螺母来实现预紧的结构。两个螺母以平键与外套相联，平键可限制螺母在外套内转动，其中右边的一个螺母外伸部分有螺纹。用两个锁紧螺母能使螺母相对丝杠作轴向移动。这种结构既紧凑，工作又可靠，调整也方便，故应用较广，但调整位移量不易精确控制，因此，预紧力也不能准确控制。

第三种是双螺母齿差调隙式，如图 2-23 所示，其结构为双螺母齿差调隙式调整结构。

在两个螺母的凸缘上分别有齿数为 z_1、z_2 的齿轮，而且 z_1 与 z_2 相差一个齿。两个齿轮分别与两端相应的内齿圈相啮合，内齿圈紧固在螺母座上。调整轴向间隙时使齿轮脱开内齿圈，令两个螺母同向转过相同的齿数，然后再合上内齿圈，两螺母间轴向相对位置发生变化从而实现间隙的调整和施加预紧力。如果其中一个螺母转过一个齿时，则其轴向位移量

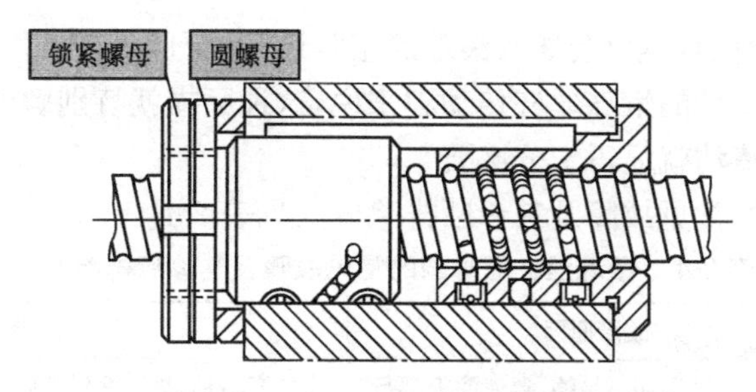

图 2-22　双螺母螺纹调隙式结构

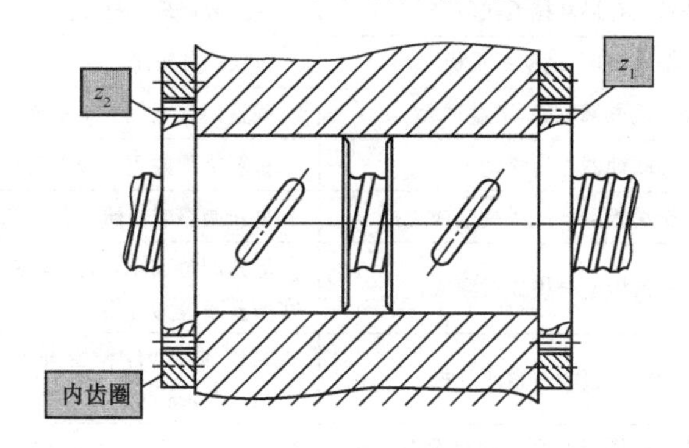

图 2-23　双螺母齿差调隙式结构

S 为

$$S=P/z_1$$

式中，P 为丝杠螺距，z_1 为齿轮齿数。

如两齿轮沿同方向各转过一个齿时，其轴向位移量 S 为

$$S=(1/z_1-1/z_2)P$$

式中，z_1，z_2 分别为两齿轮齿数，P 为丝杠螺距。

例如，当 $z_1=99$，$z_2=100$，$P=10\text{mm}$，两齿轮沿同方向各转过一个齿时，则 $S=10/9900\text{mm}\approx1\mu\text{m}$，即两个螺母间产生 $1\mu\text{m}$ 的位移。这种调整方式的机构结构复杂，但调整准确可靠，精度高。

● 支撑轴承的定期检查。

应定期检查丝杠支撑轴承与床身的连接是否有松动，以及支撑轴承是否损坏等。如有以上问题，要及时紧固松动部位并更换支撑轴承。

● 滚珠丝杠螺母副的润滑。

在滚珠丝杠螺母副里加润滑剂可提高其耐磨性和传动效率。润滑剂可分为润滑油和润滑脂两大类。润滑油一般为全损耗系统用油，润滑脂可采用锂基润滑脂。润滑脂一般加在螺纹滚道和安装螺母的壳体空间内，而润滑油则经过在壳体上的油孔注入螺母的空间内。每半年对滚珠丝杠上的润滑脂更换一次，清洗丝杠上的旧润滑脂，涂上新的润滑脂。用润滑油润滑的滚珠丝杠副，可在每次机床工作前加油一次。

● 滚珠丝杠螺母副的保护。

滚珠丝杠螺母副和其他滚动摩擦的传动元件一样，只要避免磨料微粒及化学活性物质进入就可以认为这些元件几乎是在不产生磨损的情况下工作的。但是，如在滚道上落入了

脏物或使用肮脏的润滑油，不仅会妨碍滚珠的正常运转，而且使磨损急剧增加。对于制造误差和预紧变形量以微米计的滚珠丝杠传动副来说，这种磨损就特别敏感。因此，有效地防护密封和保持润滑油的清洁就显得十分必要。

滚珠丝杠螺母副的常见故障及其诊断排除方法见表 2-4。

表 2-4　滚珠丝杠螺母副的常见故障及其诊断排除方法

序号	故障现象	故障原因	排除方法
1	加工件粗糙度值高	导轨的润滑油不足够，致使溜板爬行	加润滑油，排除润滑故障
		滚珠丝杠有局部拉毛或研磨	更换或修理丝杠
		丝杠轴承损坏，运动不平稳	更换损坏轴承
		伺服电机未调整好，增益过大	调整伺服电机控制系统
2	反向误差大，加工精度不稳定	丝杠轴联轴器锥套松动	重新紧固并用百分表反复测试
		丝杠轴滑板配合压板过紧或过松	重新调整或修研，用 0.03mm 塞尺塞不入为合格
		丝杠轴滑板配合楔铁过紧或过松	重新调整或修研，使接触率达 70%以上，用 0.03mm 塞尺塞不进为合格
		滚珠丝杠预紧力过紧或过松	调整预紧力，检查轴向窜动值，使其误差不大于 0.015mm
		滚珠丝杠螺母端面与结合面不垂直，结合过松	修理、调整或加垫处理
		丝杠支座轴承预紧力过紧或过松	修理调整
		滚珠丝杠制造误差大或轴向窜动	用控制系统自动补偿功能消除间隙，用仪器测量并调整丝杠窜动
		润滑油不足或没有	调节至各导轨面均有润滑油
		其他机械干涉	排除干涉部位
3	滚珠丝杠在运转中转矩过大	二滑板配合压板过紧或研损	重新调整或修研压板，使 0.04mm 塞尺塞不进为合格
		滚珠丝杠螺母反向器损坏，滚珠丝杠卡死或轴端螺母预紧力过大	修复或更换丝杠并精心调整
		丝杠研损	更换
		伺服电机与滚珠丝杠连接不同轴	调整同轴度并紧固连接座
		无润滑油	调整润滑油路
		超程开关失灵造成机械故障	检查故障并排除
		伺服电机过热报警	检查故障并排除
4	丝杠螺母润滑不良	分油器是否分油	检查定量分油器
		油管是否堵塞	清除污物使油管畅通
5	滚珠丝杠副噪声	滚珠丝杠轴承压盖压合不良	调整压盖，使其压紧轴承
		滚珠丝杠润滑不良	检查分油器和油路，使润滑油充足
		滚珠产生破损	更换滚珠
		丝杠轴承可能破裂	更换轴承
		电动机与丝杠联轴器松动	拧紧联轴器锁紧螺钉

(续表)

序号	故障现象	故障原因	排除方法
6	滚珠丝杠不灵活	轴向预加载荷太大	调整轴向间隙和预加载荷
		丝杠与导轨不平行	调整丝杠支座位置，使丝杠与导轨平行
		螺母轴线与导轨不平行	调整螺母座的位置
		丝杠弯曲变形	校直丝杠

(2) 导轨副

机床导轨是机床基本结构要素之一，从机械结构的角度来说，机床的加工精度和使用寿命很大程度上取决于机床导轨的质量。数控机床对导轨的要求更高，如高速进给时不振动、低速进给时不爬行、有很高的灵敏度，能在重负载下长期连续工作、耐磨性高、精度保持性好等要求都是数控机床的导轨所必需满足的。

① 导轨的基本类型。

导轨按运动轨迹可分为直线运动导轨和圆运动导轨，按工作性质可分为主运动导轨、进给运动导轨和调整导轨，按受力情况可分为开式导轨和闭式导轨，按摩擦性质可分为滑动导轨和滚动导轨等。

② 导轨副的维护。

导轨副维护很重要的一项工作，保证导轨面之间具有合理的间隙，间隙过小，则摩擦阻力大，导轨磨损加剧；间隙过大，则运动失去准确性和平稳性，失去导向精度。间隙调整的方法有以下三种：

第一种是压板调整间隙。矩形导轨上常用的压板装置形式有：修复刮研式、镶条式、垫片式，如图 2-24 所示。压板用螺钉固定在动导轨上，常用钳工配合刮研及选用调整垫片、平镶条等机构，使导轨面与支撑面之间的间隙均匀，达到规定的接触点数。如图 2-24(a)所示的压板结构，如间隙过大，应修磨或刮研 *B* 面；间隙过小或压板与导轨压得太紧，则可刮研或修磨 *A* 面。

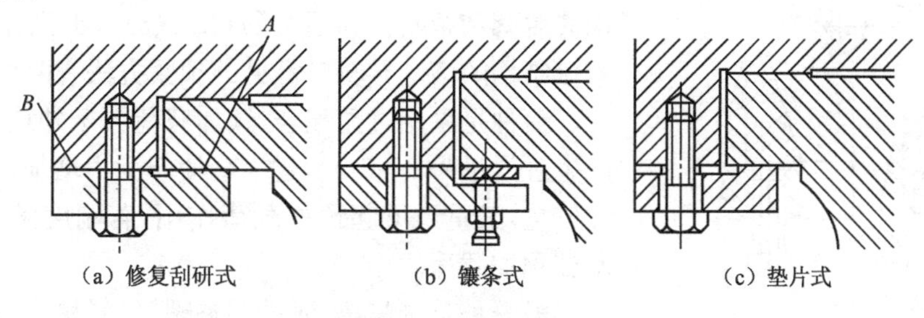

图 2-24　压板调整间隙

第二种是镶条调整间隙。常用的镶条有两种，即等厚度镶条和斜镶条。等厚度镶条如图 2-25(a)所示，它是一种全长厚度相等、横截面为平行四边形(用于燕尾形导轨)或矩形的平镶条，通过侧面的螺钉调节和螺母锁紧，以其横向位移来调整间隙。由于压紧力作用点因素的影响，在螺钉的着力点有挠曲。斜镶条如图 2-25(b)所示，它是一种全长厚度变化的斜镶条及三种用于斜镶条的调节螺钉，以其斜镶条的纵向位移来调整间隙。斜镶条在全长上支撑，其斜度为 1∶40 或 1∶100，由于楔形的增压作用会产生过大的横向压力，因此调整时应细心。

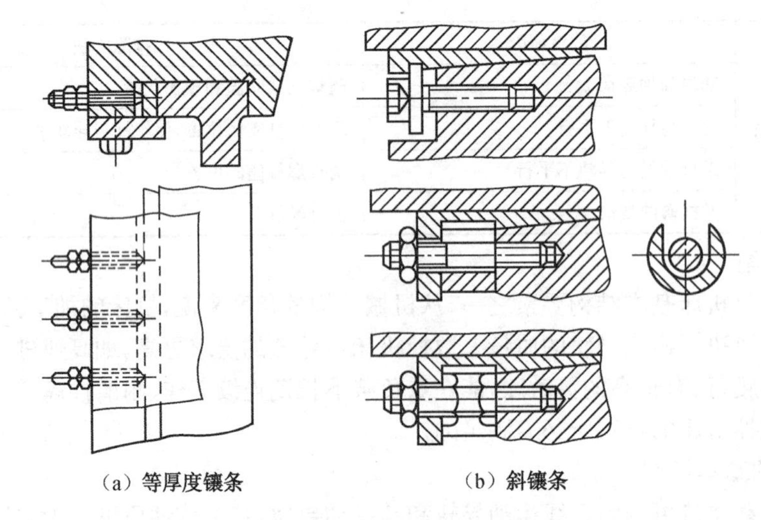

图 2-25　镶条调整间隙

第三种是压板镶条调整间隙。压板镶条如图 2-26 所示，T 形压板用螺钉固定在运动部件上，运动部件内侧和 T 形压板之间放置斜镶条，镶条不是在纵向有斜度，而是在高度方面做成倾斜。调整时，借助压板上几个推拉螺钉，使镶条上下移动，从而调整间隙。三角形导轨的上滑动面能自动补偿，下滑动面的间隙调整和矩形导轨的下压板调整底面间隙的方法相同，圆形导轨的间隙不能调整。

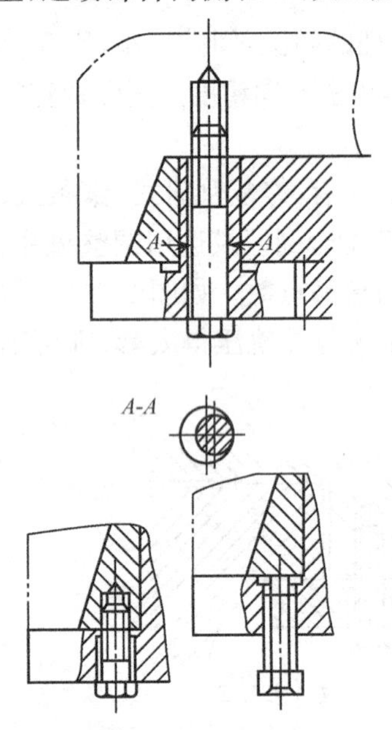

图 2-26　压板镶条调整间隙

③ 滚动导轨的预紧。

如图 2-27 所示，列举了四种滚动导轨的结构，为了提高滚动导轨的刚度，应对滚动导轨预紧，预紧可提高接触刚度和消除间隙。在立式滚动导轨上，预紧可防止滚动体脱落和歪斜。如图 2-27(b)、(c)、(d)所示是具有预紧接结构的滚动导轨。常见的预紧方法有两种。

一种是采用过盈配合，预加载荷大于外载荷，预紧力产生过盈量为 2～3μm，过大会使牵引力增加。若运动部件较重，其重力可起预加载荷作用，若刚度满足要求，可不施预加载荷。

另一种是调整法，通过调整螺钉、斜块或偏心轮进行预紧。如图 2-27(b)、(c)、(d)是采用调整法预紧滚动导轨的方法。

④ 导轨的润滑。

导轨面上进行润滑后，可降低摩擦系数，减少磨损，并且可防止导轨面锈蚀。导轨常用的润滑剂有润滑油和润滑脂，前者用于滑动导轨，而滚动导轨两种都用。

导轨最简单的润滑方式是人工定期加油或用油杯供油，这种方法简单、成本低，但不可靠，一般用于调节辅助导轨及运动速度低、工作不频繁的滚动导轨。

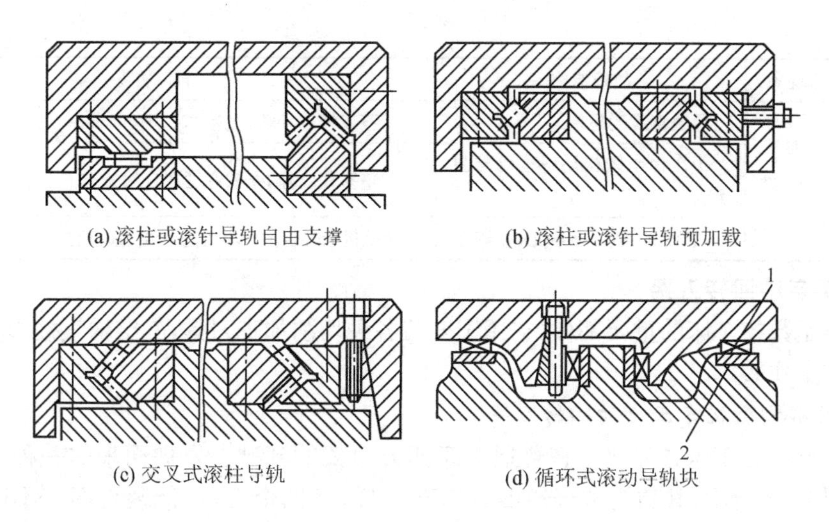

(a) 滚柱或滚针导轨自由支撑　(b) 滚柱或滚针导轨预加载

(c) 交叉式滚柱导轨　(d) 循环式滚动导轨块

1—循环式直线滚动块；2—淬火钢导轨

图 2-27　滚动导轨的预紧

对润滑油的要求，在工作温度变化时，润滑油黏度变化要小，要有良好的润滑性能和足够的油膜刚度，油中杂质尽量少且不侵蚀机件。常用的全损耗系统用油有 L-AN10，L-AN15，L-AN32，L-AN42，L-AN68，精密机床导轨油 L-HG68，汽轮机油 L-TSA32，L-TS46 等。

⑤ 导轨的防护。

为了防止切屑、磨粒或切削液散落在导轨面上而引起磨损、擦伤和锈蚀，导轨面上应有可靠的防护装置。常用的刮板式、卷帘式和叠层式防护罩，大多用于长导轨上。在机床使用过程中应防止损坏防护罩，对叠层式防护罩应经常用刷子蘸机油清理移动接缝，以避免碰壳现象的产生。

导轨副的常见故障及其诊断排除方法见表 2-5。

表 2-5　导轨副的常见故障及其诊断排除方法

序号	故障现象	故障原因	排除方法
1	导轨研伤	机床经长期使用，地基与床身水平有变化，使导轨局部单位面积负荷过大	定期进行床身导轨的水平调整，或修复导轨精度
		长期加工短工件或承受过分集中的负载，使导轨局部磨损严重	注意合理分布短工件的安装位置，避免负荷过分集中
		导轨润滑不良	调整导轨润滑油量，保证润滑油压力
		导轨材质不佳	采用电镀加热自冷淬火对导轨进行处理，导轨上增加锌铝铜合金板，以改善摩擦情况
		刮研质量不符合要求	提高刮研修复的质量
		机床维护不良，导轨里落下脏物	加强机床保养，保护好导轨防护装置
2	导轨上移动部件运动不良或不能移动	导轨面研伤	用 180＃砂布修磨机床导轨面上的研伤
		导轨压板研伤	卸下压板调整压板与导轨间隙
		导轨镶条与导轨间隙太小，调得太紧	松开镶条止退螺钉，调整镶条螺栓，使运动部件运动灵活，保证 0.03mm 塞尺不得塞入，然后锁紧止退螺钉

(续表)

序号	故障现象	故障原因	排除方法
3	加工面在接刀处不平	导轨直线度超差	调整或修刮导轨,允差 0.015/500mm
		工作台塞铁松动或塞铁弯度太大	调整塞铁间隙,塞铁弯度在自然状态下小于 0.05mm/全长
		机床水平度差,使导轨发生弯曲	调整机床安装水平,保证平行度、垂直度在 0.02/1000mm 之内

(四) 自动回转刀架

刀架是数控车床的重要部件,它用于安装各种切削加工刀具,其结构直接影响机床的切削性能和工作效率。

1. 经济型数控车床自动回转刀架

经济型数控车床方刀架是在普通车床四方刀架的基础上发展而来的一种自动换刀装置。如图 2-28 所示,其功能和普通四方刀架一样,有四个刀位,能装夹四把不同功能的刀

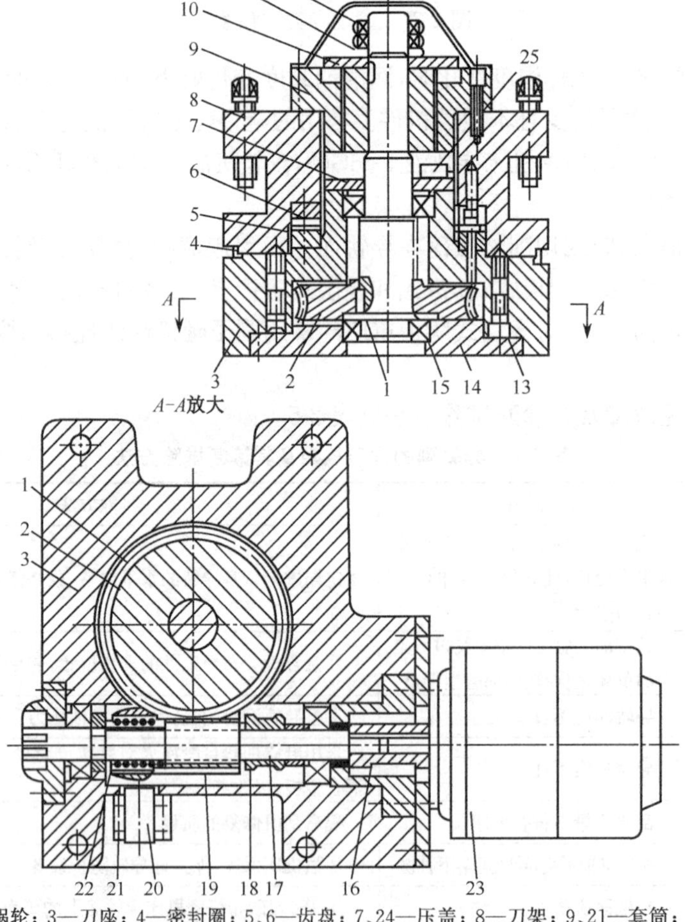

1、17—轴;2—蜗轮;3—刀座;4—密封圈;5、6—齿盘;7、24—压盖;8—刀架;9、21—套筒;10—轴套;11—垫圈;12—螺母;13—销;14—底盘;15—轴承;16—联轴器;18—套;19—蜗杆;20、25—开关;22—弹簧;23—电动机

图 2-28 立式四方刀架结构

具，方刀架回转90°时，刀具交换1个刀位，但方刀架的回转和刀位号的选择是由加工程序指令控制。换刀时方刀架的动作顺序是：刀架抬起→刀架转位→刀架定位→夹紧刀架。

该刀架可以安装四把不同的刀具，转位信号由加工程序指定，这种刀架在经济型数控车床及普通车床的数控化改造中得到广泛的应用。

2. 数控机床刀架、刀库、自动换刀装置的常见故障及其诊断排除方法

见表2-6。

表2-6 数控机床刀架、刀库、自动换刀装置的常见故障及其诊断排除方法

序号	故障现象	故障原因	排除方法
1	转塔刀架没有抬起动作	控制系统是否有T指令输出信号	如未能输出，请电气人员排除
		抬起电磁铁断线或抬起阀杆卡死	修理或清除污物，更换电磁铁
		压力不够	检查油箱并重新调整压力
		抬起液压缸研损或密封圈损坏	修复研损部分或更换密封圈
		与转塔抬起连接的机械部分研损	修复研损部分或更换零件
2	转塔转位速度缓慢或不转位	检查是否有转位信号输出	检查转位继电器是否吸合
		转位电磁阀断线或阀杆卡死	修理或更换
		凸轮轴压盖过紧	调整调节螺钉
		转位速度节流阀是否卡死	清洗节流阀或更换
		压力不够	检查是否液压故障，调整到额定压力
		液压泵研损卡死	检查或更换液压泵
		抬起液压缸体与转塔平面产生摩擦、研损	松开连接盘进行转位试验；取下连接盘配磨平面轴承下的调整垫并使相对间隙保持在0.04mm
		安装附具不配套	重新调整附具安装，减少转位冲击
3	转塔转位时碰牙	抬起速度或抬起延时时间短	调整抬起延时参数，增加延时时间
4	转塔不正位	转位盘上的撞块与选位开关松动，使转塔到位时传输信号超期或滞后	拆下护罩，使转塔处于正位状态，重新调整撞块与选位开关的位置并紧固
		上下连接盘与中心轴花键间隙过大产生位移偏差大，落下时易碰牙顶，引起不到位	重新调整连接盘与中心轴的位置；间隙过大可更换零件
		凸轮在轴上窜动	调整并紧固固定转位凸轮的螺母
		转位凸轮与转位盘间隙大	塞尺测试滚轮与凸轮，将凸轮置于中间位置；转塔左右窜量保持在二齿中间，确保落下时顺利啮合；转塔抬起时用手摆动，摆动量不超过二齿的1/3
		转位凸轮轴的轴向预紧力过大或有机械干涉，使转位不到位	重新调整预紧力，排除干涉
5	转塔转位不停	两计数开关不同时计数或复置开关损坏	调整两个撞块位置及两个计数开关的计数延时，修复复置开关
		转塔上的24V电源断线	接好电源线

（续表）

序号	故障现象	故障原因	排除方法
6	转塔刀重复定位精度差	液压夹紧力不足	检查压力并调到额定值
		上下牙盘受冲击，定位松动	重新调整固定
		两牙盘间有污物或滚针脱落在牙盘中间	清除污物保持转塔清洁，检修更换滚针
		转塔落下夹紧时有机械干涉（如夹铁屑）	检查排除机械干涉
		夹紧液压缸拉毛或研损	检修拉毛研损部分，更换密封圈
		转塔坐落在二层滑板之上，由于压板和楔铁配合不牢产生运动偏大	修理调整压板和楔铁，0.04mm 塞尺塞不进
7	刀具不能夹紧	风泵气压不足	使风泵气压在额定范围
		刀具卡紧液压缸漏油	更换密封装置，卡紧液压缸不漏
		增压漏气	关紧增压
		刀具松卡弹簧上的螺母松动	旋紧螺母
8	刀具夹紧后不能松开	松锁刀的弹簧压力过紧	调节松锁刀弹簧上的螺母，使其最大载荷不超过额定数值
9	刀套不能夹紧刀具	检查刀套上的调节螺母	顺时针旋转刀套两端的调节螺母，压紧弹簧，顶紧卡紧销
10	刀具从机械手脱落	刀具超重，机械手卡紧销损坏	刀具不得超重，更换机械手卡紧销
11	机械手换刀速度过快	气压太高或节流阀开口过大	保证气泵的压力和流量，旋转节流阀至换刀速度合适
12	换刀时找不到刀	刀位编码用组合行程开关、接近开关等元件损坏、接触不好或灵敏度降低	更换损坏元件

四、数控铣机械部件的维护保养技术基础

（一）概述

1. 数控铣床简介

数控铣床是用计算机数字化信号控制的铣床。它可以加工由直线和圆弧两种几何要素构成平面轮廓，也可以直接用逼近法加工非圆曲线构成的平面轮廓（采用多轴联动控制），还可以加工立体曲面和空间曲线。

华中系统 XK713 数控立式铣床的结构布局如图 2-29 所示，FANUC 系统 XK713 数控立式升降台铣床的结构布局如图 2-30 所示，这两种铣床对主轴套筒和工作台纵横向移动进行数字式自动控制或手动控制。用户加工零件时，按照待加工零件的尺寸及工艺要求，编成零件加工程序，通过控制器面板上的操作键盘输入计算机，计算机经过处理发出伺服需要的脉冲信号，该信号经驱动单元放大后驱动电机，实现铣床的 X、Y、Z 三坐标联动功能（也可

加装第四轴)，完成各种复杂形状的加工。

图 2-29　华中系统 XK713 数控立式铣床

图 2-30　FANUC 系统 XK713 数控立式铣床

本类机床的主轴电机为交流变频电动机，主轴采用交流变频调速来实现无级变速。变频器采用施耐德公司 ATV-28 型变频器。施耐德变频器具有灵活的压频特性曲线性能、加减速控制功能，以及电机失速、过扭矩等多种保护功能，可靠性强。

本类机床适用于加工多品种小批量生产和新产品试制等零件，对各种复杂曲线的上凸轮、样板、弧形槽等零件的加工效能尤为显著。由于本机床是三坐标数控铣床，驱动部件输出力矩大，高、低性能均好，且系统具备手动回机械零点功能，机床的定位精度和重复定位精度较高，同时本机床所配系统具备刀具半径补偿和长度功能，降低了编程复杂性，提高了加工效率。本系统还具备零点偏置功能，相当于可建立多工件坐标系，实现多工件的同时加工。空行程速度快，以减少辅助时间，进一步提高劳动生产率。机床配备数控分度头后，可实现第四轴加工。

系统主要操作均在键盘和按钮上进行，显示屏可实时提供各种系统信息:编程、操作、参数和图像。每一种功能下具备多种子功能，可以进行后台编辑。

2. 数控铣床的组成结构

(1) 铣床主机

它是数控铣床的机械本体，包括床身、主轴箱、工作台和进给机构等。

(2) 控制部分

它是数控铣床的控制中心，如华中系统、BEIJING-FANUC 0i-MC 系统等。

(3) 驱动部分

它是数控铣床执行机构的驱动部件，包括主轴电动机和进给伺服电动机等。

(4) 辅助部分

它是数控铣床的一些配套部件，包括刀库、液压装置、气动装置、冷却系统、润滑系统和排屑装置等。

以华中系统 XK713 数控立式铣床(FANUC 系统 XK713 数控立式铣床类似)为例介绍数控铣床的组成结构。该机床分为八个主要部分，即床身部件、工作台床鞍部件、立柱部件、铣头部件、冷却系统、润滑系统、气动系统、电气系统。

(1) 床身部件

床身采用稠筋、封闭式框架结构。床身地面通过调节螺栓和垫铁与地面相连,调整工作台可使机床工作台处于水平。

(2) 工作台床鞍部件

工作台位于床鞍上,用于安装工装、夹具和工件,并与床鞍一起分别执行 X 和 Y 向的进给运动。工作台、床鞍导轨结构相似。三向导轨均采用淬硬面贴塑面导轨副,内侧定位,以保证机床精度的持久性。

(3) 立柱部件

立柱安装于床身后部。立柱上设有 Z 向矩形导轨,用于连接铣头部件,并使其沿导轨作 Z 向进给运动。

(4) 铣头部件

铣头部件由铣头本体、主传动系统及主轴组成。铣头本体是铣头部件的骨架,用于支撑主轴组件及各传动件。

(5) 冷却系统

机床的冷却系统是由冷却泵、出水管、回水管、开关及喷嘴等组成,冷却泵安装在机床底座的内腔里,冷却泵将冷却液从底座内储液池输送至出水管,然后经喷嘴喷出对切削区进行冷却。

(6) 润滑系统

机床的润滑系统由手动润滑油泵、分油器、节流阀、油管等组成。

机床润滑方式:周期润滑方式。

机床采用自动润滑油泵,通过分油器对主轴套筒、纵横向导轨及三向滚珠丝杆进行润滑,以提高机床的使用寿命并防止出现低速进给时的爬行现象。

润滑剂:根据机床的性能推荐采用表 2-7 所列润滑剂。

表 2-7 根据机床的性能推荐使用润滑剂

润滑部位	润滑油或润滑脂品种	运动黏度
手拉式润滑泵	精密机床导轨油 40#	37～43
床身立导轨	精密机床导轨油 40#	37～43
有级变速箱	精密机床导轨油 40#	37～43
其他润滑部位	精密机床主轴轴承润滑脂	265～295

(7) 气动系统

华中系统 XK713 数控立式铣床的气动动作均由手动控制。气源压缩空气经气动三联体过滤、减压进入管路,用于控制主轴刀具装卸。气动系统工作压力 $p=6\text{kgf/cm}^2$。

(8) 电气系统

电气箱位于机床后侧,装有 CRT 的操作箱通过悬臂与电气箱连接,并可任意转动。

3. 数控铣床附件

(1) 卸刀座

卸刀座是用于完成铣刀装卸的装置,如图 2-31 所示。

图 2-31　卸刀座

(2) 刀柄

数控铣床使用的刀具通过刀柄与主轴相连,刀柄通过拉钉紧固在主轴上,由刀柄夹持铣刀传递转速、扭矩。刀柄与主轴的配合锥面一般采用 7∶24 的锥度。在我国应用最为广泛的是 BT40 和 BT50 系列刀柄和拉钉。下面列举几种常用的刀柄。

① 弹簧夹头刀柄及卡簧,如图 2-32 所示。用于装夹各种直柄立铣刀、键槽铣刀、直柄麻花钻及中心钻等直柄刀具。

图 2-32　弹簧夹头刀柄及卡簧

② 莫氏锥度刀柄,如图 2-33 所示。莫氏锥度刀柄有 2 号、3 号、4 号等,可装夹相应的莫氏钻夹头、立铣刀、加速装置、攻螺纹夹头等。图 2-33(a)为扁尾莫氏圆锥孔刀柄,图 2-33(b)为无扁尾莫氏圆锥孔刀柄。

(a) 带扁尾莫氏圆锥孔刀柄

(b) 无扁尾莫氏圆锥孔刀柄

图 2-33　莫氏锥度刀柄

③ 铣刀杆,如图 2-34(a)所示。可装夹套式端面铣刀、三面刃铣刀、角度铣刀、圆弧铣刀及锯片铣刀等。

④ 镗刀杆,如图 2-34(b)所示。可装夹镗孔刀。

⑤ 套筒,如图 2-35(a)所示。用于其他测量工具的套接。

(3) Z 轴设定器

如图 2-35(b)所示,主要用于确定工件坐标系原点在机床坐标系中的 Z 轴坐标,通过光电指示或指针指示判断刀具与对刀器是否接触,对刀精度应达到 0.005mm。Z 轴设定器高度一般为 50mm 或 100mm。

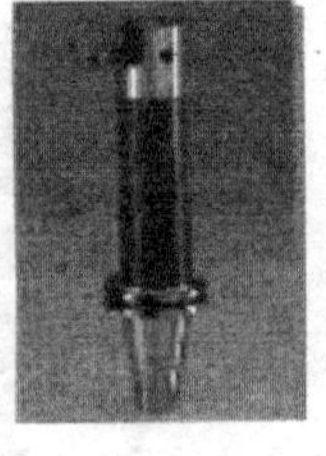
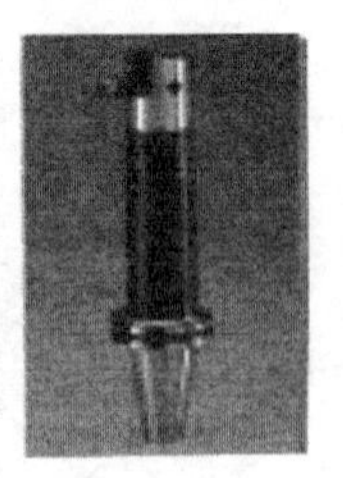

(a)铣刀杆　　　　　　　　(b)镗刀杆

图 2-34　铣刀杆和镗刀杆

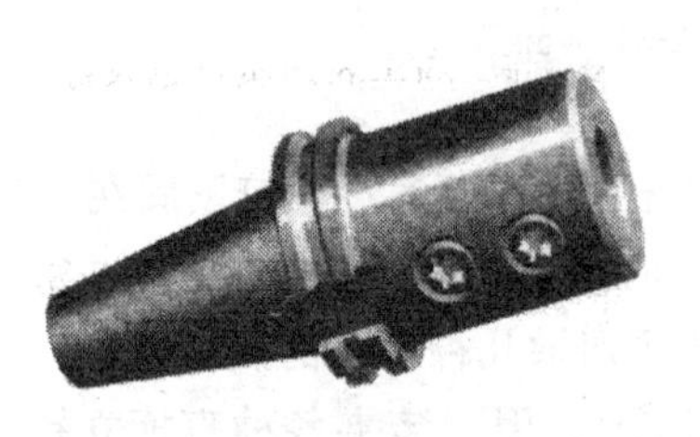

(a)套筒　　　　　　　　(b)z 轴设定器

图 2-35　套筒和 Z 轴设定器

(4) 寻边器

主要用于确定工件坐标系原点在机床坐标系中的 X、Y 值，也可以测量工件的简单尺寸，有偏心式和光电式等类型，如图 2-36(a)所示。

(a)寻边器　　　　　　　　(b)机用虎钳

图 2-36　寻边器和机用虎钳

(5) 数控回转工作台

可以使数控铣床增加一个或两个回转坐标，通过数控系统实现 4、5 轴联动，可有效扩大加工工艺范围，加工更为复杂的零件。

(6) 机用虎钳与铣床用卡盘

形状比较规则的零件铣削时常用机用虎钳装夹，如图 2-36(b)所示；精度较高，需较大的夹紧力时，可采用较高精度的机械式或液压式虎钳。虎钳在数控铣床上安装时，要根据加工精度要求，控制钳口与 X 轴或 Y 轴的平行度，零件夹紧时要注意控制工件变形和一端钳口上翘。

4. 数控铣床的一般操作规程

① 开机前要检查润滑油是否充裕、冷却是否充足，发现不足应及时补充。

② 打开数控铣床电器柜上的电器总开关。

③ 按下数控铣床控制面板上的“ON”按钮，启动数控系统，等自检完毕后进行数控铣床

的强电复位。

④ 手动返回数控铣床参考点。首先返回$+Z$方向，然后返回$+X$和$+Y$方向。

⑤ 手动操作时，在X、Y轴移动前，必须使Z轴处于较高位置，以免撞刀。

⑥ 数控铣床出现报警时，要根据报警号查找原因，及时排除警报。

⑦ 更换刀具时应注意操作安全。在装入刀具时应将刀柄和刀具擦拭干净。

⑧ 在自动运行程序前，必须认真检查程序，确保程序的正确性。在操作过程中必须集中注意力，谨慎操作。运行过程中，一旦发生问题，及时按下复位按钮或紧急停止按钮。

⑨ 加工完毕后，应把刀架停放在远离工件的换刀位置。

⑩ 实习学生在操作时，旁观的同学禁止按控制面板上的任何按钮、旋钮，以免发生意外及事故。

⑪ 严禁任意修改、删除机床参数。

⑫ 关机前，应使刀具处于较高位置，把工作台上的切屑清理干净，把机床擦拭干净。

⑬ 关机时，先关闭系统电源，再关闭电器总开关。

（二）主传动系统的维护技术基础

1. 主轴部件的结构

（1）主轴单元式结构

高速加工中心和数控铣床大多采用单元式主轴结构，将主轴前后轴承在恒温环境下进行配磨，配磨好后装入一个圆套筒内，然后在总装时以一个完整的单元装入机床主轴箱内，这样不仅保证了机床主轴组件的装配精度，而且又易于安装和维修调整，如图 2-37 所示。

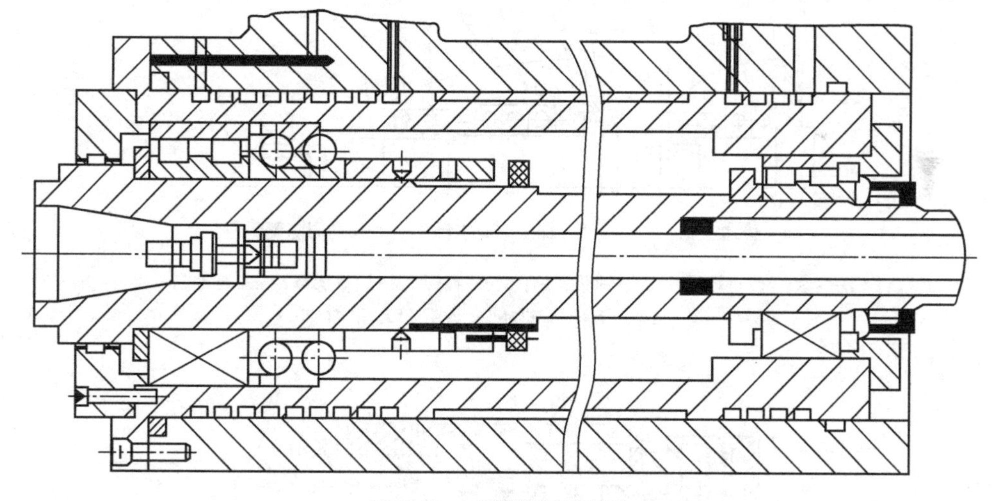

图 2-37 主轴单元式结构

（2）主轴轴承

主轴轴承的选择：鉴于加工中心和高速数控铣床的大负荷、高转速和高精密的要求，普通的主轴双联轴承结构已满足不了要求。现在，对于高速加工中心和数控铣床，大多采用角接触轴承组合设计。因为角接触轴承可以同时承受径向和一个方向的轴向载荷，允许的极限转速较高。如图 2-38 所示，采用两个角接触球轴承背靠背组配，使支撑点A、B两点向外扩展，缩短了主轴头部的悬伸，大大地减少了主轴端部的挠曲变形，提高了主轴刚度。

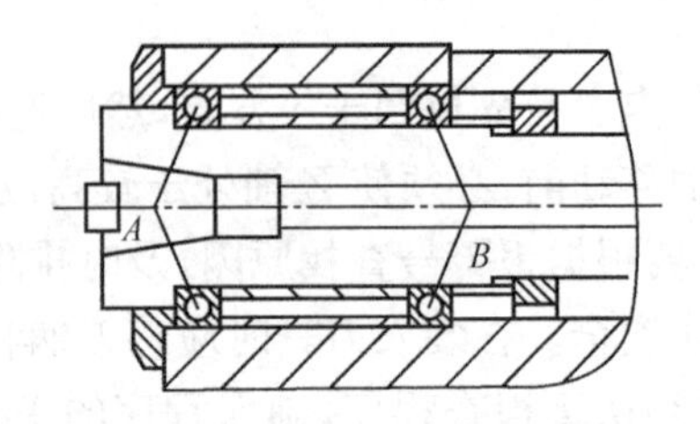

图 2-38　角接触轴承成组组配

主轴轴承的预紧:用普通螺母作主轴轴承轴向限位,通常难以保证螺母端面与轴心线有较高的垂直度(如图 2-39(a)所示),锁紧后易使轴承偏斜,甚至有可能使轴弯曲(如图 2-39(b)所示),这都将影响轴的旋转精度。

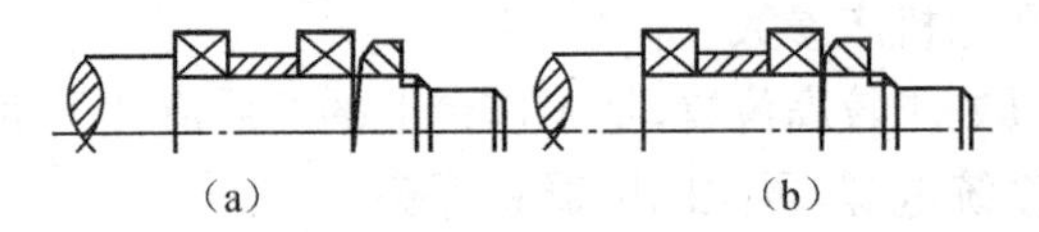

图 2-39　普通螺母锁紧时螺纹偏斜对轴承的影响

如图 2-40(a)所示锁紧螺母 3,在锁紧时不能保证端面与孔的垂直度,为了提高轴承的调整精度应改为如图 2-40(b)中用挡圈 5 和 6 修磨调整,以便提高修磨精度。用两个分离型螺母 8 和 9 调整,或采用双沟槽锁紧螺母(如图 2-41 所示),加十字垫片和采用过盈套等锁紧方式。

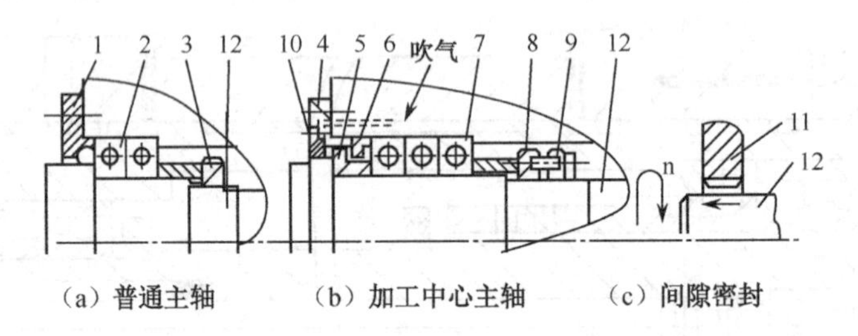

1、4、11—法兰盘；2、7—轴承；3、9—锁紧螺母；5、6—挡圈；8—调整螺母；10—挡油盘；12—主轴

图 2-40　主轴轴承锁紧、密封结构示意图

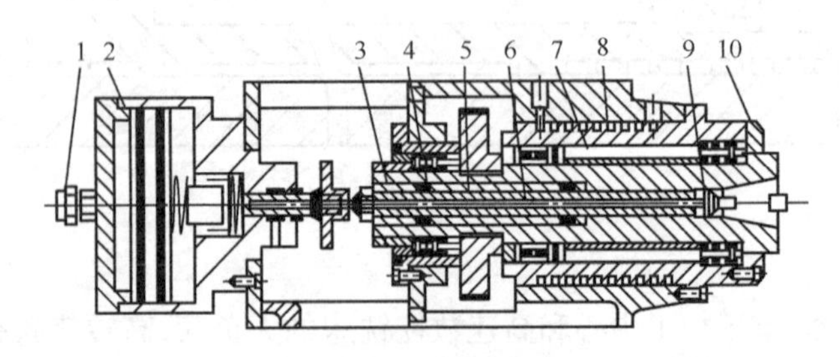

1—压缩空气管；2—活塞；3—双沟锁紧螺母；4—碟形弹簧；

5—拉杆；6—主轴；7—主轴套筒；8—主轴内冷却环；9—刀具拉钉；10—挡油法兰

图 2-41　KX714 主轴结构

主轴轴承的密封和润滑：

由于高速机床主轴转速较高，转速达5000r/min以上时脂润滑已很难达到要求，而稀油润滑在高速运动中润滑油的多少明显地影响到主轴运行的平稳性。因此，在目前多数采用集中定量定时油雾或滴油润滑方式。在高速加工中为了提高主轴轴承的寿命和确保轴承的旋转精度，必须采取严格的密封措施，然而密封效果较好的接触式密封又势必影响到主轴转速的提高。因此，目前通用的有主轴吹气、迷宫密封等非接触式密封方式，对于要求不高的可以采用间隙密封，但必须准确地控制间隙的大小，一般是在0.02～0.04mm之间。

(3) 主轴拉杆自动装刀系统

在高速数控铣床中刀具安装势必采用自动装刀机构。由预紧弹簧控制轴向拉力，再由气压、液压或机械螺杆等执行机构实现松刀和夹刀动作。执行机构有与主轴一同旋转的随动单元，也有不随主轴旋转的分离型结构。前者结构比较紧凑，复杂程度高；后者结构简单，成本低，但占用空间较大。另外，为了提高刀具重复安装精度，减少刀具锥柄和主轴锥孔非正常接合，在自动装刀系统中设置主轴准停机构和用以清洁刀具锥柄、主轴锥面的吹气或喷液的机构。

在活塞拉动拉杆松开刀柄的过程中，压缩空气由喷气头经过活塞中心孔和拉杆中的孔吹出，将锥孔清理干净，以防止主轴锥孔中掉入切屑和灰尘，把主轴锥孔表面和刀杆的锥面划伤，同时保证刀具的位置正确。主轴锥孔的清洁十分重要。

2. 主轴部件常见故障及其处理方法

见表2-3。

(三) 进给传动系统的维护技术基础

数控铣床及其传动系统的基本结构如图2-42所示，数控铣床进给传动系统机械部件中滚珠丝杠螺母副、导轨副的基本维护与前文介绍数控车床对应部分相似。

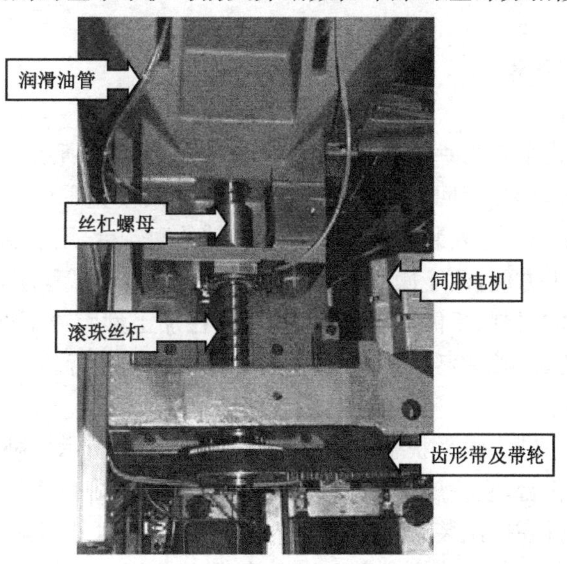

图2-42　数控铣床进给传动系统的基本结构

五、加工中心机械部件的维护保养技术基础

(一) 概述

1. 加工中心机床概述

加工中心是一种备有刀库并自动更换刀具对工件进行多工序加工的数控机床。加工中心与普通数控机床的区别主要在于一台加工中心能完成几台普通数控机床或者一台普通数控机床需经多次装夹和换刀才能完成的工作。加工中心一般分立式加工中心和卧式加工中心及万能加工中心三种。立式加工中心的主轴轴线(*Z* 轴)垂直于工作台面,卧式加工中心的主轴轴线(*Z* 轴)平行于工作台面,一般配备容量较大的链式刀库。目前,加工中心具有以下特点:

① 加工中心是在数控铣床或数控镗床的基础上增加了自动换刀装置,使工件在一次装夹后,可以连续完成对工件表面自动进行钻孔、扩孔、铰孔、镗孔、攻螺纹、铣削等多工步的加工,工序高度集中。

② 加工中心一般带有自动分度回转工作台或主轴可自动转动,从而使工件一次装夹后,自动完成多个或多个角度位置的工序加工。

③ 加工中心能自动改变机床主轴转速、进给量和刀具相对工件的运动轨迹及其他辅助机能。

④ 加工中心若带有交换工作台,工件在工作位置的工作台上进行加工的同时,另外的工件在装卸位置的工作台上进行装卸,不影响正常的工件加工。

由于加工中心具有上述特点,因而可以大大减少工件的装夹、测量和机床的调整时间,减少工件的周转、搬运和存放时间,使机床的切削时间利用率高于普通机床 3～4 倍,大大提高了生产率。尤其是加工形状比较复杂、精度要求较高、品种更换速度低的工件时,更具有良好的经济性。

2. 加工中心机床分类

(1) 立式加工中心

立式加工中心是指主轴为垂直状态的加工中心,如图 2-43 所示。其结构形式多为固定立柱,工作台为长方形,无分度回转功能,适合加工盘、套、板类零件。它一般具有两个直线运动坐标轴,并可在工作台上安装一个沿水平轴旋转的回转台,用以加工螺旋线类零件。

立式加工中心装卡方便,便于操作,易于观察加工情况,调试程序容易,应用广泛。但受立柱高度及换刀装置的限制,不能加工太高的零件,在加工型腔或下凹的型面时,切屑不易排出,严重时会损坏刀具,破坏已加工表面,影响加工的顺利进行。

(2) 卧式加工中心

卧式加工中心指主轴为水平状态的加工中心,如图 2-44 所示。卧式加工中心通常都带有自动分度的回转工作台,它一般具有 3～5 个运动坐标,常见的是三个直线运动坐标加一个回转运动坐标。工件在一次装卡后,完成除安装面和顶面以外的其余四个表面的加工,它最适合加上箱体类零件。与立式加工中心相比较,卧式加工中心加工时排屑容易,对加工有利,但结构复杂,价格较高。

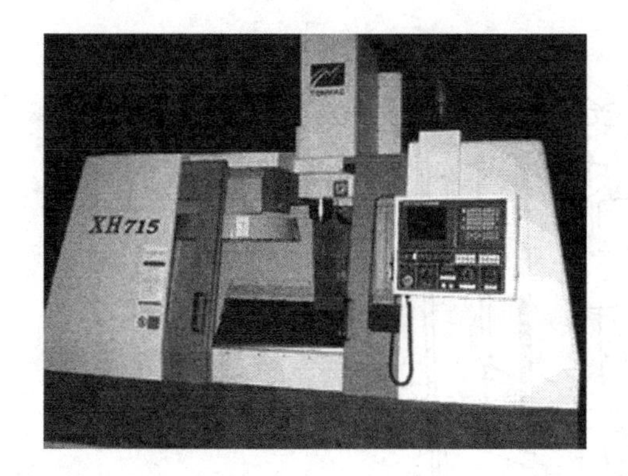

图 2-43　立式加工中心

图 2-44　卧式加工中心

(3) 龙门式加工中心

龙门式加工中心的形状与数控龙门铣床相似，如图 2-45 所示。龙门式加工中心主轴多为垂直设置，除自动换刀装置以外，还带有可更换的主轴头附件，数控装置的功能也较齐全，能够一机多用，尤其适用于加工大型工件和形状复杂的工件。

(4) 五轴加工中心

五轴加工中心具有立式加工中心和卧式加工中心的功能，如图 2-46 所示。五轴加工中心，工件一次安装后能完成除安装面以外的其余五个面的加工，常见的五轴加工中心有两种形式：一种是主轴可以旋转 90°，对工件进行立式和卧式加工；另一种是主轴不改变方向，而由工作台带着工件旋转 90°，完成对工件五个表面的加工。

图 2-45　龙门式加工中心

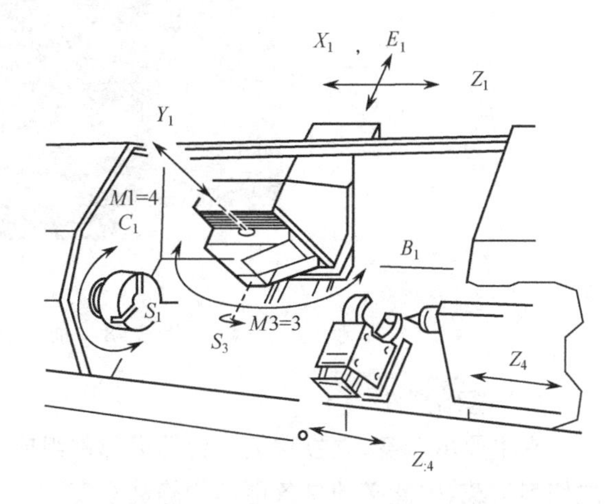

图 2-46　五轴车铣加工中心和坐标系

(5) 虚轴加工中心

如图 2-47 所示，虚轴加工中心改变了以往传统机床的结构，通过连杆的运动，实现主轴多自由度的运动，完成对工件复杂曲面的加工。

3. 加工中心的基本组成

加工中心有多种类型，虽然外形结构不相同，但总体上是由以下四个部分组成，如图 2-48 所示。

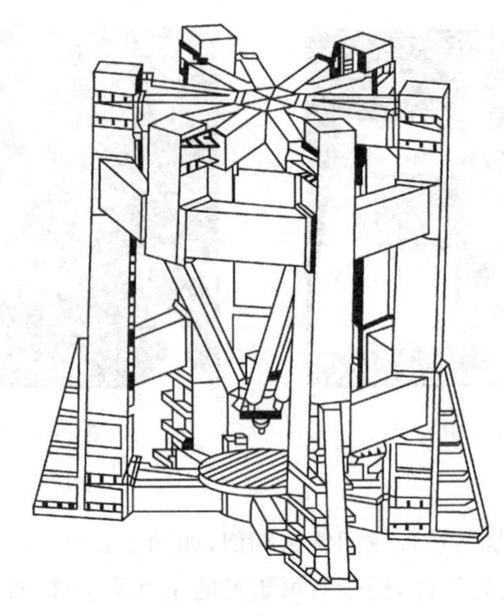

图 2-47　虚轴加工中心

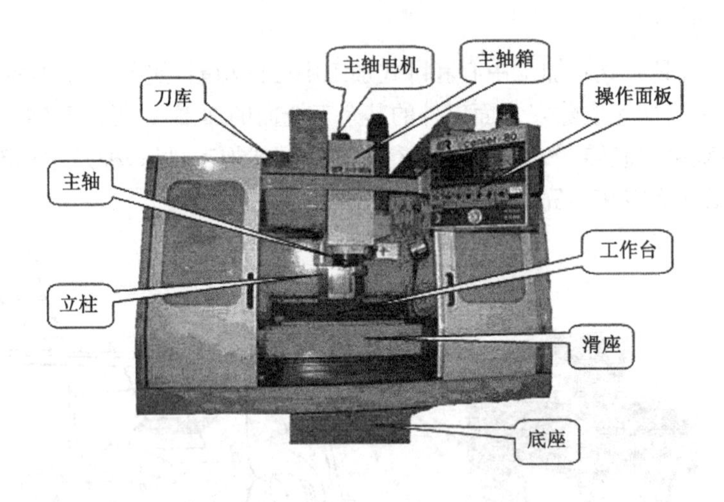

图 2-48　加工中心的组成

(1) 基础部件

它主要由床身、立柱和工作台等大部件组成，它们主要承受加工中心的静载荷和加工时的切削负载，因此必须具备更高的静动刚度。

(2) 主轴部件

它由主轴箱、主轴、电机、主轴和主轴轴承等零件组成。主轴的启动、停止等动作和转速均由数控系统控制，并通过装在主轴上的刀具进行切削。主轴部件是切削加工的功率输出部件，是加工中心的关键部件，其结构对加工中心的性能有很大的影响。

(3) 数控系统

数控系统是由 CNC 装置、可编程控制器、伺服驱动装置以及电动机等部件组成，是加工中心执行控制动作和控制加工过程的中心。

(4) 自动换刀装置(ATC)

加工中心与一般的数控机床不同之处是它具有对零件进行多工序加工的能力,有一套自动换刀装置。

4. 加工中心的主要技术参数的含义

加工中心的主要技术参数包括工作台面积、各坐标轴行程、摆角范围、主轴转速范围、切削进给速度范围、刀库容量、换刀时间、定位精度、重复定位精度等,其具体内容及作用详见表 2-8。

表 2-8　加工中心的主要技术参数表

类　别	主要内容	作　用
尺寸参数	工作台面积(长×宽)、承重	影响加工工件的尺寸范围(重量)、编程范围及刀具、工件、机床之间干涉
	主轴端面到工作台距离	
	交换工作台尺寸、数量及交换时间	
接口参数	工作台 T 形槽数、槽宽、槽间距	影响工件、刀具安装及加工适应性和效率
	主轴孔锥度、直径	
	最大刀具尺寸及质量	
	刀库容量、换刀时间	
运动参数	各坐标行程及摆角范围	影响加工性能及编程参数
	主轴转速范围	
	各坐标快进速度、切削进给速度范围	
动力参数	主轴电机功率	影响切削负荷
	伺服电机额定转矩	
精度参数	定位精度、重复定位精度	影响加工精度及其一致性
	分度精度(回转工作台)	
其他参数	外形尺寸、质量	影响使用环境

(二) 加工中心自动换刀装置的维护技术基础

加工中心上的自动换刀装置由刀库和刀具交换装置组成,用于交换主轴与刀库中的刀具或工具。加工中心的刀库和刀具交换装置,能够使工件一次装夹后不用再拆卸就可完成多工序的加工。

1. 对自动换刀装置的要求

① 刀库容量适当。

② 换刀时间短。

③ 换刀空间小。

④ 动作可靠、使用稳定。

⑤ 刀具重复定位精度高。

⑥ 刀具识别准确。

2. 刀库种类

在加工中心上使用的刀库主要有两种,如图 2-49 所示,一种是盘式刀库,一种是链式刀库。盘式刀库装刀容量相对较小，一般为1～24把刀具，主要适用于小型加工中心；链式刀库装刀容量大，一般为1～100把刀具，主要适用于大中型加工中心。

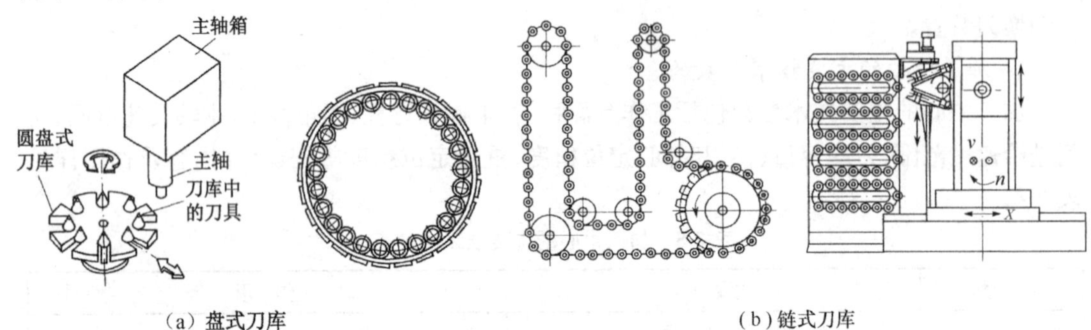

（a）盘式刀库　（b）链式刀库

图2-49　加工中心刀库

3. 刀具交换装置

数控机床的自动换刀系统中，实现刀库与机床主轴之间刀具传递和刀具装卸的装置称为刀具交换装置。刀具的交换方式一般有两种：机械手换刀和主轴换刀。

(1) 机械手换刀

由刀库选刀，再由机械手完成换刀动作，这是加工中心普遍采用的形式，机床结构不同，机械手的形式及动作均不一样。

下面以卧式镗铣加工中心为例说明采用机械手换刀的工作原理。

该机床采用的是链式刀库，位于机床立柱左侧。由于刀库中存放刀具的轴线与主轴的轴线垂直，故而机械手需要三个自由度，机械手沿主轴轴线的插拔刀动作由液压缸来实现。绕竖直轴90°的摆动进行刀库与主轴间刀具的传送，由液压马达实现。绕水平轴旋转180°完成刀库与主轴上的刀具交换的动作，也由液压马达实现，其换刀分解动作如图2-50所示。

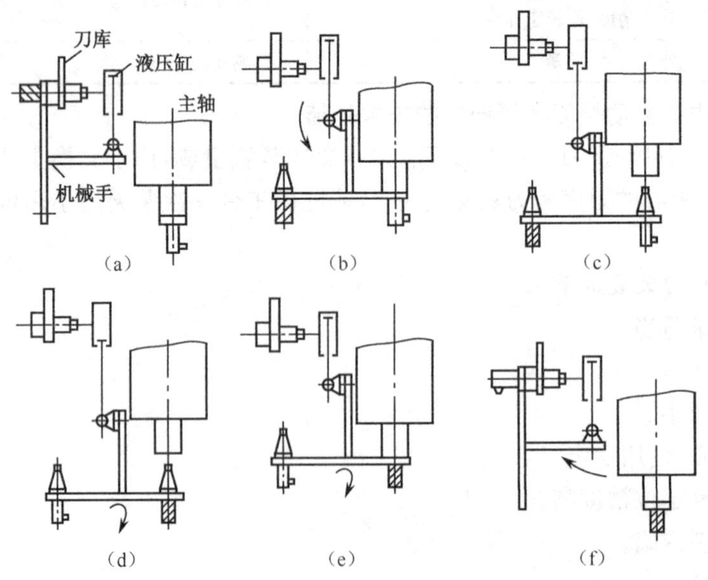

(a)　(b)　(c)　(d)　(e)　(f)

图2-50　机械手换刀

① 抓刀爪伸出，抓住刀库上的待换刀具，刀库刀座上的锁板拉开，如图 2-50(a)所示。

② 机械手带着待换刀具绕竖直轴逆时针方向转 90°，与主轴轴线平行；另一个抓刀爪抓住主轴上的刀具，主轴将刀杆松开，如图 2-50(b)所示。

③ 机械手前移，将刀具从主轴锥孔内拔出，如图 2-50(c)所示。

④ 机械手绕自身水平轴转 180°，将两把刀具交换位置，如图 2-50(d)所示。

⑤ 机械手后退，将新刀具装入主轴，主轴将刀具锁住，如图 2-50(e)所示。

⑥ 抓刀爪缩回，松开主轴上的刀具。机械手竖直轴顺时针转 90°，将刀具放回刀库的相应刀座上，刀库上的锁板合上，如图 2-50(f)所示。

⑦ 抓刀爪缩回，松开刀库上的刀具，恢复到原始位置。

(2) 主轴换刀

通过刀库和主轴箱的配合动作来完成换刀，适用于刀库中刀具位置与主轴上刀具位置一致的情况，一般是采用把盘式刀库设置在主轴箱可以运动到的位置，或整个刀库能移动到主轴箱可以到达的位置。换刀时，主轴运动到刀库上的换刀位置，由主轴直接取走或放回刀具。

XH754 型卧式加工中心就是采用这类刀具交换装置的实例。

该机床主轴在立柱上可以沿 Y 方向上下移动，工作台横向运动为 Z 轴，纵向移动为 X 轴，鼓轮式刀库位于机床顶部，有 30 个装刀位置，可装 29 把刀具。换刀过程如图 2-51 所示。

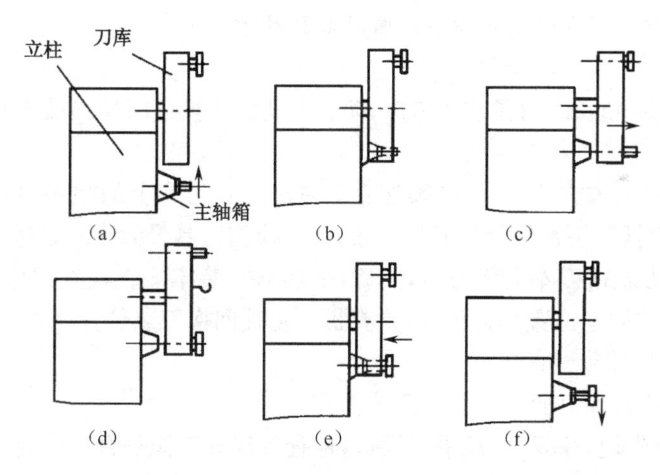

图 2-51　主轴换刀

① 当加工工步结束后执行换刀指令，主轴实现准停，主轴箱沿 Y 轴上升。这时机床上方刀库的空挡刀位正好处在交换位置，装夹刀具的卡爪打开，如图 2-51(a)所示。

② 主轴箱上升到极限位置，被更换刀具的刀杆进入刀库空刀位，即被刀具定位卡爪钳住，与此同时，主轴内刀杆自动夹紧装置放松刀具，如图 2-51(b)所示。

③ 刀库伸出，从主轴锥孔中将刀具拔出，如图 2-51(c)所示。

④ 刀库转出，按照程序指令要求将选好的刀具转到最下面的位置，同时，压缩空气将主轴锥孔吹净，如图 2-51(d)所示。

⑤ 刀库退回，同时将新刀具插入主轴锥孔，主轴内有夹紧装置将刀杆拉紧，如图 2-51(e)所示。

⑥ 主轴下降到加工位置后启动，开始下一工步的加工，如图 2-51(f)所示。

这种换刀机构不需要机械手，结构简单、紧凑。由于交换刀具时机床不工作，所以不会影响加工精度，但会影响机床的生产率；其次因刀库尺寸限制，装刀数量不能太多。这种换刀方式多用于采用40号以下刀柄的中小型加工中心。

4. *刀具识别方法*

加工中心刀库中有多把刀具，如何从刀库中调出所需刀具，就必须对刀具进行识别，刀具识别的方法有两种。

(1) 刀座编码

在刀库的刀座上编有号码，在装刀之前，首先对刀库进行重整设定，设定完后，就变成了刀具号和刀座号一致的情况，此时一号刀座对应的就是一号刀具，经过换刀之后，一号刀具并不一定放到一号刀座中(刀库采用就近放刀原则)，此时数控系统自动记忆一号刀具放到了几号刀座中，数控系统采用循环记忆方式。

(2) 刀柄编码

识别传感器在刀柄上编有号码，将刀具号首先与刀柄号对应起来，把刀具装在刀柄上，再装入刀库，在刀库上有刀柄感应器，当需要的刀具从刀库中转到装有感应器的位置时，被感应到后，从刀库中调出交换到主轴上。

5. *加工中心换刀装置的基础维护与常见故障处理*

(1) 维护要点

① 严禁把超重、超长的刀具装入刀库，防止在机械手换刀时掉刀或刀具与工件、夹具等发生碰撞。

② 采用顺序选刀方式选刀时，必须注意刀具放置在刀库上的顺序要正确；其他选刀方式也要注意所换刀具号是否与所需刀具一致，防止换错刀具导致事故发生。

③ 采用手动方式往刀库上装刀时，要确保装到位、装牢靠。检查刀座上的锁紧是否可靠，经常检查刀库的回零位置是否正确，检查机床主轴回换刀点位置是否到位，并及时调整，否则不能完成换刀动作。

④ 要注意保持刀具刀柄和刀套的清洁。

⑤ 开机时，应先使刀库和机械手空运行，检查各部分工作是否正常，特别是各行程开关和电磁阀能否正常动作。检查机械手液压系统的压力是否正常，刀具在机械手上锁紧是否可靠，发现不正常应及时处理。

(2) 常见故障及其处理方法

参见表 2-6。

六、数控机床机械部件维护与保养基础技术训练

(一) 机床主传动系统的基础维护与保养

1. *CKA6136 数控车床外形*

如图 2-52 所示为 CKA6136 数控车床外观图，本机床采用卧式车床布局，整体防护结构

有效防止切屑及冷却水的飞溅，使用安全，布局紧凑、占地面积小。

图 2-52　CKA6136 数控车床外观图

2. 机床的主传动系统

如图 2-53 所示是机床的主传动系统图，主传动可采用手动两挡变速(变频电机＋手动床头)。主电机采用变频电机，床头箱采用手动两挡变速使主轴得到高低两个区域转速，区域内转速无级调速。用户可根据工件直径及合理的切削速度通过计算确定最佳转速。

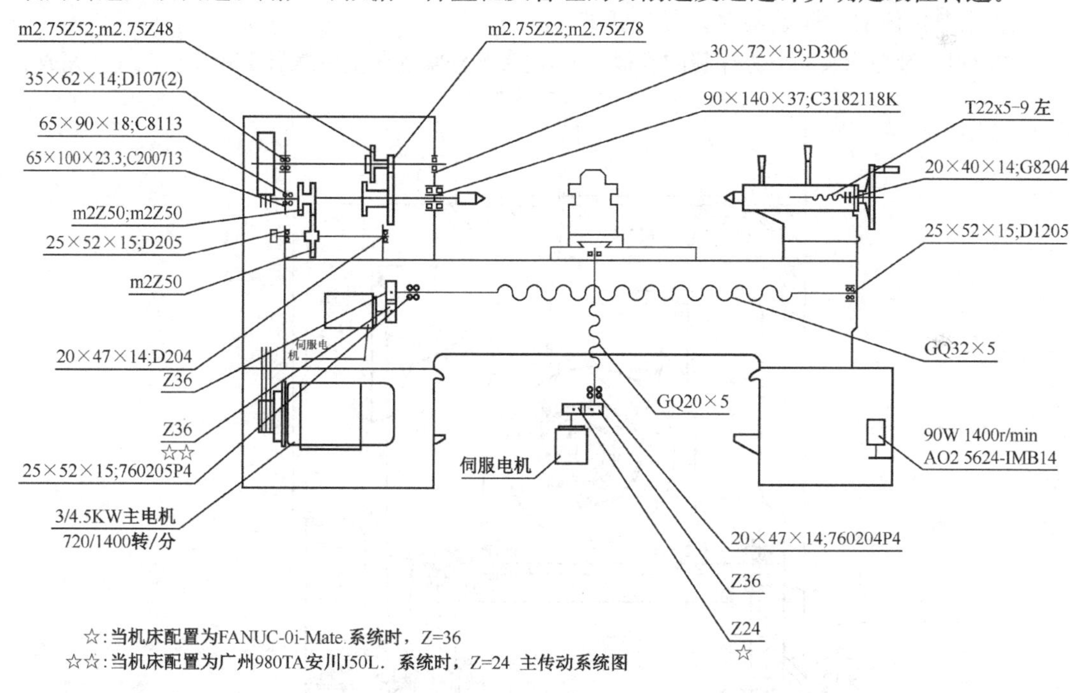

图 2-53　主传动系统图

机床动力由电机经皮带直接传入床头箱，主轴的正反转由电机直接正反转实现。

手动变频床头箱的主轴结构如图 2-54 所示。

3. 机床的润滑及用油说明

为了确保机床正常工作，机床所有的摩擦表面均应按规定进行充分的润滑，并确认各润滑油箱内是否有足够的润滑油。

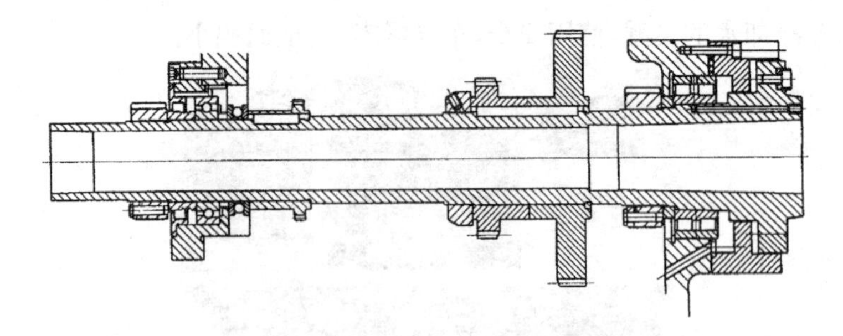

图 2-54　手动变频床头箱主轴结构图

手动床头箱采用油浴润滑，轴、齿轮旋转时，油飞溅而起，润滑油泵、轴和齿轮，油面需保持在一定高度；拧开床头箱主轴后端下方的油塞，便可放去旧油，通过床头箱侧壁的油杯可加入新油，油要加到油窗 1/3 处。单主轴的床头箱采用长效润滑脂润滑，每个大修周期加入油脂即可。当集中润滑器油液处于低位时，能自动报警，此时须及时添加润滑油。

4. 主传动系统基础维护步骤

① 认识主轴箱，观察主传动组成，分析工作原理及控制方式。

② 主电机传动带松紧调整如图 2-55 所示。

主电机安装在床头箱下方床腿的底板 4 上，皮带 5 松紧的调整由螺母 1 和 2 及螺杆 3 完成。

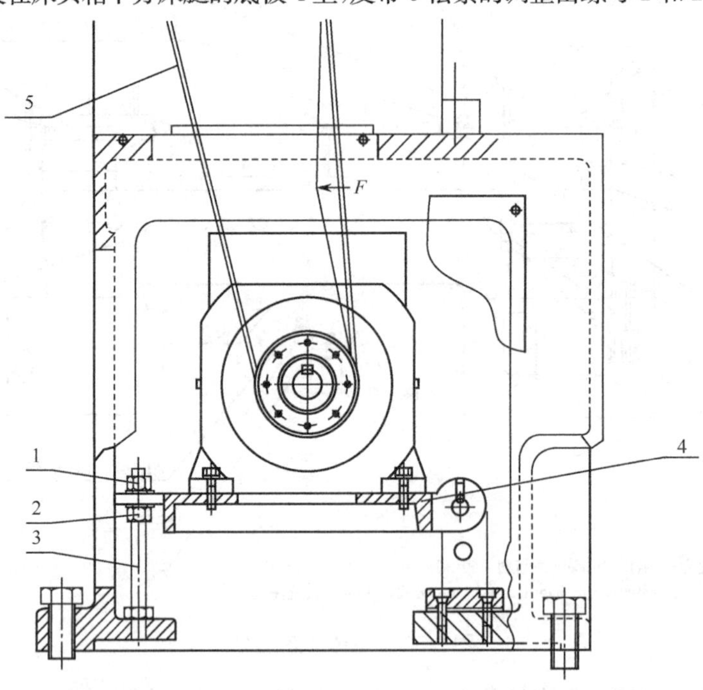

图 2-55　主电机传动装置

打开机床左端防护盖，对传动带进行检查，若带松动，将螺母 2 向下旋，再将螺母 1 向下旋，进行传动带松紧调节，调节合适后，将螺母 2 向上旋紧。

③ 主轴轴承的调整。

主轴轴承的调整对加工精度、粗糙度和切削能力都有很大的影响。间隙过大，使主轴刚性下降；间隙过小，则会使主轴运转温升过高。间隙过大或过小都会使机床处于不正常工作状态。根据制造标准，主轴连续运转，前后轴承的允许温度为70℃。可参照图2-54所示主轴结构图对主轴前轴承调整。

主轴前轴承采用预紧轴承结构，当机床使用一段时间后，轴承产生磨损，使间隙增大，此时需要调整轴承，使间隙减少。先将锁紧螺母3上紧固螺钉7松开；然后向主轴正转方向稍微转动螺母，使双列向心短圆柱滚子轴承2的内环向前移动，减少轴承的间隙，用手转动卡盘，应感觉比调整前稍紧，但仍转动灵活（通常可自由转动1.5～2转左右）；调整合适后，把螺母3上的紧固螺钉7固紧。

主轴后轴承调整，先将主轴尾部锁紧螺母6上的紧固螺钉4松开，再向主轴正转方向适当旋紧螺母6，轴承5向右移动，减小主轴的轴向间隙，调整合适后，把螺母6上的螺钉4固定紧。

④ 进行主传动系统清理与润滑。前文已作介绍，不再赘述。

注意事项

- 要注意人身及设备的安全。关闭电源后，方可观察机床内部结构。
- 未经指导教师许可，不得擅自任意操作。
- 调整要注意使用适当的工具，在正确的部位加力。
- 操作与保养数控机床要按规定时间完成，符合基本操作规范，并注意安全。
- 实验完毕后，要注意清理现场，清洁机床，对机床及时润滑。

（二）数控机床进给传动系统的基础维护与保养

1．滚珠丝杠部件的维护与保养

（1）滚珠丝杠部件的润滑

X、Z轴滚珠丝杠是由安装在床体尾架侧的集中润滑器集中供油进行润滑。

集中润滑器每间隔30min打出2.5mL油，通过管路及计量件送至各润滑点。当集中润滑器油液处于低位时，能自动报警，此时须及时添加润滑油。

X、Z轴轴承采用长效润滑脂润滑，平时不需要添加，待机床大修时再更换。

润滑油、脂的选择见表2-7。

（2）滚珠丝杠的调整

数控机床是由伺服电机将动力传至滚珠丝杠，再由丝杠螺母带动床鞍或滑板实现纵、横向进给运动。当机床长期工作后，由于种种原因会使丝杆的反向间隙、机床的定位精度、重复定位精度超差，此时必须应该检查滚珠丝杠部件，调整滚珠丝杠轴向间隙；查看丝杠支撑轴承与床身的连接是否有松动，支撑轴承是否损坏等。如有以上问题，要及时紧固松动部位并更换支撑轴承。

（3）滚珠丝杠螺母副轴向间隙调整步骤

拆装机床防护罩，观察进给机构丝杠螺母副的结构和工作特点，判断丝杠螺母副的循环方式，观察机床导轨副的结构和工作特点，清洁保养数控机床滚珠丝杠螺母副。

如图2-56所示为数控机床滚珠丝杠螺母副轴向间隙的机械调整与预紧，将移动件移到行程的中间位置，松开精密锁定螺母4上的螺钉3；松开精密锁定螺母4，松开精密锁定螺母2上的螺钉1后，锁紧精密锁定螺母2，再锁紧精密锁定螺母2上的螺钉1，即可消除丝杆反向间隙;锁紧精密锁定螺母 4 后,再锁紧精密锁定螺母 4 上的螺钉 3,即可完成滚珠丝杠的预紧。

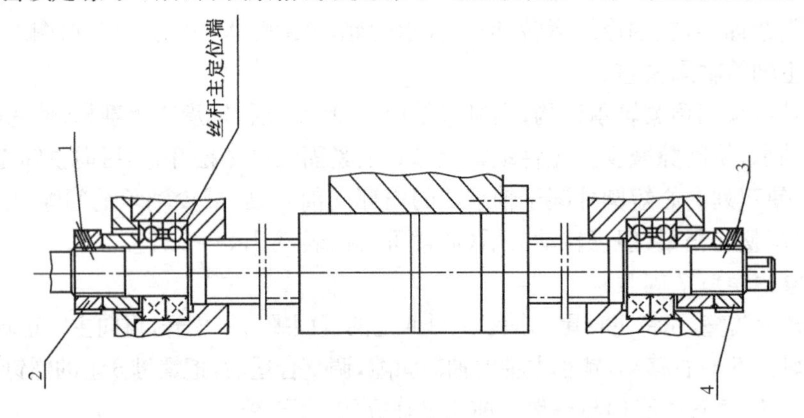

图 2-56　滚珠丝杠轴向间隙的调整

丝杠轴向间隙也可通过数控系统的轴向间隙补偿功能来进行调整,具体的操作方式,请参看各数控系统的操作说明。

(4) 补偿后的检验

通过典型零件加工进行补偿后的检验。

注意事项

① 要注意人身及设备的安全。关闭电源后,方可观察机床内部结构。

② 未经指导教师许可,不得擅自任意操作。

③ 操作与保养数控机床要按规定时间完成,符合基本操作规范,并注意安全。

④ 调整要注意使用适当的工具,在正确的部位加力。

⑤ 实验完毕后,要注意清理现场,清洁机床,对机床及时保养。

2. 数控机床导轨副的基础维护与保养

(1) 机床导轨的安装步骤

① 安装导轨:将导轨基准面紧靠机床装配表面的侧基面,对准螺孔,将导轨轻轻地用螺栓予以固定;拧紧导轨侧面的顶紧装置,使导轨基准侧面紧紧靠贴床身的侧面;用力矩扳手拧紧导轨的安装螺钉,从中间开始按交叉顺序向两端拧紧。

② 安装滑块座:将工作台置于滑块座的平面上,对准安装螺钉孔,轻轻地压紧;拧紧基准侧滑块座侧面的压紧装置,使滑块座基准侧面紧紧靠贴工作台的侧基面;按对角线顺序拧紧基准侧和非基准侧滑块座上的各个螺钉。安装完毕后,检查其全行程内运行是否轻便、灵活,有无打顿、阻滞现象,摩擦阻力在全行程内不应有明显的变化。达到上述要求后,检查工作台的运行直线度、平行度是否符合要求。

(2) 直线滚动导轨间隙调整

当机床长期工作后,由于种种原因使导轨与镶条间产生较大的间隙,影响加工。工作台与滑鞍为燕尾导轨结合面,如图 2-57 所示,调整其配合的镶条间隙的步骤如下:

① 先拆去防尘压盖,松开镶条小端槽头螺钉 1。

② 调整另一端镶条调节螺钉 2,直至间隙调整合适为止。

③ 锁紧螺钉 1。

④ 再次松开调节螺钉 2 后，锁紧调节螺钉 2，即完成调整。

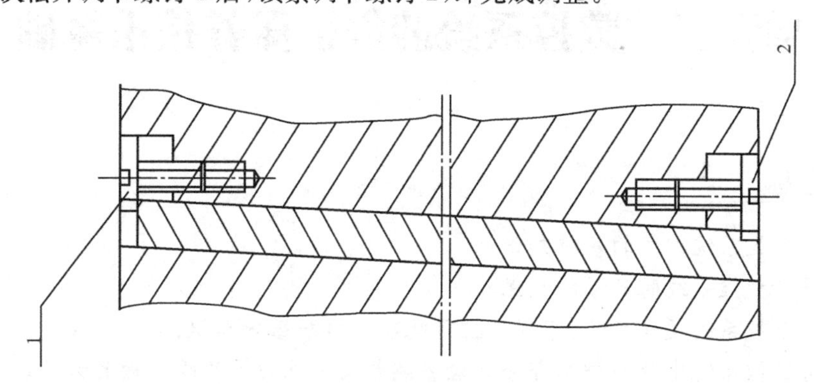

图 2-57　镶条间隙调整

(3) 清理与保养

清洁导轨副，清理防护罩，进行润滑保养。

注意事项

① 要注意人身及设备的安全，关闭电源后，方可观察机床内部结构。

② 未经指导教师许可，不得擅自任意操作。

③ 操作与保养数控机床要按规定时间完成，符合基本操作规范，并注意安全。

④ 实验完毕后，要注意清理现场，清洁机床，对机床及时润滑。

习题与思考二

1. 数控机床机械部件的正确操作和维护保养对生产有何影响？
2. 数控设备安装到位之前要做好哪几方面的准备？
3. 机床几何精度的调试包括哪些内容？
4. 数控机床维护与保养的基本要求有哪些？
5. 操作维护规程的基本内容有哪些？
6. 数控机床定期维护的主要内容有哪几方面？具体内容有哪些？
7. 数控车床主轴部件的维护内容有哪些？
8. 数控车床滚珠丝杠螺母副的维护内容有哪些？
9. 数控机床导轨副的维护内容有哪些？
10. 举例分析数控机床刀架、刀库、自动换刀装置的常见故障及其诊断排除方法。
11. 具体说明加工中心换刀装置常见故障及处理方法。
12. 数控车床主传动系统维护注意事项有哪些？
13. 滚珠丝杠部件的维护与保养的注意事项有哪些？
14. 数控机床导轨副的基础维护与保养的注意事项有哪些？

单元三　数控系统的维护保养技术基础

学习目标

1. 了解数控系统维护的基础知识；
2. 能进行数控系统的日常维护保养；
3. 了解数控系统硬件结构，掌握数控系统硬件维护基础知识；
4. 掌握数控系统中硬件控制部分的检查调整及常见硬件故障处理的方法；
5. 了解数控系统软件结构；
6. 掌握数控系统常用软件故障的处理方法。

教学要求

1. 通过数控设备综合实验台的使用，运用“做中教”、“做中学”教学法帮助学生熟悉数控系统维护保养的基础知识；

2. 观看数控系统的维护保养技术录像；

3. 利用网络技术查找数控系统维护保养的技术资料；

4. 组织学生操作系统操作面板，进行系统数据传输与备份，通过实验熟悉系统软件结构、软件故障显示与处理方法。

数控机床上能够处理的硬件越来越少，而对各类软件的使用要求越来越高。过去维修人员使用较多的工具是改锥、钳子，而现在及将来维修人员已离不开计算机，数控机床维修将融入更多的非技术因素。因为我们维修数控机床的目的并不是为了单纯地发展我们技术有多么的出色，最终目的是最有效的减少故障停机时间，提高设备的无故障运转时间。

一、数控系统维护保养基础知识

（一）数控系统概述

1. CNC 系统组成

数字控制机床是采用数字控制技术对机床的加工过程进行自动控制的一类机床，它是数控技术的典型应用。

数控系统是实现数字控制的装置，计算机数控系统是以计算机为核心的数控系统。计算机数控系统的组成如图 3-1 所示。

（1）操作面板

操作面板是操作人员与机床数控系统进行信息交流的工具，它由按钮、状态灯、按键阵列（功能与计算机键盘类似）和显示器组成。数控系统一般采用集成式操作面板，分为三大

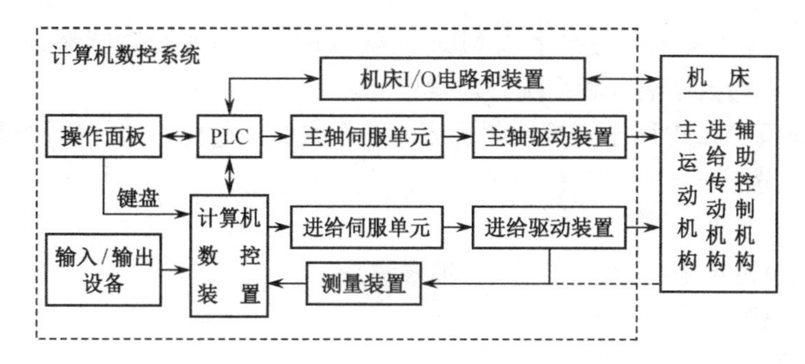

图 3-1　计算机数控系统的组成

区域，即显示区、NC 键盘区和机床控制面板区，如图 3-2 所示。

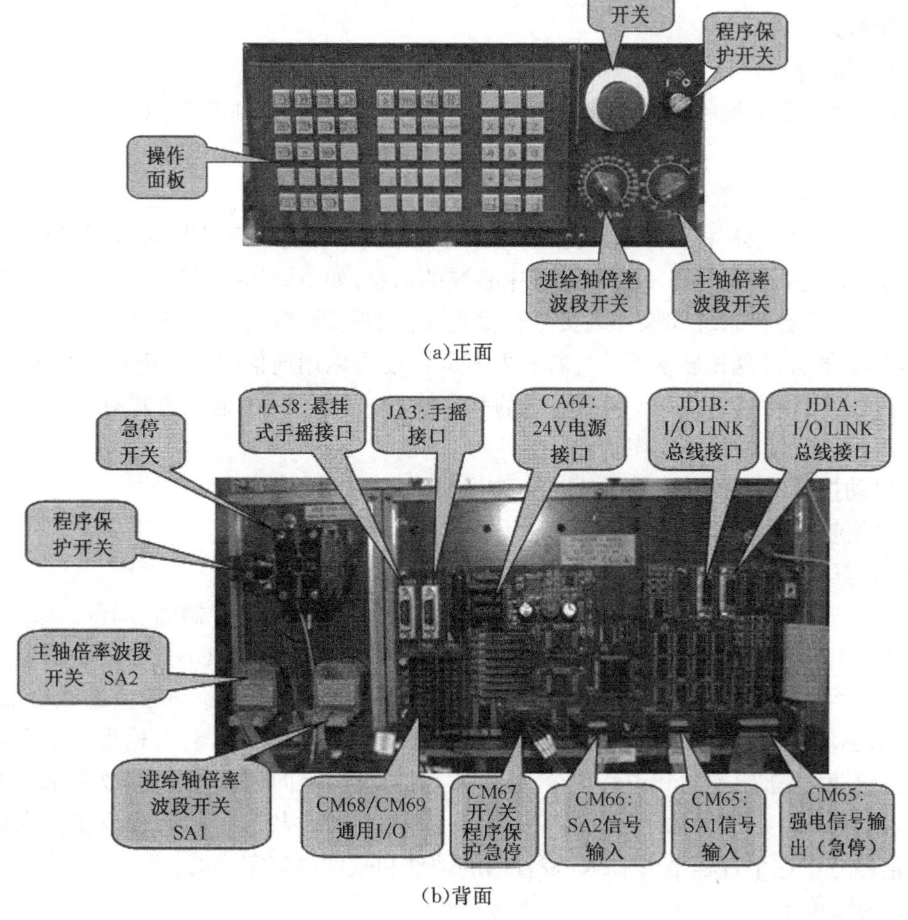

(a)正面

(b)背面

图 3-2　FANUC 系统标准机床操作面板

显示器一般位于操作面板的左上部，用于菜单、系统状态、故障报警的显示和加工轨迹的图形仿真。较简单的显示器只有若干个数码管，显示信息也很有限；较高级的系统一般配有 CRT 显示器或点阵式液晶显示器，显示的信息较丰富，低档的显示器或液晶显示器只能显示字符，高档的显示器能显示图形。

NC 键盘包括标准化的字母数字式 MDI 键盘和 F1～F10 十个功能键，用于零件程序的编制、参数输入、手动数据输入和系统管理操作等。

机床控制面板(MCP)用于直接控制机床的动作或加工过程，一般包括如下功能：

① 急停方式选择；

② 轴手动；

③ 速率修调(进给修调、快进修调、主轴修调)；

④ 回参考点；

⑤ 手动进给；

⑥ 增量进给；

⑦ 手摇进给；

⑧ 自动运行；

⑨ 单段运行；

⑩ 超程解除；

⑪机床动作手动控制，如冷却启停、刀具松紧、主轴制动、主轴定向、主轴正反转、主轴停止等。

(2) 输入/输出装置

输入装置的作用是将程序载体上的数控代码变成相应的数字信号，传送并存入数控装置内。输出装置的作用是显示加工过程中必要的信息，如坐标值、报警信号等。数控机床加工的过程是机床数控系统和操作人员进行信息交流的过程，输入、输出装置就是这种人机交互设备，典型的有键盘和显示器。计算机数控系统还可以用通信的方式进行信息的交换，这是实现 CAD/CAM 集成、FMS 和 CIMS 的基本技术，通常采用的通信方式有：

① 串行通信(RS-232 等串行通信接口)；

② 自动控制专用接口和规范(DNC 和 MAP 等)；

③ 网络技术(Internet 和 LAN 等)。

(3) 计算机数控装置

CNC 装置是计算机数控系统的核心，它包括微处理器 CPU、存储器、局部总线、外围逻辑电路及与 CNC 系统其他组成部分联系的接口及相应控制软件。CNC 装置根据输入的加工程序进行运动轨迹处理和机床输入/输出处理，然后输出控制命令到相应的执行部件，如伺服单元、驱动装置和 PLC 等使其进行规定的、有序的动作。CNC 装置输出的信号有各坐标轴的进给速度、进给方向和位移指令，还有主轴的变速、换向和启停信号，选择和交换刀具的指令，控制冷却液、润滑油启停信号，控制工件和机床部件松开、夹紧，分度工作台转位辅助指令信号等。这个过程是由 CNC 装置内的硬件和软件协调完成的。

(4) 伺服单元

伺服单元分为主轴伺服和进给伺服，分别用来控制主轴电动机和进给电动机。伺服单元接收来自 CNC 装置的进给指令，这些指令经变换和放大后通过驱动装置转变成执行部件进给的速度、方向、位移。因此，伺服单元是数控装置与机床本体的联系环节，它把来自数控装置的微弱指令信号放大成控制驱动装置的大功率信号。根据接收指令的不同，伺服单元有脉冲单元和模拟单元之分。伺服单元就其系统而言又有开环系统、半闭环系统和闭环系统之分,其工作原理亦有差别。如图 3-3 所示是模拟量主轴放大器,如图 4-4 所示是串行主轴放大器。

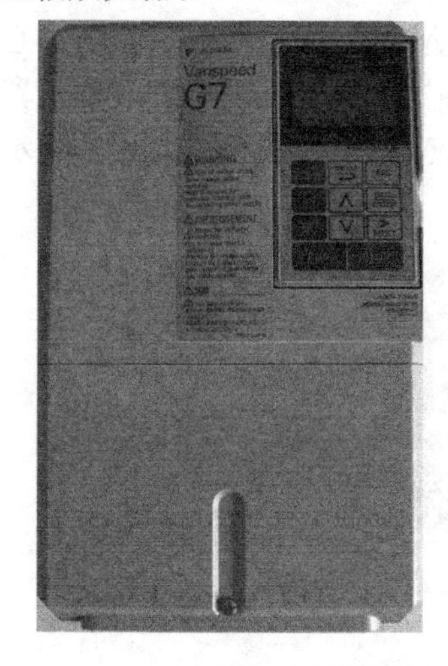

图 3-3　模拟量主轴放大器

图 3-4　串行主轴放大器

(5) 驱动装置

驱动装置将伺服单元的输出变为机械运动,它与伺服单元一起是数控装置和机床传动部件间的联系环节,它们有的带动工作台,有的带动刀具,通过几个轴的综合联动,使刀具相对于工件产生各种复杂的机械运动,加工出形状、尺寸与精度符合要求的零件。与伺服单元相对应,驱动装置有步进电机、直流伺服电机和交流伺服电机等。如图 3-5 所示是主轴传动机构实物图。

(a) 带传动经过一级降速

(b) 经过一级齿轮的带传动

(c) 几级降速齿轮传动

图 3-5　主轴传动机构

伺服单元和进给驱动装置合称为进给伺服驱动系统,它是数控机床的重要组成部分,它包含机械、电子、电机等各种部件,涉及到强电与弱电的控制。数控机床的运动速度、跟踪及定位精度,加工表面质量、生产率及工作可靠性,往往主要决定于伺服系统的动态和静态性能。

(6) 可编程逻辑控制器(PLC)

可编程逻辑控制器是一种专为工业环境下应用而设计的数字运算操作电子系统。它采用可编程序的存储器，用来在其内部存储执行逻辑运算、顺序控制、定时、计数和算术运算等操作的指令，并通过数字式、模拟式的输入和输出，控制各种类型的机械设备和生产过程。当PLC用于控制机床顺序动作时，称为PMC(Programmable Machine Controller)模块，它在CNC装置中接收来自操作面板、机床上的各行程开关、传感器、按钮、强电柜里的继电器以及主轴控制、刀库控制的有关信号，经处理后输出去控制相应器件的运行。如图3-6所示是主轴位置和速度检测装置的实物图。

(a) 电动机内装位置和速度传感器

(b) 主轴位置与速度编码器

图3-6 主轴位置和速度检测装置

CNC装置和PLC协调配合共同完成数控机床的控制，其中CNC装置主要完成与数字运算和管理等有关的功能，如零件程序的编辑、插补运算、译码、位置伺服控制等。PLC主要完成与逻辑运算有关的一些动作，没有轨迹上的具体要求，它接收CNC装置的控制代码M(辅助功能)、S(主轴转速)、T(选刀、换刀)等顺序动作信息，对其进行译码，转换成对应的控制信号，控制辅助装置完成机床相应的开关动作，如工件的装夹、刀具的更换、冷却液的开和关等一些辅助动作；它还接收机床操作面板的指令，一方面直接控制机床的动作，另一方面将一部分指令送往CNC装置，用于加工过程的控制。

2. CNC系统的特点

(1) 位置控制精度高

采用CNC控制的机床，具有脉冲当量小、位置分辨率高的特点，一般还都具有误差自动补偿功能，所以位置控制精度普遍高于传统设备。

(2) 柔性强

采用了CNC控制后，只需重新编制程序，就能实现对不同零件的加工，它为多品种、小批量加工提供了极大便利。

(3) 生产效率高

CNC机床零件的实际加工时间和辅助加工时间都比传统机床效率要高，而且产品的成品率高。

(4) 有利于现代化管理

采用数控设备加工能准确地计算零件加工工时和费用，有利于生产管理的现代化。

(二) 数控系统维护保养基础知识

1. 正确操作和使用数控系统的步骤

(1) 数控系统通电前的检查

① 检查CNC装置内的各个印刷线路板是否紧固，各个插头有无松动。

② 认真检查 CNC 装置与外界之间的全部连接电缆是否按随机提供的连接手册的规定正确而可靠地连接。

③ 交流输入电源的连接是否符合 CNC 装置规定的要求。

④ 确认 CNC 装置内的各种硬件设定是否符合 CNC 装置的要求。

只有经过上述检查,CNC 装置才能投入通电运行。

(2) 数控系统通电后的检查

① 首先要检查数控装置中各个风扇是否正常运转。

② 确认各个印刷线路或模块上的直流电源是否正常,是否在允许的波动范围之内。

③ 进一步确认 CNC 装置的各种参数。

④ 当数控装置与机床联机通电时,应在接通电源的同时,做好按压紧急停止按钮的准备,以备出现紧急情况时随时切断电源。

⑤ 采用手动方式低速移动各个轴,观察机床移动方向的显示是否正确。

⑥ 进行几次返回机床基准点的动作,用来检查数控机床是否有返回基准点功能,以及每次返回基准点的位置是否完全一致。

⑦ CNC 装置的功能测试。

2. *数控系统的维护*

① 严格遵守操作规程和日常维护制度。

数控设备操作人员要严格遵守操作规程和日常维护制度,操作人员的技术业务素质的优劣是影响故障发生频率的重要因素。当机床发生故障时,操作者要注意保护现场,并向维修人员如实说明出现故障前后的情况,以利于分析、诊断出故障的原因,及时排除。

② 防止灰尘污物进入数控装置内部。

在机加工车间的空气中一般都会有油雾、灰尘甚至金属粉末,一旦它们落在数控系统内的电路板或电子器件上,容易引起元器件间绝缘电阻下降,甚至导致元器件及电路板损坏。有的用户在夏天为了使数控系统能超负荷长期工作,采取打开数控柜的门来散热,这是一种极不可取的做法,其最终将导致数控系统的加速损坏,应该尽量减少打开数控柜和强电柜门的次数。

③ 防止系统过热。

应该检查数控柜上的各个冷却风扇工作是否正常。每半年或每季度检查一次风道过滤器是否有堵塞现象,若过滤网上灰尘积聚过多,不及时清理会引起数控柜内温度过高。

④ 数控系统的输入/输出装置的定期维护。

20 世纪 80 年代以前生产的数控机床,大多带有光电式纸带阅读机,如果读带部分被污染,将导致读入信息出错,为此,必须按规定对光电阅读机进行维护。

⑤ 直流电动机电刷的定期检查和更换。

直流电动机电刷的过度磨损,会影响电动机的性能,甚至造成电动机损坏。为此,应对电动机电刷进行定期检查和更换。数控车床、数控铣床、加工中心等,应每年检查一次。

⑥ 定期检查和更换存储电池。

一般数控系统内部对 CMOS RAM 存储器件设有可充电电池维护电路,以保证系统不通电期间能保持其存储器的内容。在一般情况下,即使存储电池尚未失效,也应每年更换一次，以确保系统正常工作。电池的更换应在数控系统供电状态下进行，以防更换时 RAM 内信息丢失。

⑦ 经常监视 CNC 装置的电网电压。

⑧ 备用电路板的维护。备用的印制电路板长期不用时，应定期装到数控系统中通电运行一段时间，以防损坏。

二、数控系统硬件的维护技术基础

(一) 数控系统的硬件

硬件构成需根据控制对象所需的 CNC 功能决定，因此在确定成 CNC 硬件时，必须从系统功能要求出发进行选择。CNC 装置硬件主要组成如图 3-7 所示。

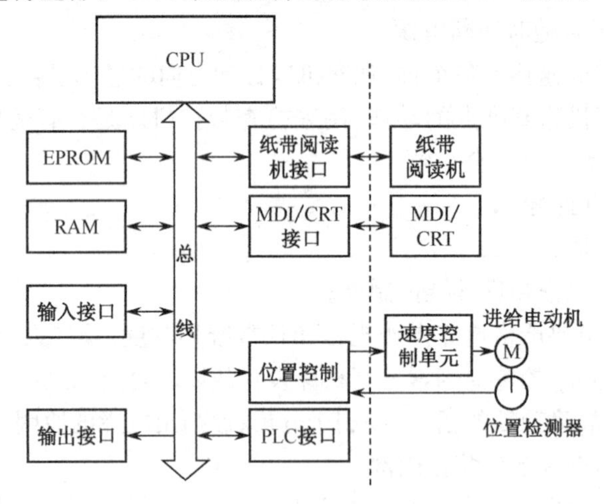

图 3-7 CNC 装置硬件组成

1. 计算机部分

计算机是 CNC 装置的核心，主要包括微处理器(CPU)和总线、存储器、外围逻辑电路等。这部分硬件的主要任务是对数据进行算术和逻辑运算，存储系统程序、零件程序和运算的中间变量以及管理定时与中断信号等。

2. 电源部分

如图 3-8 所示，电源部分的任务是给 CNC 装置提供一定功率的逻辑电压、模拟电压及开关量控制电压，要能够抗较强的浪涌电压和尖峰电压的干扰。电源抗电磁干扰和工业生产过程中所产生的干扰的能力在很大程度上决定了 CNC 装置的抗干扰能力，典型的电源电压有±5V，±12V，±15V 和±24V。

3. 面板接口和显示接口

这一部分接口电路主要是控制 MDI 面板、操作面板、数码显示、CRT 显示等。操作者的手动数据输入、各种方式的操作、CNC 的结果和信息都要通过这部分电路输入和 CNC 装置建立联系。

4. 开关量 I/O(输入/输出)接口

如图 3-9 所示，对 CNC 装置来说，由机床(MT)向 CNC 传送的开关信号和代码称为输入信号，由 CNC 向 MT 传送的开关信号和代码信号称为输出信号。CNC 和 MT 之间的出入信号不能直接连接，而要通过 I/O 接口电路连接起来。

5. 内装型 PLC 部分

PLC 是替代传统的机床强电的继电器，利用逻辑运算功能实现各种开关量的控制。现代 CNC 多采用内装型 PLC，因此它已成为 CNC 装置的一个组成部分。

6. 伺服输出和位置反馈接口

如图 3-10 所示，伺服输出接口把 CPU 运算所产生的控制指令经转换后输出给伺服驱动系统，它一般由输出寄存器和 D/A 器件组成。位置反馈接口采样位置反馈信号，它一般由鉴向电路、倍频电路、计数电路等组成。

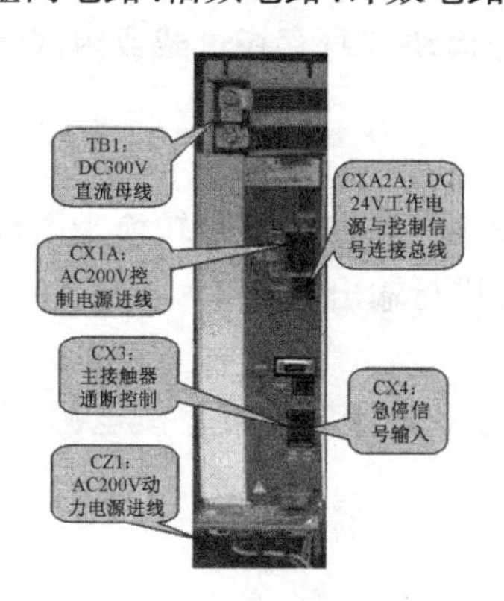

图 3-8 电源模块(PSM)

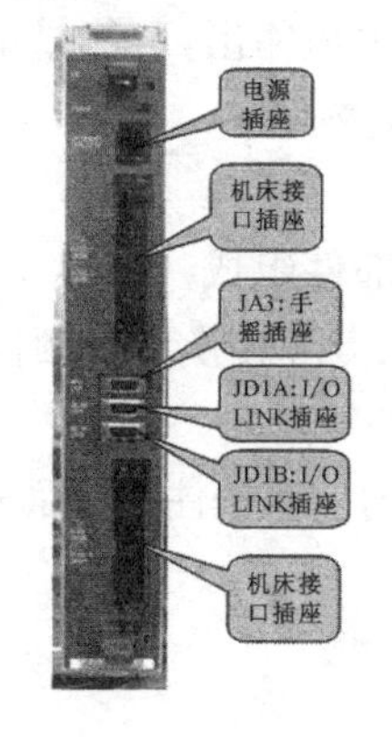

图 3-9 I/O 单元

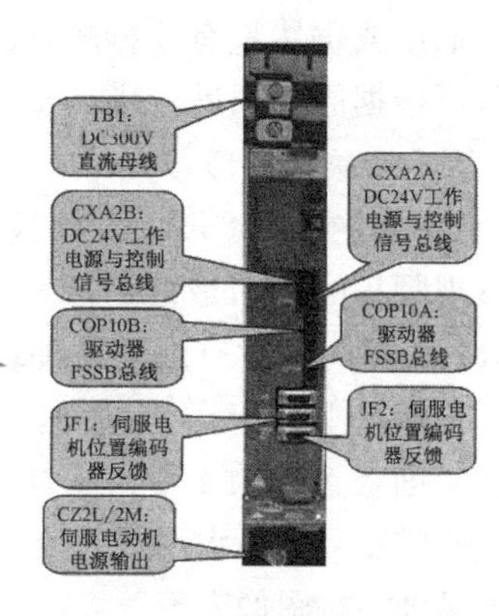

图 3-10 伺服模块(SVM)

7. 主轴控制接口

主轴控制主要是对主轴转速的控制。提高主轴转速控制范围可以更好地实现高效、高精、高速加工。

8. 外设接口

这部分硬件的主要任务是把零件程序和机床参数通过外设输入 CNC 装置或从 CNC 装置输出，同时也提供 CNC 与上位计算机的接口。

(二) 数控系统常见硬件故障及其排除方法

1. 电源模块的故障诊断

不同系统电源模块输入电压可能不同，有的电源模块采用的是直流 24V 输入，显示器电源为直流 15V；也有的系统采用交流 220V 输入，显示器为交流 220V。电源模块的输出直流电压有＋5V，－5V，＋12V，－12V，＋15V 等，具有过电流、短路等保护功能。测量孔、控制端有＋5V 电压测量孔、电源正常(POWERSUPPLY OK)信号输出端子、系统启动(NC-ON)信号输入端子及复位按钮(Reset)等。

电源模块的工作过程如下：

① 外部直流 24V 或交流 220V 电压加入；

② 通过短时接通系统启动(NC-ON)信号，接通系统电源；

③ 若控制电路正常，直流输出线路中无过电流，“电源正常”输出触点信号闭合，否则输出信号断开。

电源模块的故障通常可以通过对+5V测量孔的电压测量进行判断，若接通NC-ON信号后，+5V测量孔有+5V电压输出，则表明电源模块工作正常。

若无+5V电压输出，则表明电源模块可能损坏。维修时可取下电源模块，检查各电子元器件的外观与电源输入熔丝是否熔断。在此基础上，再根据原理图逐一检查各元器件。

当系统出现开机时有+5V电压输出，但几秒钟后+5V电压又断开的故障时，一般情况下，电源模块本身无损坏，故障是由于系统内部电源过载引起的。维修时可以将电源模块拔出，使其与负载断开，再通过接通NC-ON正常上电。若这种情况下+5V电压输出正常且电源正常信号输出触点闭合，则证明电源模块本身工作正常，故障原因属于系统内部电源过载。这时可以逐一取下系统各组成模块，进一步检查判断故障范围。若电源模块取下后，无+5V输出或仍然只有几秒的+5V电压输出，可能是电源模块本身存在过载或内部元器件损坏，可根据原理图进行进一步的检查。

2. 显示系统的故障诊断

显示系统主要由CRT、视频板等部件组成。CRT的作用是将视频信号转换为图像进行显示；视频板的作用是将字符及图像点阵转换为视频信号进行输出。

CRT故障时一般有以下几种现象：

① 屏幕无任何显示，系统无法启动。当按住系统面板上的诊断键，接通系统电源，在系统启动时，面板上方的4个指示灯闪烁。

② 屏幕显示一条水平或垂直的亮线。

③ 屏幕左右图像变形。

④ 屏幕上下线性不一致，或被压缩、扩展。

⑤ 屏幕图像发生倾斜或抖动。

以上故障一般为显示驱动线路的故障引起的，维修时应重点针对显示驱动线路进行检查。

3. CPU板的故障诊断

CPU板是整个系统的核心，它包括了PLC、CNC的控制、处理线路。CPU板上主要安装有处理器、插补器、RAM、EPROM、通信接口、总线等部件。系统软件固化在EPROM中。PLC程序、NC程序、机床数据可通过两个V.24口用编程器或计算机进行编辑、传输；同时，NC程序、机床数据亦可通过V.24接口进行输入/输出操作。在系统内部，CPU板通过系统总线与存储板、接口板、视频板、位置控制板进行数据传输，实现对这些部件的控制。

当CPU板发生故障时，一般有如下现象：

① 屏幕无任何显示，系统无法启动，CPU板上的报警指示红灯亮。

② 系统不能通过自检，屏幕有图像显示，但不能进入CNC正常界面。

③ 屏幕有图像显示，能进入CNC界面，但不响应键盘的任何按键。

④ 通信不能进行。

当CPU板故障时，一般情况下只能更换新的CPU备件板。

4. 接口板的故障诊断

接口板上主要安装有系统软件子程序模块、两个数字测头的信号输入端、PLC输入/输出模块的接口部件等。

接口板发生故障时，一般有如下几种现象：

① 系统死机，无法启动。

② 接口板上系统软件与 CPU 板上系统软件不匹配，导致系统死机或报警。

③ PLC 输入/输出无效。

④ 电子手轮无法正常工作。

此板发生故障时，通常应更换一块新的备件板。

5. 存储器板的故障诊断

存储器板故障时，一般有如下几种现象：

① 系统死机，无法启动。

② 存储器上的软件与 CPU 板上系统软件不匹配，导致系统死机或报警。

存储器板发生故障时，若通过更换软件仍然不能排除故障，一般应更换一块新的备件板。

6. 位置控制板的故障诊断

位置控制板是 CNC 的重要组成部分，它由位置控制、编码器接口、光栅尺的前置放大器(EXE)等部件组成。

位置控制板故障时，一般有如下现象：

① CNC 不能执行回参考点动作，或每次回参考点位置不一致。

② 坐标轴、主轴的运动速度不稳定或不可调。

③ 加工尺寸不稳定。

④ 出现测量系统或接口电路硬件故障报警。

⑤ 在驱动器正常的情况下，坐标轴不运动或定位不正确。

位置控制板发生故障时，一般应先检查测量系统的接口电路，包括编码器输入信号的接口电路、位置给定输出的 D/A 转换器回路等，在现场不能修理的情况下，一般应更换一块新的备件板。

三、数控系统的软件维护技术基础

自 20 世纪 80 年代数控技术广泛采用 32 位 CPU 组成多微处理器系统以来，计算机软件在数控设备中的地位逐渐变得重要起来。20 世纪 90 年代以后，随着计算机技术的飞速发展，利用 PC 机丰富的软件及硬件资源开发出来的数控系统软件具有开放式体系结构，对于智能化和网络化的支持更加强大，软件的规模和功能进一步的增强了。数控设备已经成为一种硬件与软件高度集成化的综合性系统。

(一) 数控系统的软件

1. 数控系统软件分类

数控系统软件分类如图 3-11 所示。

2. 数控系统软件结构类型

CNC 系统是一个实时的计算机控制系统，其数控功能是由各种功能子程序实现的。不同的系统软件结构对这些子程序的安排方式不同，管理方式也不同。在单 CPU 的数控系统中，常采用前后台型软件结构和中断型软件结构。

(1) 前后台型软件结构

前后台型软件结构适合于采用集中控制的单微处理器 CNC 装置。在这种软件结构

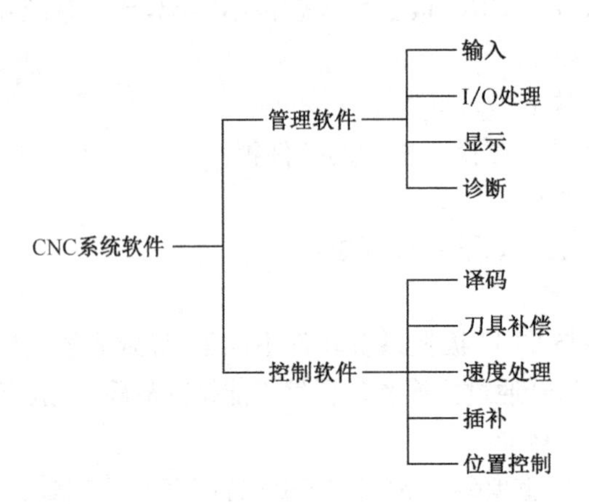

图 3-11　数控系统软件的组成

中,前台程序是一个实时中断服务程序,承担了几乎全部的实时功能,实现与机床动作直接相关的功能,如插补、位置控制、机床相关逻辑和监控等。后台程序是一个循环执行程序,一些实时性要求不高的功能,如输入译码、数据处理等插补准备工作和管理程序等均由后台程序承担,又称背景程序。

在背景程序循环运行的过程中,前台的实时中断程序定时插入,二者密切配合,共同完成零件加工任务。如图 3-12 所示,程序一经启动,经过一段初始化程序后便进入背景程序。同时开放定时中断,每隔一定时间发生一次中断,执行一次实时中断服务程序,执行完毕后返回背景程序,如此循环往复,共同完成数控的全部功能。

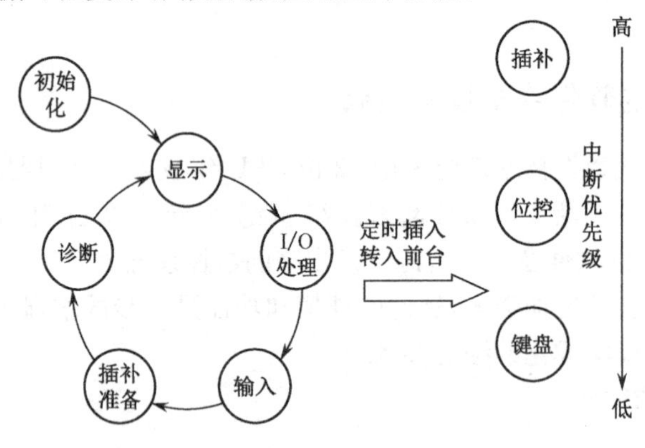

图 3-12　前后台型软件结构

(2) 中断型软件结构

中断型软件结构除了初始化程序之外,整个系统软件的各种任务模块分别安排在不同级别的中断程序中,整个软件就是一个大的中断系统。其管理功能主要通过各级中断服务程序之间的相互通信来解决。

中断优先级共 8 级,0 级最低,7 级最高,除了第 4 级为硬件中断完成报警功能外,其余均为软件中断,见表 3-1。

表 3-1　控制软件中断功能表

优先级	主要功能	中断源	优先级	主要功能	中断源
0	初始化	开机进入	4	报警	硬件
1	CRT 显示，ROM 奇偶校验	硬件、主控程序	5	插补运算	8ms
2	各种工作方式插补准备	16ms	6	软件定时	2ms
3	键盘 I/O 及 M、S、T 处理	16ms	7	纸带阅读机	硬件随机

① 0 级中断程序。

0 级中断程序即为初始化程序。电源接通后，首先进入此程序。初始化主要完成以下工作：一是对 RAM 中作为工作寄存器的单元设置初始状态；二是为数控加工正常进行而设置一些所需的初始状态。

② 1 级中断程序。

1 级中断程序是主控程序，即背景程序。当没有其他中断时，1 级程序初始循环运行，主要完成 CRT 显示控制和 ROM 奇偶校验。

③ 2 级中断程序。

2 级中断程序主要是对系统所处的各种工作方式的处理。这些工作方式有：自动方式，系统在这种工作方式下可以连续控制刀具进行零件轮廓加工、进行译码和插补准备处理；MDI 方式，系统在这种工作方式下除了可以手动输入各种参数和偏移数据外，还可以手动输入一个程序段的零件程序，并单段执行它；其他方式，包括点动方式（STEP）、手动连续进给（JOG）方式或手轮方式。

④ 3 级中断服务程序。

3 级中断服务程序主要完成：I/O 映像处理，用于 PLC 开关量信号的控制；键盘扫描和处理；M、S、T 处理。将辅助功能，如主轴正、反转（M03、M04），切削液的开、关（M08、M09），主轴转速（S 指令）、换刀（M06 及 T 指令）等控制信号输出，以控制机床的动作。

⑤ 5 级中断服务程序。

5 级中断服务程序每 8ms 就执行一次，主要完成插补运算、坐标位置修正、间隙补偿和加减速控制。插补运算包含直线和圆弧插补、手动定位插补、自动定位和暂停插补。

⑥ 6 级中断服务程序。

6 级中断服务程序主要为 2 级和 3 级的 16ms 中断定时。这是一种软件定时方法，通过这种定时，可以实现 2 级和 3 级的 16ms 的定时中断，并使其相隔 8ms。而且当 2 级或 3 级中断还没有返回时，不再发出中断请求信号。

⑦ 7 级中断服务程序。

7 级中断服务程序的主要任务是处理光电阅读机所读入的字符，通常是把它放入纸带缓冲存储区，然后再送到零件程序（CMOS）区。

3. CNC 控制软件的特点

(1) 多任务并行处理

CNC 是一个专用的实时多任务操作系统，它的系统程序包括管理和控制两大任务。系统的管理包括通信、显示、诊断、零件程序的输入/输出以及人机界面管理（参数设置、程序编辑、文件管理等），这类程序实时性要求不高；系统的控制包括译码、刀具补偿、速度处理、插补、位置控制、开关量I/O控制等，这类程序完成实时性很强的控制任务。

(2) 实时中断处理

CNC系统的中断管理主要靠硬件完成，而系统的中断结构决定于系统软件的结构。中断类型主要有：一是外部中断，主要有纸带光电阅读机读孔中断、外部监控中断和操作面板键盘输入中断；二是内部定时中断，主要有插补周期定时中断和位置采样定时中断；三是硬件故障中断，它是各种硬件故障检测装置发生的中断，如存储器出错、定时器出错等；四是程序性中断，它是程序中出现的各种异常情况的报警中断。

(二) 数控系统常见软件故障及其排除方法

数控系统中的软件大多数都是嵌入式软件，与硬件有着紧密关系并且运行在特定的硬件环境中。整个数控系统的性能、智能化水平的高低以及可靠性的优劣等都是由硬件环境和软件共同决定的。在当前技术条件下，软件的可靠性比硬件的可靠性要低一个数量级。据资料统计，嵌入式系统的运行失效中有75%是由其中的软件失效所引起的。事实上，软件失效所导致的系统故障已经成为数控设备故障诊断中一个不容忽视的问题了。

软件失效多数是由程序代码中的固有错误所导致，因数控机床系统参数设置不当，或者因意外使参数发生变化或混乱，这类故障只要调整好参数，就会自然消失。还有些故障是由于偶然原因使NC系统处于死循环状态，这类故障有时必须采取强行启动的方法恢复系统的使用。对于嵌入式软件来说，软硬件之间的接口错误也是导致软件故障的一个重要因素，防止和排除软件故障必须掌握以下方法。

1. 系统软件及数据的保护

PLC用户程序、报警文本、NC与PC机床数据等数据是机床制造厂编制并经过调整、优化得到的数据，它是数控机床的关键，而且存储于用电池供电的RAM存储器子模块中，因此清除和修改都很容易。一旦这些内容被改写或丢失，整台机床就不能正常工作，因此，应采取以下措施，保护这些软件和数据。

① 将系统软件和数据通过PCIN软件进行备份，存储于磁盘（或光盘）中，最好还能打印成文字的形式，以便进行校对与手动输入。在机床交货时，机床制造厂家应将系统软件和数据资料作为机床必须具备的资料向使用者提供。

② 系统软件和数据可以通过操作清除和修改，这样虽然给机床调整带来了方便，但如果管理不善，也会造成人为的故障。特别是初始化操作，极有可能删除系统软件和数据，因此，应通过设置密码与制订相应的制度，防止误操作。此外，修改机床数据、进行初始化调整工作，最好由维修人员进行，以防止发生人为故障。

③ 系统有多种规格，各种规格的软件自成体系。早期的软件存在一些缺陷，使用中如果操作不当，容易引起一些故障，维修时可以通过初始化重新建立正常的工作状态。后期的软件已相当完善，一般不会再发生此类问题。不同版本的软件对启动芯片有特定的要求，软件不能混合使用，否则系统将不能正常启动。此外，不同版本的软件对机床数据的定义、调整方法，甚至工作状态和显示界面的配置也有差异。维修人员处理故障时，应针对不同的软件版本，进行相应处理。

2. 参数调整

机床参数的调整是使系统与机床的电气控制部分、伺服驱动部分（驱动单元与位置反馈回路)、机床机械部分以及外部设备连接、匹配的前提条件。设置和优化有关的参数,是机床调试的重要工作之一。虽然机床交付用户时已经过出厂调整和现场的安装、调整,但由于加工要求或控制要求的改变,或是环境条件的改变,还可能对机床提出一些新的要求,需在维修中加以解决。因此,维修人员应对系统生产厂家编制的软件和设定的数据有相当的了解,才能进行深入地维修。机床参数(以 SIEMENS 系统为例)包括以下内容。

(1) NC 数据(NC-MD)

NC 数据是使系统与具体机床相匹配所设置的有关数据,其中包括以下内容。

① 通用数据(NC-MD1～NC-MD156):这些数据一般直接使用系统生产厂商的出厂数据,用户一般不做调整。

② 进给轴专用数据(NC-MD200 * ～NC-MD396 *)(* =轴号,可为 0,1,2,3,4 分别表示 5 个进给轴):在这些参数中,坐标轴的漂移补偿、传动间隙补偿、复合增益、位置环增益(Kv)、速度/加速度、夹紧允许误差以及与轮廓监控有关的数据,在维修中都有可能进行调整。

③ 主轴专用数据(NC-MD4000～NC-MD4590):这是对主轴在不同传动级(变速档)下的特性加以调整的参数,在维修中都有可能进行调整。

④ 通用位参数(NC-MD5000～NC-MD5050):这是设置系统操作和功能的参数,在维修时可以根据需要做某些改变。

⑤ 主轴的专用位参数(NC-MD5200～NC-MD5210):这是对主轴控制功能进行选择的参数,在维修时可以根据需要做某些改变。

⑥ 通道专用位参数(NC-MD540 * ～NC-MD558 *)(* =通道号,可以是 1,2,这是对系统功能的选择参数):在机床交付使用后,一般不再做调整。

⑦ 进给轴专用位参数(NC-MD560 * ～NC-MD576 *)(* =轴号,同前,这是对主轴控制功能进行选择的参数):在维修时可以根据需要做某些改变。

⑧ 螺距误差补偿数据(NC-MD6000～NC-MD6249):这些数据用来进行螺距补偿,通常需要用激光干涉仪测出丝杠螺距误差曲线后才能进行调整,在机床精度恢复时,应做调整。

注意:由于 NC 机床数据涉及内容广、数量大,因此在修改与优化时,必须弄清数据的确切含义、取值范围和设定方法,才能进行相应的修改。

(2) PLC 数据

SIEMENS 系统 PLC 用户数据,一般包括 PLC 机床参数(PLC-MD)、PLC 用户程序和 PLC 报警文本这三部分。

PLC 机床参数和 PLC 报警文本都是根据 PLC 用户程序的要求进行设定和编写的,机床交付使用后,一般不再需要对它们进行修改。但是,维修人员应当掌握机床的 PLC 用户程序,并可以通过接口信号来检查机床电气控制部分的故障。维修时,通过操作选择“诊断”可以实时检查 PLC 的全部输入位(IW)、输出位(QW)、标志位(FW)、计时器(T)和计数器(C)的状态,用来进行接口信号的诊断。借助于西门子编程器或编程软件,还可以编辑 PLC 程序,对 PLC 进行在线诊断和状态控制,读出中断堆栈、信号状态,进行变量控制以及启、停 PLC 等操作。

四、数控系统维护保养技术训练

(一) SINUMERIK 802S 数控系统的维护保养技术训练

1. SINUMERIK 802S 数控系统简介

SINUMERIK 数控系统是由德国 SIEMENS 公司生产，产品主要有 SINUMERIK 3，SINUMERIK 8，SINUMERIK 810，SINUMERIK 820，SINUMERIK 850，SINUMERIK 880，SINUMERIK 840，SINUMERIK 802 等系列。

SIEMENS 公司 SINUMERIK 802 系列数控系统中的 802S 和 802C 为经济型数控系统，可以带三个进给轴。

802S 采用带有脉冲及方向信号的步进驱动接口，可以配接 STEPDRIVEC/C＋步进驱动器和五相步进电动机；802C 则为-10V～＋10V 接口，可配接 SIMODRIVE611 驱动器，802S/802C 除三个进给轴外，都有一个－10V～＋10V 接口，用于连接主轴驱动，SINUMERIK 802S/802C 包括操作面板、机床控制面板、NC 单元及 PLC 模块，可以安装在通用导轨上。SINUMERIK 802D 为全数字数控系统，最多可控制 4 个数字进给轴和一个主轴，CNC 通过 PROFIBUS 总线与 I/O 模块和数字驱动模块相连接，主轴通过模拟接口控制。

(1) 系统组成

SINUMERIK 802S 采用 32 位微处理器(AM486DE2)、内装式 PLC、分离式操作面板(OP020)和机床控制面板(MCP)，是适用于经济型数控机床的数控系统。如图 3-13 所示为 SINUMERIK 802S 数控系统组成。

802S 系统由 OP020(系统操作与显示单元)、MCP(机床操作面板单元)、ECU(中央处理单元)、DI/O(PLC 输入/输出单元)、相应电缆附件等部分组成。

(2) 系统连接

SINUMERIK 802S 可控制 2～3 个进给轴和一个主轴，输出进给脉冲和方向信号至步进驱动器，并有一个－10V～＋10V 的接口，用于连接主轴驱动。通过 RS-232C 接口与编程器或微机相连，系统软件存储在 ECU 的 FlashEPROM(闪存)中，需要支持电源。PLC 模块带 16 点数字输入和 16 点数字输出，额定电压为直流 24V，输出最大负载电流 0.5A。DI/O 模块通过总线插头直接连接到 CNC 模块(ECU)上，输入、输出点数可根据需要增加 DI/O 模块(最大 4 个)，可扩展到 64 点输入和 64 点输出。

ECU 中央处理单元是整个数控系统的控制核心，在 ECU 上有以下多个接口。

X1：数控系统工作电源接口；

X2：步进电机控制信号接口；

X3：主轴模拟信号控制接口；

X4：主轴编码器反馈信号接口；

X8：串行通信(RS-232)信号接口；

X9：操作面板信号接口；

X10：电子手轮信号接口；

X20：高速输入信号接口。

操作面板(OP020)采用液晶显示屏幕，可独立安装在便于操作的位置上，操作面板和

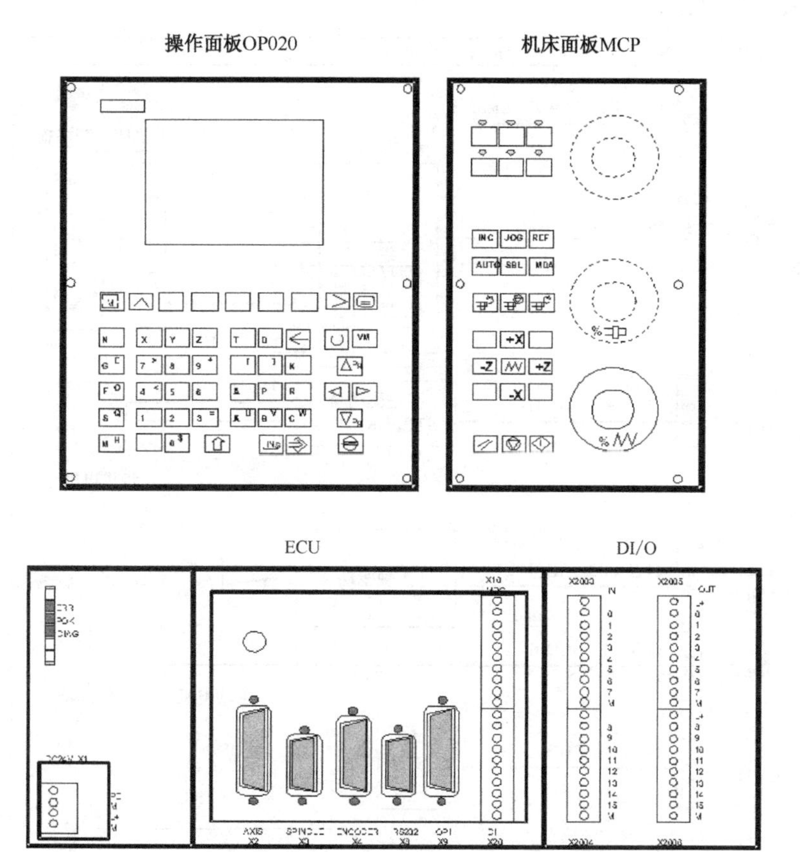

图 3-13　SINUMERIK 802S 数控系统组成

ECU 之间由专门的电缆连接起来；机床控制面板（MCP）可以和操作面板（OP020）安装在一起，也可以独立安装，它们之间由专门的电缆相连接；MCP 上有 6 个自由定义键，用户可根据需要设定机床功能，如图 3-14 所示。

2. SINUMERIK 802S 数控系统基础维护实训步骤

① 断电情况下，在实验台上找出西门子系统、步进驱动、变频器等各部件，并绘制其在实验台上的安装位置，标明其型号规格。

② 断电情况下，根据系统连接总图，参照上述实训内容，逐步分项检查、验证各个部件之间的连接，并在纸上继续绘制出连接关系。

③ 断电情况下，观察系统各部件、外围器件，清理灰尘、污物；了解走线方式、插头连接、护套保护连接等，查看是否有松动、破损情况，如果有，采取措施处理。

④ 一切正常方可上电，上电后系统进入正常状态，用万用表测试系统各部件电源电压，将测试结果记录在图纸上相应的部件处。

⑤ 系统功能检查。

● 左旋并拔起操作台右上角的“急停”按钮，使系统复位；系统默认进入“手动”方式，软件操作界面的工作方式变为“手动”。

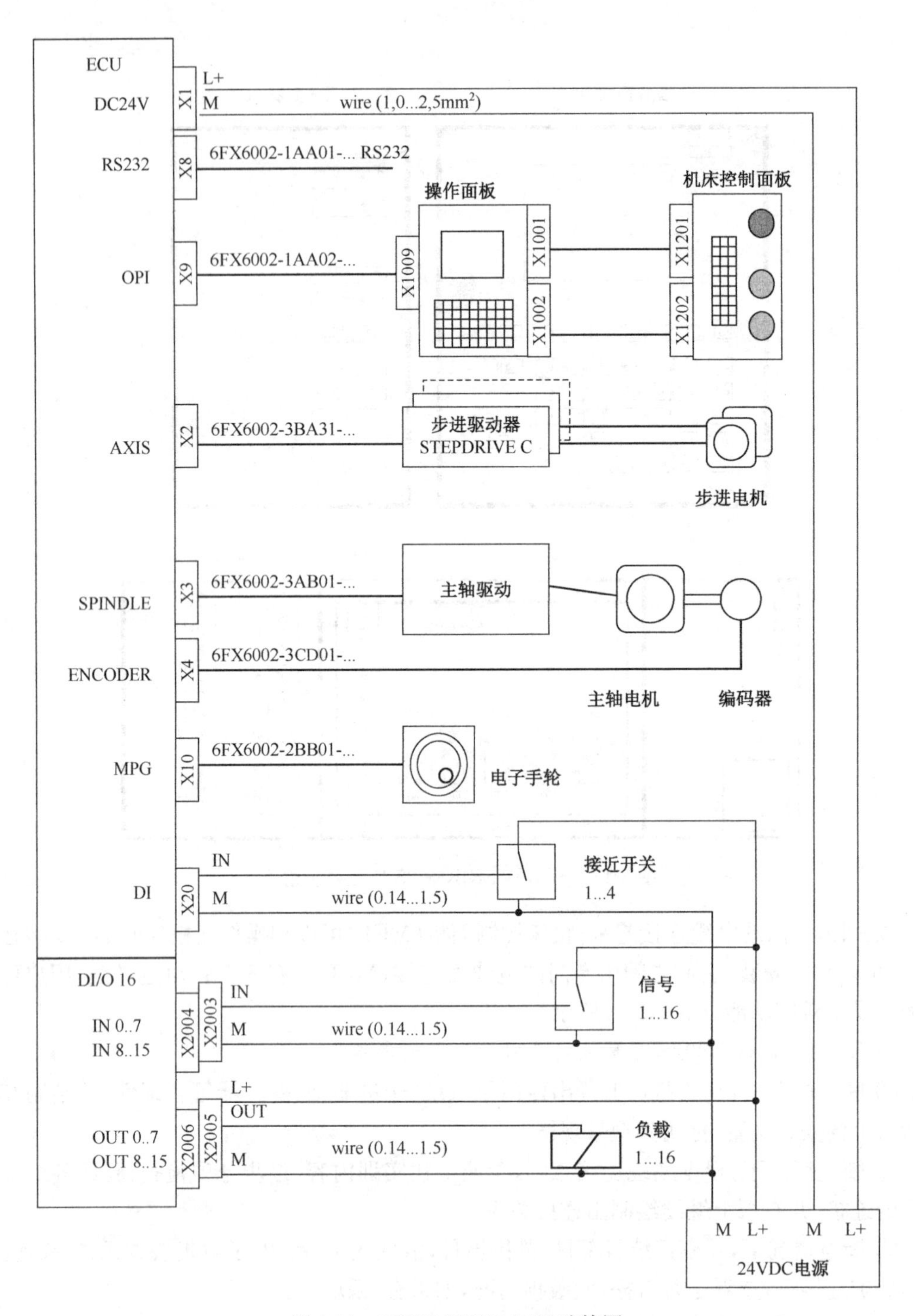

图 3-14 SINUMERIK 802S 连接图

● 按住“＋X”或“－X”键(指示灯亮)，X 轴应产生正向或负向的连续移动。松开“＋X”或“－X”键(指示灯灭)，X 轴即减速运动后停止。以同样的操作方法使用“＋Z”、“－Z”键可使 Z 轴产生正向或负向的连续移动。

● 在手动工作方式下，分别点动 X 轴、Z 轴，使之压到限位开关。仔细观察它们是否能压到限位开关，若到位后压不到限位开关，应立即停止点动；若压到限位开关，仔细观察轴是否立即停止运动，软件操作界面是否出现急停报警，这时一直按压“超程解除”按键，使该轴向相反方向退出超程状态；然后松开“超程解除”按键，若显示屏上运行状态栏“运行正常”取代了“出错”，表示恢复正常，可以继续操作。检查完 X 轴、Z 轴正、负限位开关后，以手动方式将工作台移回中间位置。

● 按一下“回零”键，软件操作界面的工作方式变为“回零”。按一下“＋X”和“＋Z”键，检查 X 轴、Z 轴是否回参考点。回参考点后，“＋X”和“＋Z”指示灯应点亮。

● 在手动工作方式下，按一下“主轴正转”键(指示灯亮)，主轴电动机以参数设定的转速正转，检查主轴电动机是否运转正常；按一下“主轴停止”键，使主轴停止正转。按一下“主轴反转”键(指示灯亮)，主轴电动机以参数设定的转速反转，检查主轴电动机是否运转正常；按一下“主轴停止”键，使主轴停止反转。

● 在手动工作方式下，按一下“刀号选择”键，选择所需的刀号，再按一下“刀位转换”键，转塔刀架应转动到所选的刀位。

● 调入一个演示程序，自动运行程序，观察工作台的运行情况。

注意事项

(a)要注意人身及设备的安全。关闭电源后，方可观察机床内部结构。

(b)未经指导教师许可，不得擅自任意操作。

(c)操作与保养数控机床要按规定时间完成，符合基本操作规范，并注意安全。

(d)实验完毕后，要注意清理现场。

(二) FANUC 0i 系列数控系统的维护保养技术训练

1. FANUC 0i 系列数控系统简介

FANUC 公司先后开发出的 F0-MA/MB/MC 等系列数控系统，应用于数控机床。F0 系列数控系统有多个品种，它适应于各种中、小型机床。

系统在设计上采用模块化结构，这种结构易拆装，各个控制板高度集成，便于维修和更换，采用专用 LSI(大规模集成电路)技术，以此提高芯片集成度、系统的可靠性，减小体积和降低成本。不断采用新工艺、新技术：SMT(高密度表面安装技术)、多层印制电路板、光导纤维电缆等。产品应用范围广，可配备多种控制软件，适用于多种机床，在插补、进给加减速、补偿、自动编程、图形显示、通信、控制和诊断方面不断增加新的功能，向用户提供特定宏程序、MMC 等功能来推进 CNC 装置面向用户开放的功能。

(1) 系统组成

FANUC 0i 系统由数控单元本体、主轴和进给伺服单元以及相应的主轴电动机、进给电动机、CRT 显示器、系统操作面板、机床操作面板、附加的输入/输出接口板(B2)、电池盒、手摇脉冲发生器等组成。

FANUC 0i 系统的 CNC 单元由主印制电路板(PCB)、存储器板、图形显示板、可编程机床控制器板(PMC-M)、伺服轴控制板、输入/输出接口板、子 CPU(中央处理器)板、扩展的轴控制板、数控单元电源和 DNC 控制板等组成。主板采用大板结构，其他为小板，插在主板上面，如图 3-15 所示。

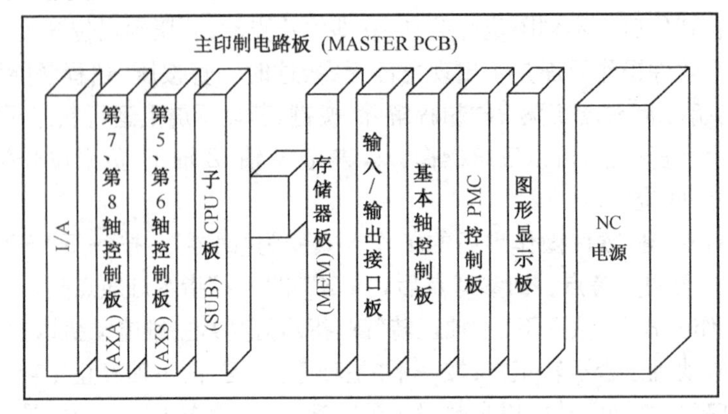

图 3-15　FANUC 0 系统数控单元结构

① 主印制电路板(PCB)，用于连接各功能小板，进行故障报警。主 CPU 在该板上，用于系统主控。

② 数控单元电源，为各板提供+5V，±15V，±24V 直流电源，其中 24V 直流电源用于单元内继电器控制。

③ 图形显示板，提供图形显示功能，便于人机交互，并且还提供第 2，3 手摇脉冲发生器接口。

④ PC 板(PMC-M)。PMC-M 为内装型可编程机床控制器，提供输入/输出板扩展接口。

⑤ 基本轴控制板(AXE)。提供 X，Y，Z 轴和第 4 轴的进给指令，接收从 X、Y、Z 轴和第 4 轴位置编码器反馈的位置信号。

⑥ 输入/输出接口，通过插座 M1，M18 和 M20 提供输入点，通过插座 M2，M19 和 M20 提供输出点，为 PMC-M 提供输入/输出信号。

⑦ 存储器板，接收系统操作面板的键盘输入信号，提供串行数据传送接口、第 1 手摇脉冲发生器接口、主轴模拟量和位置编码器接口，存储系统参数、刀具参数和零件加工程序等。

⑧ 子 CPU 板，用于管理第 5 轴、第 6 轴、第 7 轴的数据分配，提供 RS-232 和 RS-422 串行数据接口等。

⑨ 扩展轴控制板(AXS)，用于提供第 5 轴、第 6 轴的进给指令，接收从第 5 轴、第 6 轴位置编码器反馈的位置信号。

⑩ 扩展轴控制板(AXA)，用于提供第 7 轴、第 8 轴的进给指令，接收从第 7 轴、第 8 轴位置编码器反馈的位置信号。

⑪ 扩展的输入/输出接口，通过插座 M61、M78 和 M80 提供输入点，通过插座 M62、M78 和 M80 提供输出点，为 PMC-M 提供输入/输出信号。

⑫ 通信板(DNC2)，提供数据通信接口。

(2) 系统连接

正确连接是机床正常工作的基本保证，FANUC 0 系统连接图如图 3-16 所示。

在电源单元中，CP14、CP15 为 DC24V 输出端，分别供 I/O 扩展单元、显示单元使用；

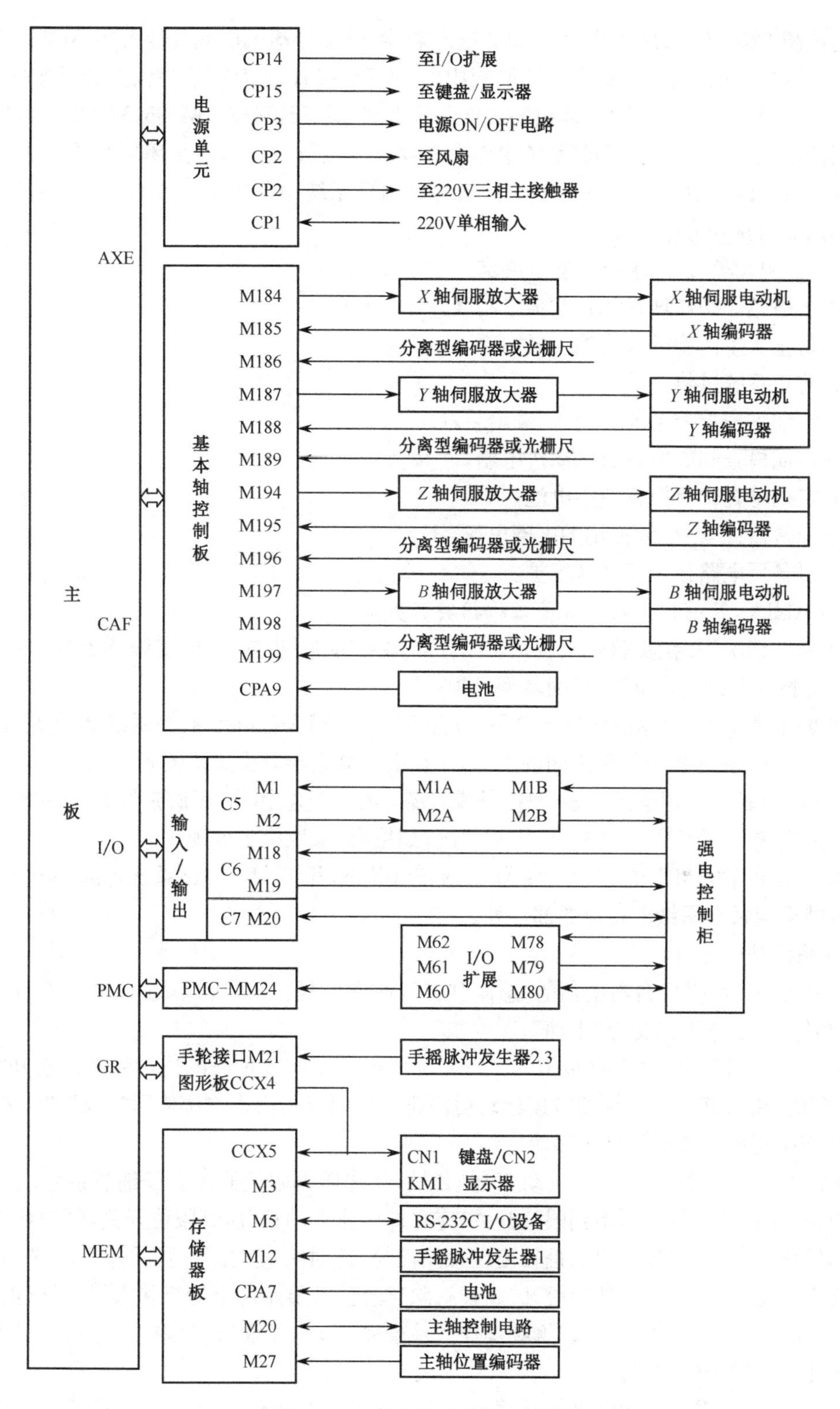

图 3-16　FANUC 0 系统连接图

CP1 为单相 220V 输入端；CP2 为 220V 输出端，可以接冷却风扇或其他需要 AC220V 的设备；CP3 接电源开关电路。基本轴控制板中的 M184～M199 为轴控制板上的插座编号，其中 M184，M187，M194，M197 为控制器指令输出端；M185，M188，M195，M198 为内装型脉冲编码器输入端，在半闭环伺服系统中作为速度/位置反馈输入，在全闭环系统中作为速度反馈输入；M186，M189，M196，M199 只作为全闭环系统中的位置反馈输入；CPA9 在选用绝对编码器时接相应电池盒。

2. FANUC 0i 系统维护的基本要求

① 严格遵守操作规程和日常维护制度。

② 防止灰尘污物进入数控装置内部。

③ 防止系统过热。

④ 定期维护数控系统的输入/输出装置。

⑤ 定期检查和更换直流电动机电刷。

⑥ 定期检查和更换存储用电池。

⑦ 经常监视 CNC 装置用的电网电压。

⑧ 对备用电路板也要经常维护。

3. FANUC 0i 系列数控系统基础维护实训步骤

① 断电情况下，在实验台上找出 FANUC 系统部件、步进驱动、变频器等各部件，并绘制其在实验台上的安装位置，标明其型号规格。

② 断电情况下，根据系统连接总图，参照 SINUMERIK 802S 数控系统基础实训内容，逐步分项检查、验证各个部件之间的连接，并在纸上继续绘制出连接关系。

③ 断电情况下，观察系统各部件、外围设备，清理灰尘、污物；了解走线方式、插头连接、护套保护连接等，查看是否有松动、破损情况，如果有，采取措施处理。

④ 一切正常方可上电，上电后系统进入正常状态，用万用表测试系统各部件电源电压，将测试结果记录在图纸上相应的部件处。

⑤ 系统功能检查。

● 左旋并拔起操作台右上角的“急停”按钮，使系统复位；系统默认进入“手动”方式，软件操作界面的工作方式变为“手动”。

● 按住“＋X”或“－X”键（指示灯亮），X 轴应产生正向或负向的连续移动。松开“＋X”或“－X”键（指示灯灭），X 轴即减速运动后停止。以同样的操作方法使用“＋Z”、“－Z”键可使 Z 轴产生正向或负向的连续移动。

● 在手动工作方式下，分别点动 X 轴、Z 轴，使之压到限位开关。仔细观察它们是否能压到限位开关，若到位后压不到限位开关，应立即停止点动；若压到限位开关，仔细观察轴是否立即停止运动，软件操作界面是否出现急停报警，这时一直按压“超程解除”按键，使该轴向相反方向退出超程状态；然后松开“超程解除”按键，若显示屏上运行状态栏“运行正常”取代了“出错”，表示恢复正常，可以继续操作。检查完 X 轴、Z 轴正、负限位开关后，以手动方式将工作台移回中间位置。

● 按一下“回零”键，软件操作界面的工作方式变为“回零”。按一下“＋X”和“＋Z”键，检查 X 轴、Z 轴是否回参考点。回参考点后，“＋X”和“＋Z”指示灯应点亮。

● 在手动工作方式下，按一下“主轴正转”键(指示灯亮)，主轴电动机以参数设定的转速正转，检查主轴电动机是否运转正常；按一下“主轴停止”键，使主轴停止正转。按一下“主轴反转”键(指示灯亮)，主轴电动机以参数设定的转速反转，检查主轴电动机是否运转正常；按一下“主轴停止”键，使主轴停止反转。

● 在手动工作方式下，按一下“刀号选择”键，选择所需的刀号，再按一下“刀位转换”键，转塔刀架应转动到所选的刀位。

● 调入一个演示程序，自动运行程序，观察工作台的运行情况。

注意事项

① 要注意人身及设备的安全。关闭电源后，方可观察机床内部结构。

② 未经指导教师许可，不得擅自任意操作。

③ 操作与保养数控机床要按规定时间完成，符合基本操作规范，并注意安全。

④ 实验完毕后，要注意清理现场。

(三) 数控系统硬件维护与保养

数控系统出现硬件故障时，常会使机床停机。对于这类故障的诊断，首先必须了解该数控系统的工作原理及各线路板的功能；然后根据故障现象进行分析，在有条件的情况下利用交换法准确定位故障点。通常情况下，一般只要求能够根据模块的功能结合故障现象，判断、查找出发生故障的模块，进行备件替换。

1. 数控系统故障 LED 报警显示

数控机床控制系统多配有面板显示器、指示灯，面板显示器可把大部分被监控的故障识别结果以报警的方式给出。数控装置上的 LED 发光管，用于显示系统状态和报警，如图 3-17 所示。当 CNC 出现故障时，可以通过发光管的状态，判断系统运行时的状态和出现故障的范围。

① 电源接通时，系统状态中的 LED(绿色 LED)显示见表 3-2。

表 3-2 电源接通时 LED 显示的系统状态

序号	状态 LED	状态
1	□□□□	电源关闭
2	■■■■	电源接通，初期状态，BOOT 执行中
3	□■■■	NC 系统启动开始
4	■□■■	等待系统处理器 ID 设定
5	□□■■	系统处理器 ID 设定完毕，显示回路初始化完毕
6	■■□■	FANUC 总线初始化完毕
7	□■□■	PMC 初始化完毕
8	■□□■	系统的各印制板的配置信息设定完毕
9	□□□■	PMC 程序初始化完毕
10	□■■□	等待数字伺服和主轴的初始化
11	■■■□	数字伺服和主轴初始化完毕
12	■□□□	初始化完成，正常操作状态

注：表中 □表示 OFF；■表示 ON。

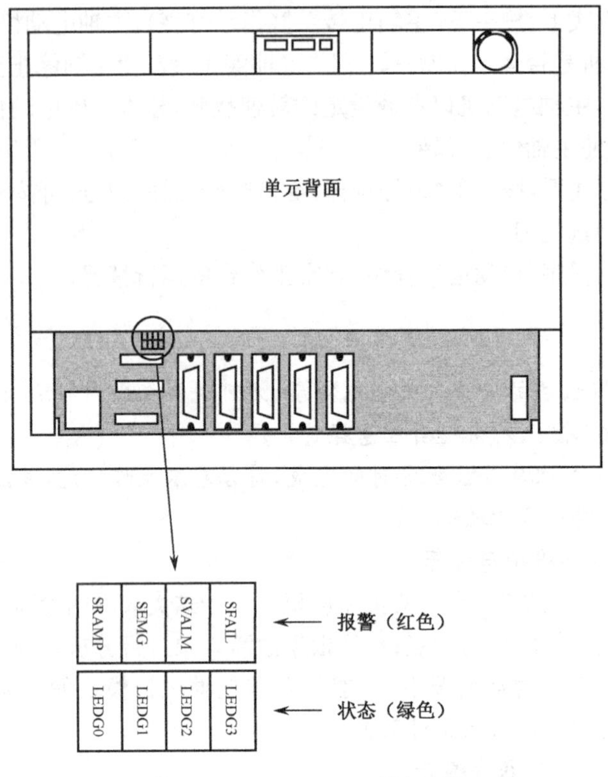

图 3-17　FANUC 0i 系统面板

② 有硬件故障时，系统状态中的 LED(红色报警 LED)显示见表 3-3。

表 3-3　CNC 系统报警时的 LED 显示

报警 LED	LED 的意义
SVALM	伺服报警
SEMG	系统报警发生时，点亮 系统内部硬件故障
SFAIL	系统报警发生时，点亮 系统软件停止 如果执行 BOOT 时，点亮
SRAMP	RAM 奇偶错误或 SRAM ECC 错误

2. 更换 CNC 存储器备份用电池

CNC 中存储器备份用的锂电池装在控制单元前板上，用于保存零件程序数据、偏置数据、系统参数等数据。主电源即使切断了，以上的数据也不会丢失，备份电池可将存储器中的内容保存大约 1 年。

FANUC 系统中，当电池电压变低时，LCD 界面上将显示[BAT]报警信息，同时电池报警信号被输出给 PMC。当显示这个报警时，就应该尽快更换电池，通常可在 1～2 周内更换电池。电池究竟能使用多久，因系统配置而异。

如果电池电压很低，存储器不能再备份数据，在这种情况下，如果接通控制单元的电源，因存储器中的内容丢失，会引起910(SRAM奇偶校验)、935系统报警(ECC错误)。更换电池后，需全部清除存储器内容，重新发送数据。

如图3-18和图3-19所示，更换电池时，控制单元电源必须接通，当电源关断时，拆下电池，存储器的内容会丢失，这一点一定要注意。锂电池更换步骤如下：

① 准备锂电池(选用系统规定的锂电池)。

② 接通机床的CNC电源，等待大约30s再关断电源。

③ 参照机床厂家的说明书，打开装有CNC控制器的电柜门。

④ 从CNC单元的上部取出电池。

⑤ 安装上新的电池，插好插头。

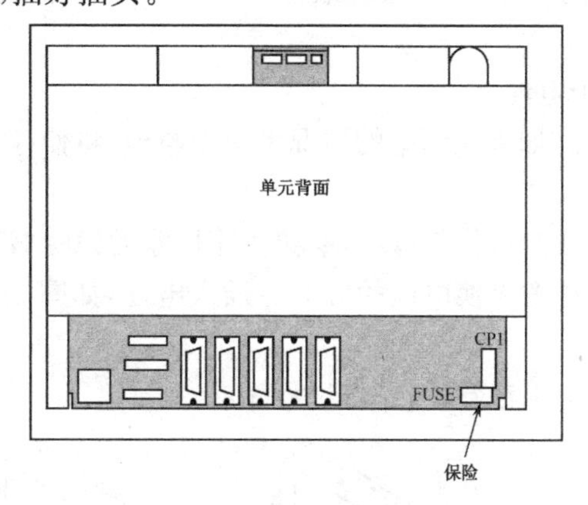

图3-18　电池位置

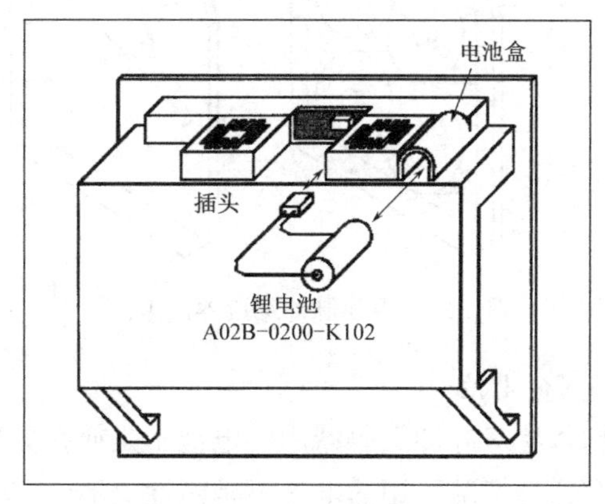

图3-19　电池拆装

注意事项

● 只能使用系统指定规格的电池，否则可能会引起爆炸。

● 第①至第③步，必须在30min内完成。不要让控制单元在没有带电池的情况下超过规定的时间，否则会丢失存储器内容。

● 若在30min内不能完成此项工作，要提前将SRAM中所有内容保存到存储卡中。

● 报废电池要遵照有关规定，并且做好废弃处理。

3. 更换脉冲编码器用电池

当机床装配有绝对脉冲编码器、绝对直线尺等绝对编码器时，除安装存储器备份用的电池，还要安装绝对编码器用的电池。当出现系统 NO. 307 或 NO. 308APC 报警信息时，要在一周内更换电池；如不更换，绝对位置丢失，就必须再次手动回参考点。

一个电池单元能够将 6 个绝对脉冲编码器的现在位置数据保存 1 年，当电池电压较低时 CRT 上显示 APC 报警 306～308，或当出现 APC 307 报警时，应尽快更换电池，通常可持续 2～3 周。电池究竟能使用多久，取决于脉冲编码器的个数。

如果电池电压较低，编码器的当前位置将不再保持。在这种状态下，控制单元通电时，将出现 APC 300 报警(要求返回参考点的报警)，更换电池后，需返回参考点。更换电池步骤如下：

① 准备 4 节商业用干电池。

② 接通 CNC 的电源。如果在断电的情况下更换电池，将使存储的机床绝对位置丢失，换完电池后必须回参考点。

③ 松开电池盒盖上的螺钉，将其移出，参照机床厂家的说明书确定电池盒的安装位置。

④ 更换盒中的电池，注意更换电池的方向。插入电池，如图 3-20 所示，有两个头向前，有两个向后。

⑤ 更换完电池后，盖上电池盒盖，操作过程完成。

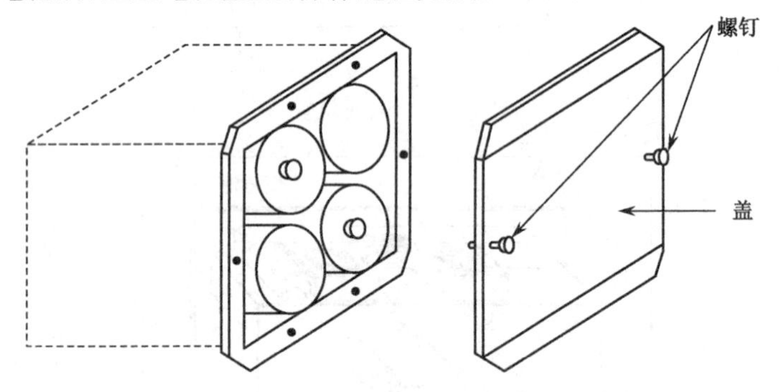

图 3-20　更换脉冲编码器用电池

4. 更换绝对脉冲编码器的电池

使用系列伺服放大器时，绝对脉冲编码器用的电池不是放在分离型电池盒中，而是放置在 α 系列伺服放大器上，在这种情况下用的电池不是碱性电池，而是锂电池。绝对脉冲编码器电池的更换步骤如下：

① 接通机床的电源，为了安全，更换电池时要在急停状态，以防止在更换电池时机床溜车。如果在断电状态更换电池，存储的绝对位置数据将丢失，所以需返回原点。

② 取下 α 系列伺服放大器前面板上的电池盒，握住电池盒上下部，向前拉，可以把电池盒移出，如图 3-21 所示。

③ 取下电池插头。

④ 更换电池，接好插头。

⑤ 装上电池盒。

⑥ 关上机床(CNC)的电源。

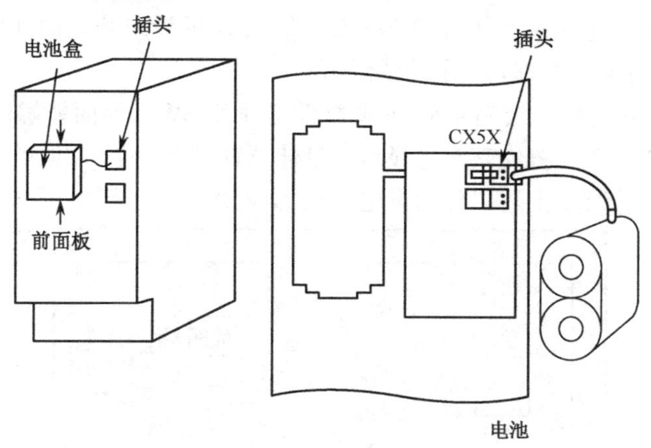

图 3-21 更换绝对脉冲编码器的电池

5. 更换风扇

① 在更换风扇之前,关掉 CNC 电源。

② 拔出需要更换的风扇单元插头(如图 3-22 所示 1 插头)。插头是带锁扣的,所以在拔插头的同时,用一个平扣改锥按住插头下部的锁扣。

③ 松开风扇马达的锁扣,取出风扇单元,如图 3-22 所示 2 风扇。

④ 插入新的风扇单元,如图 3-22 所示 3 风扇盒,连上插头。

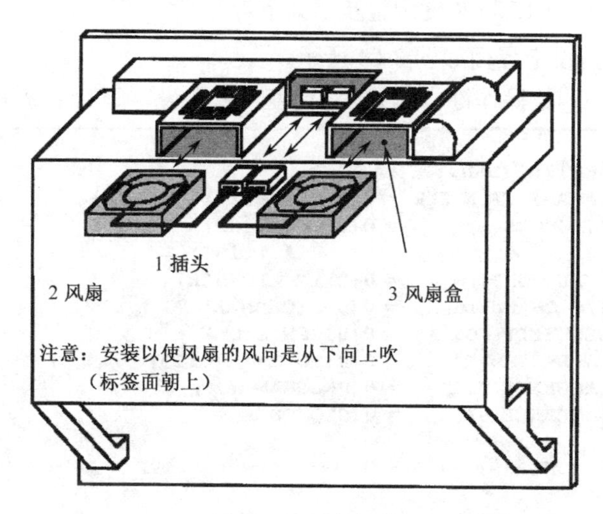

图 3-22 风扇拆装

注意事项

● 打开电柜门,更换风扇单元时,小心不要触摸高压电路部分(有标记并盖有防止电击的罩)。罩子脱落,若触摸了高压电路有可能会受到电击。

● 安装时注意使风扇的风向是从下向上吹(标签朝上)。

6. 液晶显示器(LCD)的调整

① 闪烁的消除。液晶显示中，出现闪烁时，将 TM1 的设定开关调到另一侧。通常这两种设定的其中一种可消除闪烁，如图 3-23 所示。

② 水平方向位置调整。液晶显示中，调整设定开关 SW1，界面能够以一个点位为单位水平方向移动，调整各个位置使其全屏显示。最佳位置只有一个，在调整中不要改变上述以外的设定及电位器；若改变上述以外的设定，界面会出现异常。

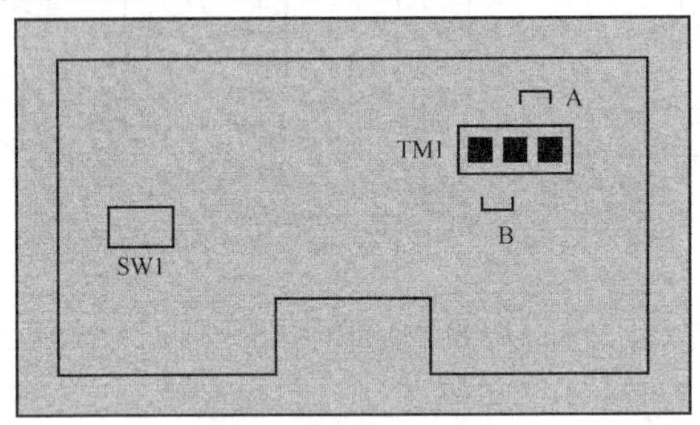

图 3-23 液晶显示器后面

③ 单色 LCD 灰度调整。当外界温度变低，LCD 的亮度会变暗(在上电后 LCD 屏幕会马上变暗)。这个现象不是故障，而是 LCD 的特性，当外界温度上升，LCD 的亮度会变得更亮。单色 LCD 有灰度调节功能。

FANUC 0i 系统单色 LCD 灰度调整步骤如下：

● 按下功能键，设定界面如图 3-24 所示。

● 按下[SETTING]软操作键，LCD 的对比度项就在设定画面上显示。

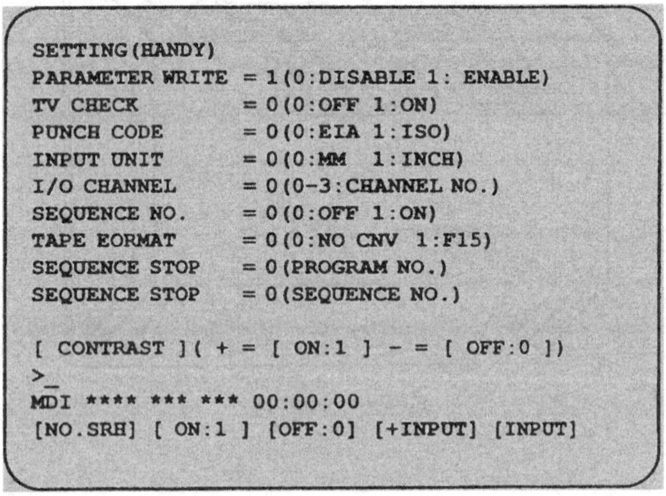

```
SETTING(HANDY)
PARAMETER WRITE  = 1(0:DISABLE 1: ENABLE)
TV CHECK         = 0(0:OFF 1:ON)
PUNCH CODE       = 0(0:EIA 1:ISO)
INPUT UNIT       = 0(0:MM  1:INCH)
I/O CHANNEL      = 0(0-3:CHANNEL NO.)
SEQUENCE NO.     = 0(0:OFF 1:ON)
TAPE EORMAT      = 0(0:NO CNV  1:F15)
SEQUENCE STOP    = 0(PROGRAM NO.)
SEQUENCE STOP    = 0(SEQUENCE NO.)

[ CONTRAST ]( + = [ ON:1 ] - = [ OFF:0 ])
>_
MDI **** *** *** 00:00:00
[NO.SRH] [ ON:1 ] [OFF:0] [+INPUT] [INPUT]
```

图 3-24 LCD 的对比度设定界面

● 把光标移至“CONSTRAST”。

● 按下[ON:1]或[OFF:0]软操作键就可调整 LCD 对比度。

7. FANUC 0i 系统硬件的基础维护实训步骤

① 断电情况下，在实验台上找出数控系统硬件，并绘制出其在实验台上的安装位置，标明其型号规格。

② 断电情况下，观察系统各部件、外围设备，清理灰尘、污物。了解走线方式、插头连接、护套保护连接等，查看是否有松动、破损情况；如果有，采取措施处理。

③ 断电情况下，更换电池，更换风扇单元。

④ 调整液晶显示器(LCD)。

注意事项

(a) 要注意人身及设备的安全。关闭电源后，方可观察机床内部结构。

(b) 未经指导教师许可，不得擅自任意操作。

(c) 操作与保养数控机床要按规定时间完成，符合基本操作规范，并注意安全。

(d) 实验完毕后，要注意清理现场。

(四) 数控系统软件维护与保养

数控系统参数是数控机床的“灵魂”，数控机床软硬件功能的正常发挥是通过参数来设定的。机床的制造精度和维修后的精度恢复也需要通过参数来调整，所以如果没有参数数控机床等于是一堆废铁。数控机床由于数控系统参数丢失引起的机床瘫痪，称为“死机”，影响正常生产，因此系统的数据保护尤为重要。

1. SINUMERIK 802S 数控系统的数据保护

在 SINUMERIK 802S 系统内，有静态存储器 SRAM 与高速闪存 FLASH ROM 两种存储器。静态存储器区存放工作数据(可修改)；高速闪存区存放固定数据，通常作为数据备份区、出厂数据区、PLC 程序和文本区等，以及存放系统程序，如图 3-25 所示。

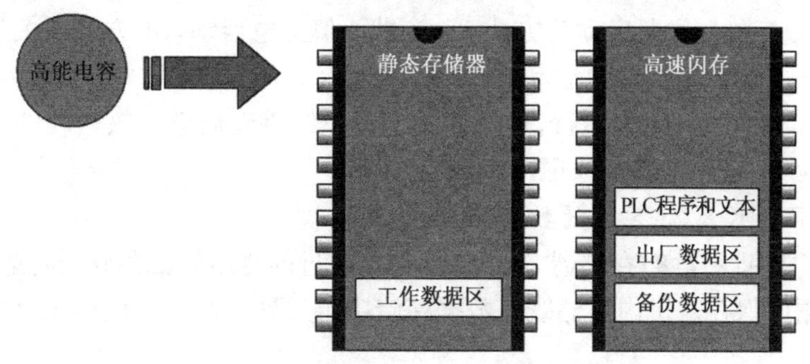

图 3-25　SINUMERIK 802S 系统存储器

2. SINUMERIK 802S 系统的三种启动方式

启动方式分为方式 0(正常上电启动)、方式 1(默认值上电启动)、方式 3(按存储数据上电启动)三种，如图 3-26 所示。

① 方式 0，正常上电启动。即以静态存储器区的数据启动。正常上电启动时，系统检测静态存储器，当发现静态存储器掉电，如果做过内部数据备份，系统自动将备份数据装入工作数据区后启动；如果没有备份，系统会将出厂数据区的数据写入工作数据区后启动。

② 方式 1，默认值上电启动。以 SIEMENS 出厂数据启动，制造商存储机床数据被覆

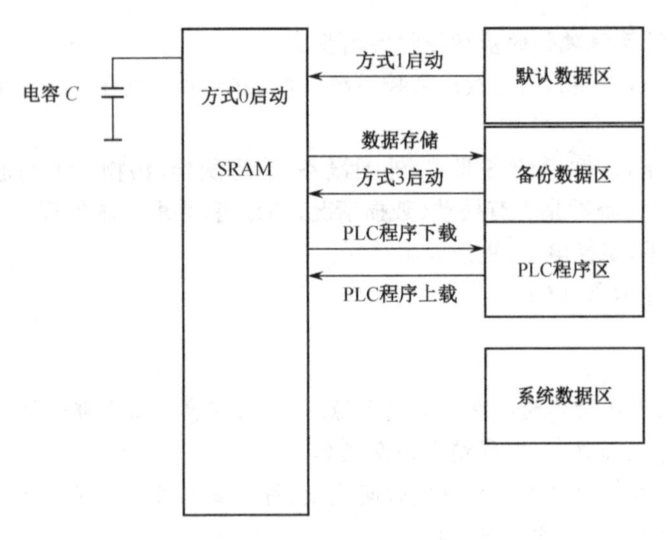

图 3-26　802S 系统启动方式

盖。启动时,出厂数据写入静态存储器的工作数据区后启动,启动完后显示 04060 已经装载标准机床数据报警,复位后可清除报警。

③ 方式 3,按存储数据上电启动。即以高速闪存 FLASH ROM 内的备份数据启动。启动时,备份数据写入静态存储器的工作数据区后启动,启动完后显示 04062 已经装载备份数据报警,复位后可清除报警。

3. SINUMERIK 802S 系统的冷启动与热启动方法

① 冷启动,即直接给系统加 DC24V 电源的系统启动。冷启动的三种启动方式是通过系统上的 S1 方式选择开关选择,即 S1 方式开关旋在 0 位上启动为方式 0——正常上电启动,S1 方式开关旋在 1 位上启动为方式 1——默认值上电启动,S1 方式开关旋在 3 位上启动为方式 3——按存储数据上电启动,如图 3-27 所示。

② 热启动,即系统已启动运行,通过面板选择系统重新启动。热启动的三种启动方式是通过系统软操作键进行选择,如图 3-28 所示。

4. SINUMERIK 802S 系统的数据保护方法

① 机内存储,即将静态存储器 SRAM 区已修改过的有用数据存放到高速闪存 FLASH ROM 备份数据区保存。机内存储既是数据存储功能又是一种不需任何工具的方便快速的数据保护方法。

② 机外存储,即将静态存储器 SRAM 区数据通过 RS-232 串行口传输至计算机保存。机外存储数据分为系列备份和分区备份,系列备份是将系统的所有数据都按照一定序列全部传输备份并含有一些操作指令(如初始化系统、重新启动系统等)。其中,数据包括机床数据、设定数据、R 参数、刀具参数、零点偏移、螺距误差补偿值、用户报警文本、PLC 用户程序、零件加工程序、固定循环。

系列备份的优点是备份方便,只需传输、保存一个文件就可以,但其中包含一些特殊指令,不同版本的系统间一般不能通用。

分区备份是将系统的各种数据分类进行传输备份,可分为四类,每一类都可分别传输备

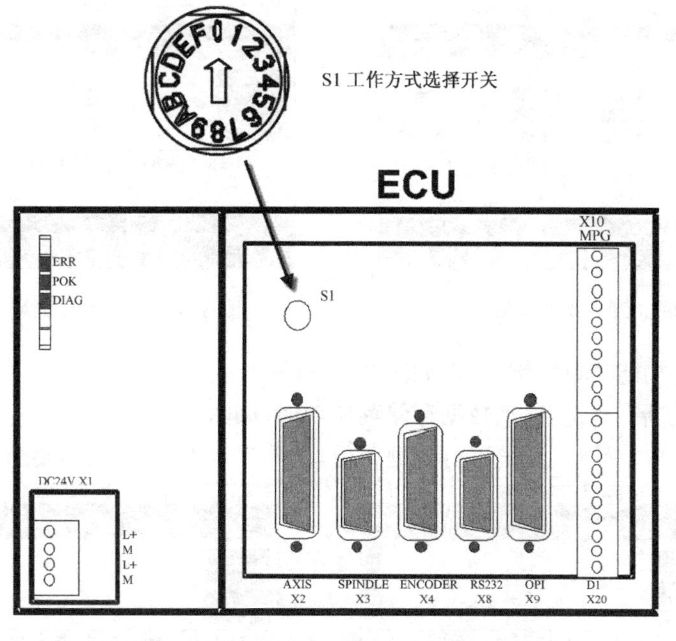

图 3-27 SINUMERIK 802S 系统冷启动方式选择

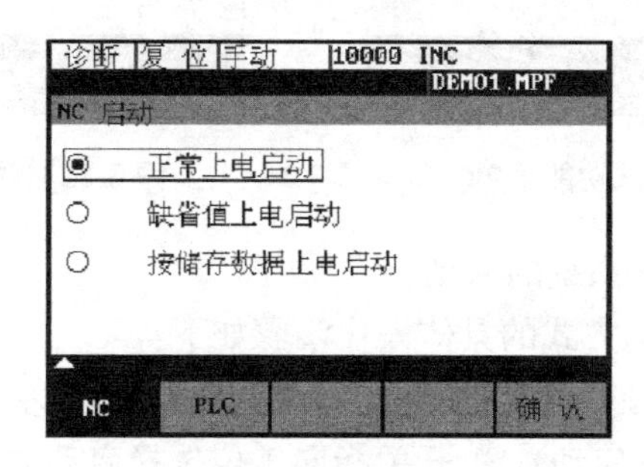

图 3-28 SINUMERIK 802S 系统热启动方式选择

份。1 类为零件程序和子程序...;2 类为标准循环...;3 类为数据...;4 类为 PLC 应用。其中带... 符号的类别中,又可以选择某一程序或循环或数据。1 类程序和 2 类循环,根据用户使用情况的不同其中包含的程序和循环而不同,这些程序和循环可单独分程序或循环传输备份。3 类数据... 内包含 6 个子类,即机器数据、设置数据、刀具数据、R 参数、零点偏移、丝杠误差补偿,这 6 个子类又可单独分类传输备份。

分区备份的优点是备份的文件不分版本,可以通用,方便制造商使用;但其备份文件很多,如备份不全就不能完全恢复系统。

5. 通过 RS-232 进行系统与计算机之间的数据传输实训步骤

(1) 数据存储

由前文我们已了解 SINUMERIK 802S 系统的数据流向,并认识到数据存储的重要性。用户在修改过数据后(任何数据)最好都进行数据存储操作。数据存储具体操作步骤如下:

① 按[区域转换]软键,进入操作区域的主菜单,如图 3-29 所示。

② 按[诊断]功能菜单软键,进入诊断操作区域,如图 3-30 所示。

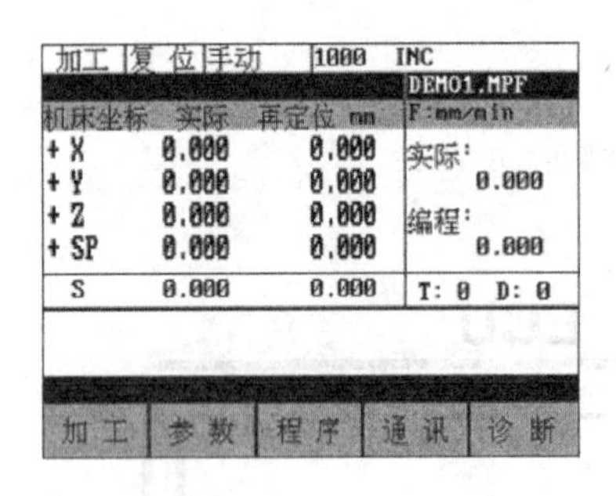

图 3-29 操作区域主菜单

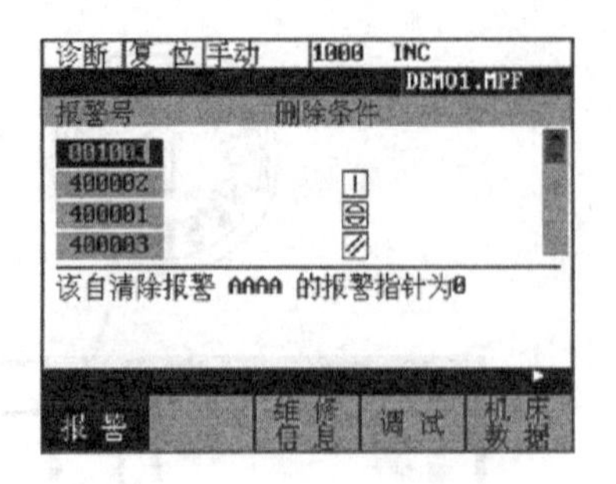

图 3-30 诊断操作区域

③ 按[调试]功能菜单软键,界面如图 3-31 所示。

④ 按[菜单扩展]软键,出现数据存储菜单功能,如图 3-32 所示。

⑤ 按[确认]菜单软键,系统进行数据备份,屏幕提示不要操作、不要断电。

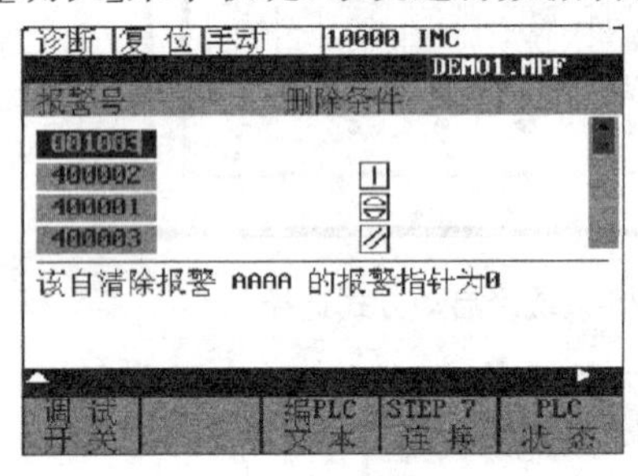

图 3-31 调试功能菜单

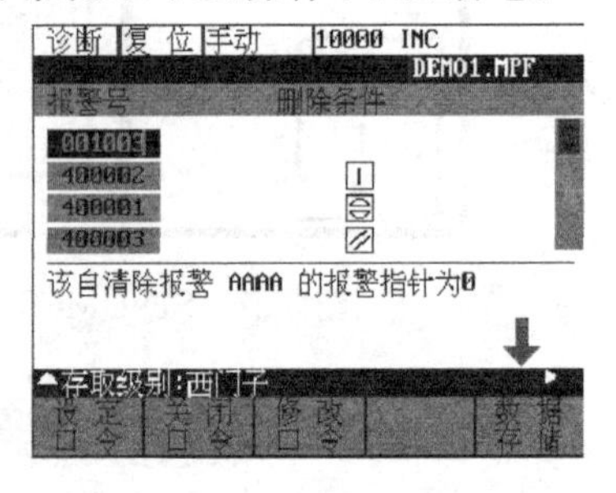

图 3-32 数据存储菜单

(2) SINUMERIK 802S 系统的启动

一种是冷启动,选择启动方式的具体操作步骤如下:

① 在系统断电情况下,通过系统 ECU 上面的 S1 选择开关进行选择。S1 开关指向 0 位选择启动方式 0(正常上电启动),S1 开关指向 1 位选择启动方式 1(默认值上电启动),S1 开关指向 3 位选择启动方式 3(按存储数据上电启动)。

② 给系统加电,系统按 S1 开关所选启动方式启动。

③ 启动完毕后,将 S1 选择开关指向 0 位。

另一种热启动,选择启动方式的具体操作步骤如下:

① 按[区域转换]软键,进入操作区域的主菜单,如图 3-33 所示。

② 按[诊断]功能菜单软键,进入诊断操作区域,如图 3-34 所示。

③ 按[调试]功能菜单软键,界面如图 3-35 所示。

④ 按[调试开关]功能菜单软键,界面如图 3-36 所示。

⑤ 通过光标向上键或光标向下键选择 NC 启动的方式,有正常上电启动、缺省值上电启动、按存储数据上电启动三种启动方式。

⑥ 按[确定]软键,系统按所选择的启动方式进行重启。

(3) 试车数据传输

SINUMERIK 802S 系统上有一 RS-232 接口,可与外部设备(如计算机)进行数据通信。如用计算机进行数据通信时,计算机侧应安装 SIEMENS 公司的专用通信软件 WINPCIN。

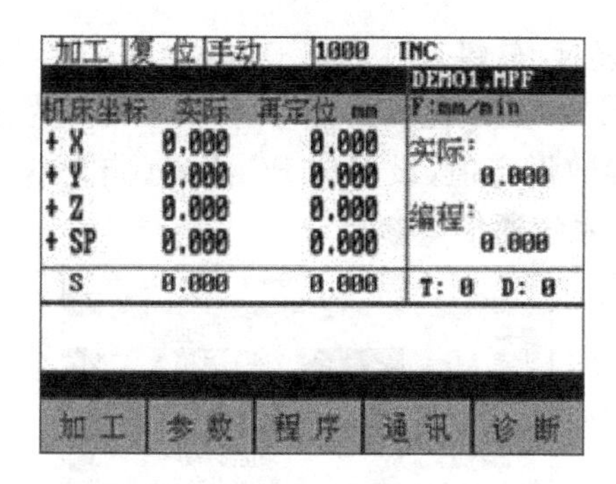

图 3-33 操作区域主菜单

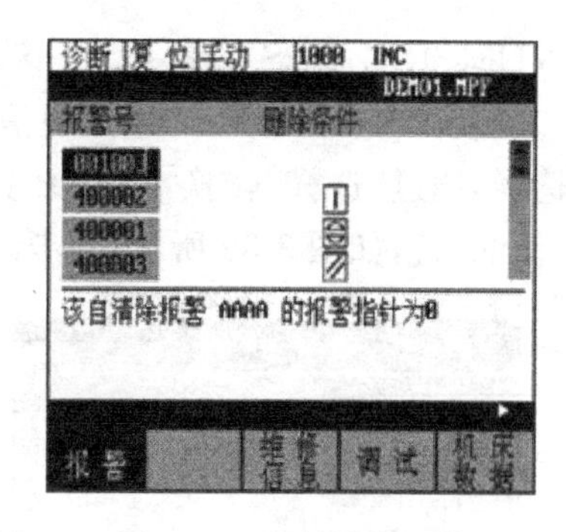

图 3-34 诊断操作区域

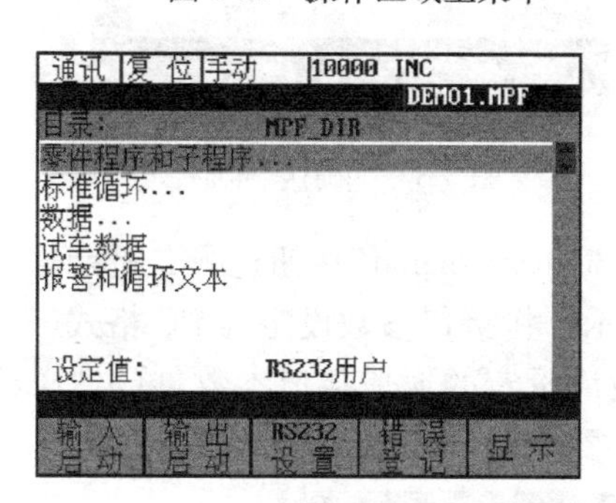

图 3-35 调试功能菜单

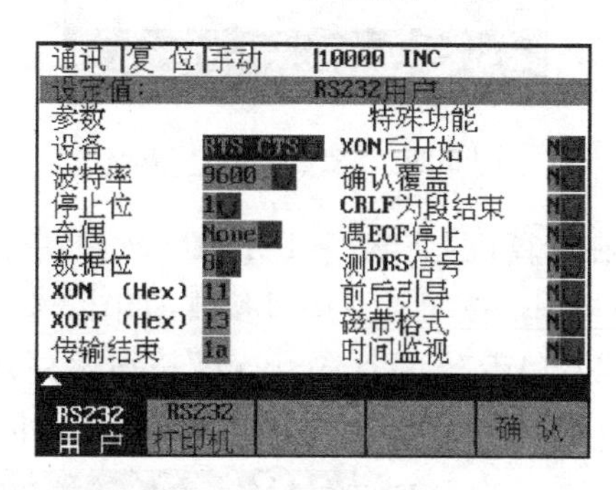

图 3-36 调试开关功能菜单

无论是数据备份还是数据恢复，都是在进行数据的传送。传送的原则是：设备两端通信口的设置参数需设定一致；永远是准备接收数据的一方先准备好，处于接收状态。

试车数据包括：机床数据、设定数据、R 参数、刀具参数、零点偏移、螺距误差补偿值、用户报警文本、PLC 用户程序、零件加工程序、固定循环。

试车数据系统输出至计算机：计算机侧，打开 WINPCIN，设置好接口数据（与 SINUMERIK 802S 系统侧相对应），在"Receive Data"菜单下选择好数据要传至的目的地，按回车键输入开始，等待 802S 的数据。

SINUMERIK 802S 系统侧，打开制造商口令（默认值为 EVENING）。在主菜单下按相关软键进行[通讯]操作区域，设置好接口数据（与计算机侧 WINPCIN 相对应），选择要输出的数据（试车数据），按[数据输出]软键后，试车数据从 SINUMERIK 802S 系统传输至计算机，作为外部数据保存。备份试车数据至计算机的具体操作步骤如下：

① 连接 RS-232 标准通信电缆。RS-232 标准通信电缆接线如图 3-37 所示，线长度应控制在 10m 以内。

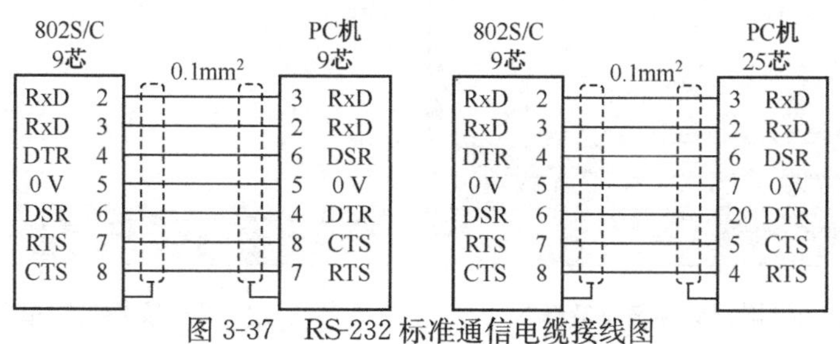

图 3-37 RS-232 标准通信电缆接线图

② SINUMERIK 802S 系统上,按[区域转换]软键,按[通讯]功能菜单软键,按[RS232设置]菜单软键,如图 3-38 所示,进入通信接口参数设置界面;用光标向上键或光标向下键进行参数选择,通过[选择/转换]软键改变参数设定值,设置成 PC 格式(非文本二进制格式),按[确认]软键,如图 3-39 所示(此步设置系统通信口参数)。

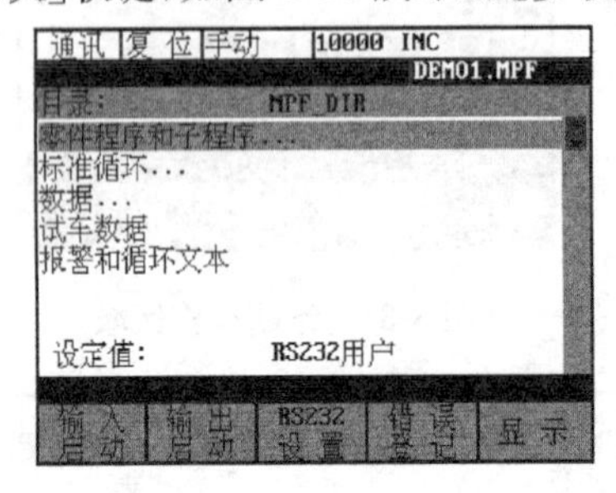

图 3-38 [RS232 设置]界面

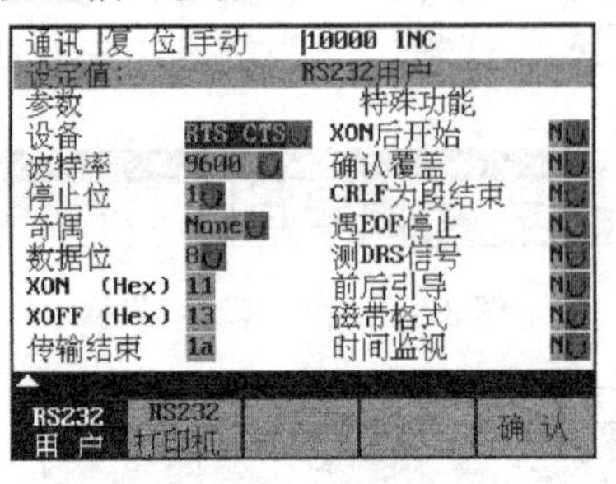

图 3-39 [确认]界面

③ 在计算机上启动 WINPCIN 软件,单击"Binary Format"按钮选择二进制格式,单击"RS232Config"按钮设置接口参数,如图 3-40 所示。将接口参数设定为 PC 格式(非文本二进制格式),单击"Save&Activate"按钮保存并激活设定的通信接口参数,单击"Back"按钮返回接口配置设定界面。(此步设置电脑通信口参数)

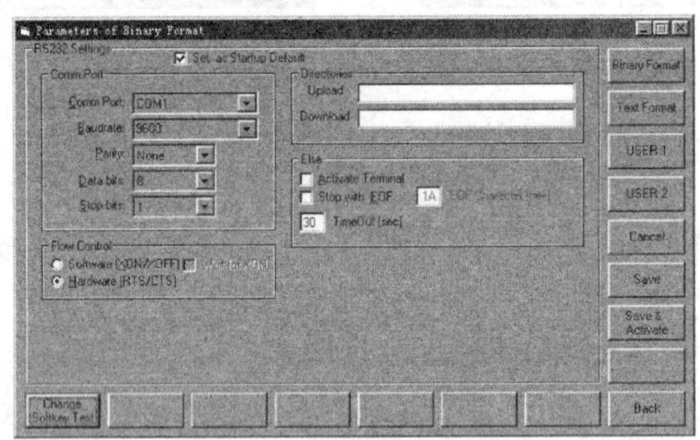

图 3-40 设置接口参数

④ 在 WINPCIN 软件界面中单击"Receive Data"按钮,出现选择接收文件名对话框,要求给文件起名同时确定目录,如图 3-41 所示。输入文件名回车后使计算机处于等待状态(在此之前接口已设定为 PC 格式),如图 3-42 所示。

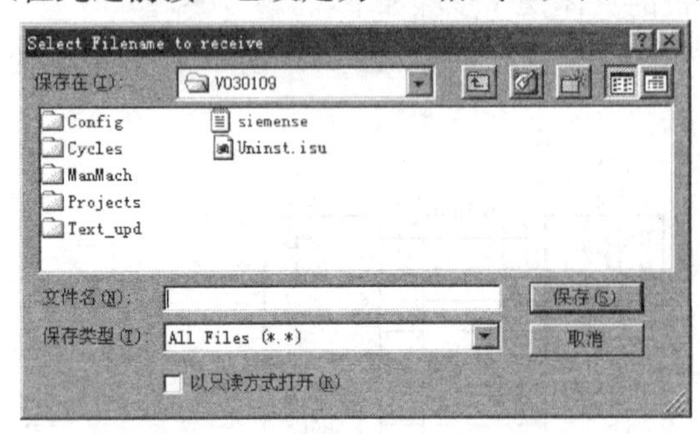

图 3-41 选择接收文件名对话框

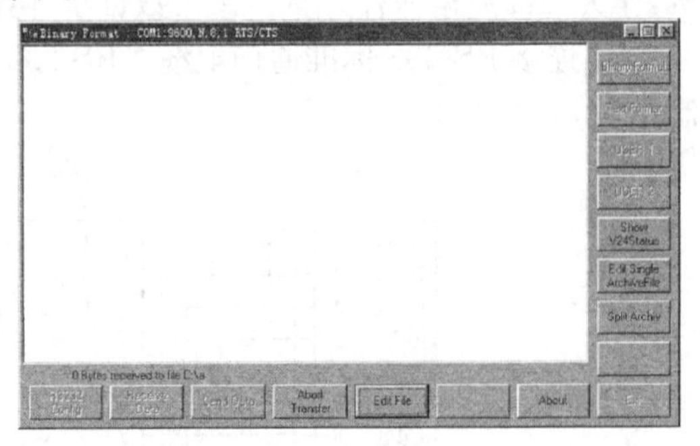

图 3-42 输入文件名回车后的等待状态

⑤ 在 SINUMERIK 802S 系统上[通讯]功能区域中通过上下光标移动键选择至试车数据一行,按[输出启动]菜单软键。

⑥ 在传输时,在 SINUMERIK 802S 上会有字节数变化以表示正在传输进行中,可以用[停止]菜单软键停止传输。传输完成后可用[错误登记]软键查看传输记录。在计算机的 WINPCIN 界面中,会有字节数变化表示传输正在进行中,可以单击“Abort Transfer”按钮停止传输。

⑦ 传输结束时,在 SINUMERIK 802S 上会自动返回原界面;在计算机的 WINPCIN 界面中,有时会自动停止,有时需单击“Abort Transfer”按钮停止传输。

(4) 恢复试车数据(由计算机的输入至系统)

SINUMERIK 802S 系统侧,打开制造商口令(默认值为 EVENING)。在主菜单下按相应软键进入[通讯]操作区域,设置好接口参数,并按[输入启动]菜单软键后,等待数据读入,待读入试车数据后,系统需要进行一次确认操作。计算机侧,打开 WINPCIN,设置好接口数据,在“Send Data”菜单下选择好要输出的数据,按回车键输出开始。此时,数据从计算机传输至 SINUMERIK 802S 系统 SRAM 区,要想永久保存,再作数据存储(PLC 程序除外)。恢复试车数据至 SINUMERIK 802S 系统具体操作步骤如下:

① 连接 RS-232 标准通信电缆。

② SINUMERIK 802S 上,设置 802S 系统通信口参数,必须为 PC 格式,步骤同上。

③ 计算机上,启动 WINPCIN 软件,设定接口参数为 PC 格式,步骤同上。

④ 在 SINUMERIK 802S 系统的[通讯]操作区域中,按[输入启动]菜单软键,SINUMERIK 802S 系统处于等待数据输入状态。

⑤ 在 WINPCIN 软件界面中单击“Send Data”按钮,出现文件选择对话框,输入正确的试车数据文件名并回车。

⑥ 在传输时,SINUMERIK 802S 系统出现警告框,会要求用户确认读入试车数据,按[确认]菜单软键后,传输继续。在整个传输过程中,系统会要多次自动复位启动,整个过程大约要 5min 左右,一般不要中途中止传输。在传输结束后,系统恢复标准通信接口设定,并关闭口令。

(5) 其他各类数据系统传输至计算机。

计算机侧,打开 WINPCIN,设置好接口数据(与 SINUMERIK 802S 系统侧相对应),在“Receive Data”菜单下选择好数据要传至的目的地,按回车键输入开始,等待 SINUMERIK 802S 的数据。

SINUMERIK 802S 系统侧,打开制造商口令(默认值为 EVENING)。在主菜单下按相应软键进入[通讯]操作区域,设置好接口数据(与计算机侧 WINPCIN 相对应),选择要输出的数据,按[数据输出]菜单软键后,试车数据从 SINUMERIK 802S 系统传输至计算机,作外部数据备份保存。

备份设定数据至计算机的具体操作步骤如下:

① 连接 RS-232 标准通信电缆。

② 计算机上,启动 WINPCIN 软件,设定接口参数,步骤同上。

③ SINUMERIK 802S 上,设置 SINUMERIK 802S 系统通信口参数,步骤同上。

④ 在 WINPCIN 软件界面中单击“Receive Data”按钮，出现选择接收文件名对话框，要求给文件起名同时确定目录。输入文件名回车后使计算机处于等待状态。

⑤ 在 SINUMERIK 802S 系统的[通讯]操作区域中通过上下光标移动键选择至数据... 一行，按[显示]软键，再通过上下光标移动键选择至设定数据一行，按[输出启动]软键。

⑥ 在传输时，在 SINUMERIK 802S 上会以字节数变化表示正在传输中，可以用[停止]菜单软键停止传输。传输完成后可用[错误登记]菜单软键查看传输记录。在计算机的 WINPCIN 界面中，会有字节数变化表示传输正在进行中，可以单击“Abort Transfer”按钮停止传输。

⑦ 传输结束时，在 SINUMERIK 802S 上会自动返回原界面；在计算机的 WINPCIN 界面中，有时会自动停止，有时需单击“Abort Transfer”按钮停止传输。

(6) 其他各类数据由计算机传输至 SINUMERIK 802S 系统

SINUMERIK 802S 系统侧，打开制造商口令(默认值为 EVENING)。在主菜单下按相应软键进入[通讯]操作区域，设置好接口参数(传输程序、循环、数据时设定文本格式，传输试车数据、PLC 应用时设定二进制格式)，按[输入启动]菜单软键后，等待数据读入。

计算机侧，打开 WINPCIN，设置好接口数据(传输程序、循环、数据时设定文本格式，传输试车数据、PLC 应用时设定二进制格式)，在“Send Data”菜单下选择好要输出的数据，按回车键输出开始。此时，数据从计算机传输至 SINUMERIK 802S 系统 SRAM 区，要想永久保存，再作数据存储(PLC 程序除外)。设定数据传输至 SINUMERIK 802S 系统的具体操作步骤如下：

① 连接 RS-232 标准通信电缆。

② SINUMERIK 802S 上，设置 SINUMERIK 802S 系统通信口参数，步骤同上。

③ 计算机上，启动 WINPCIN 软件，设定接口参数，步骤同上。

④ 在 SINUMERIK 802S 系统的[通讯]操作区域中，按[输入启动]菜单软键，SINUMERIK 802S 系统处于等待数据输入状态。

⑤ 在 WINPCIN 软件界面中单击“Send Data”按钮，出现文件选择对话框，输入正确的数据文件并回车。

⑥ 在传输时，SINUMERIK 802S 系统会出现传输内容，在整个传输过程中无需人干预，一般不要中途中止传输。在传输结束后，系统会结束传输界面。

注意事项

● 未经指导教师许可，不得擅自任意操作。

● 要注意人身及设备的安全，连接 RS-232 电缆时严禁带电，计算机与实验设备需同时将插头取下。

● 操作要按规定时间完成，符合基本操作规范。

● 实验完毕后，要注意清理现场。

6. FANUC 数控系统的数据保护实训

(1) FANUC 0i 系统的数据保护方法

① 机内存储，即使用存储卡在系统的引导下进行数据备份和恢复。

② 机外存储，即通过 RS-232 串行口传输至计算机保存。

在系统通电初期，通过特定的操作方法，使系统进入引导界面，在引导界面的指引下，可以使用存储卡进行数据的备份和恢复。

FANUC 使用的存储卡有多种，无论是哪一种都必须是 5V 电压的存储卡，省电型 3.3V 的存储卡不能用在 FANUC 系统上。机床通电后，数控系统就会自动启动引导系统，并读取 NC 软件到 DRAM 中去运行。通常情况下，引导系统界面是不会显示的。但是我们如果用到存储卡来备份系统数据，就必须要用到系统引导界面。

(2) 启动引导界面的方法和步骤

① 在机床断电的情况下将存储卡插到控制单元的存储卡接口上，如图 3-43 所示。

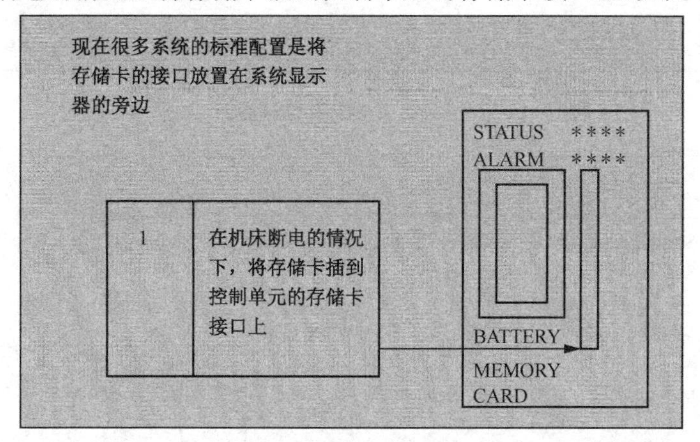

图 3-43 存储卡安装位置图

② 同时按下如图 3-44 所示两个软键，然后打开机床电源。

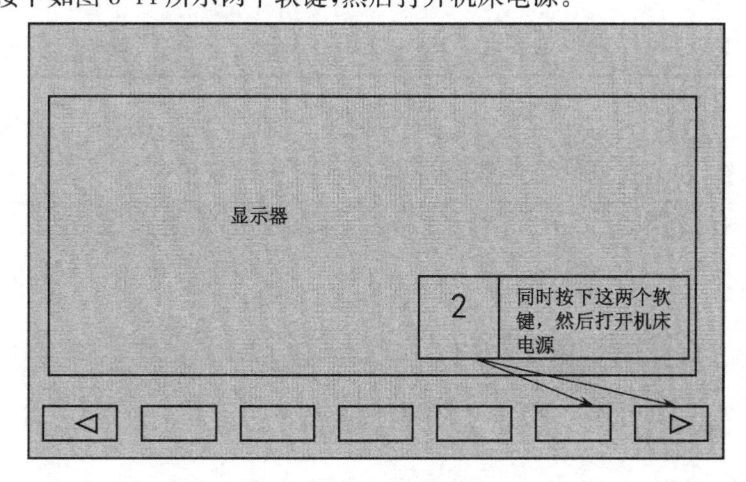

图 3-44 系统启动

③ 按照系统提示，按下[选择]软键，进入系统引导界面，如图 3-45 所示。

(3)进行数据备份

① 按下软键[UP]或[DOWN]，移动光标，如图 3-46 所示，选择第四项“SYSTEM DATA SAVE”。

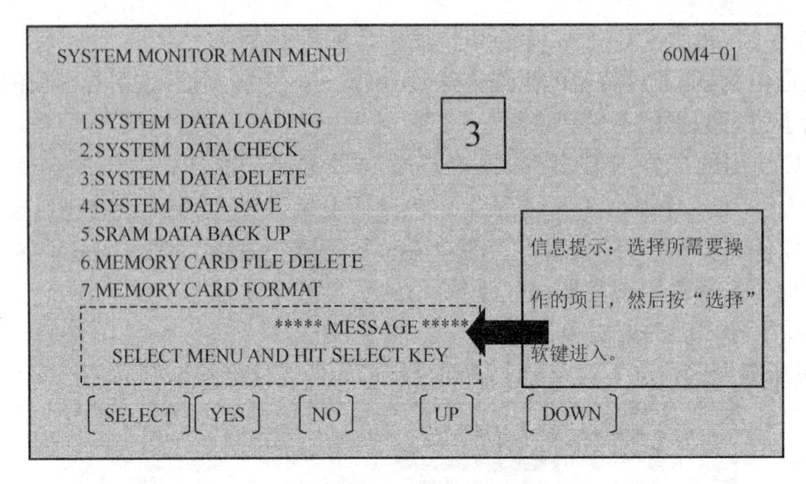

图 3-45　系统引导界面

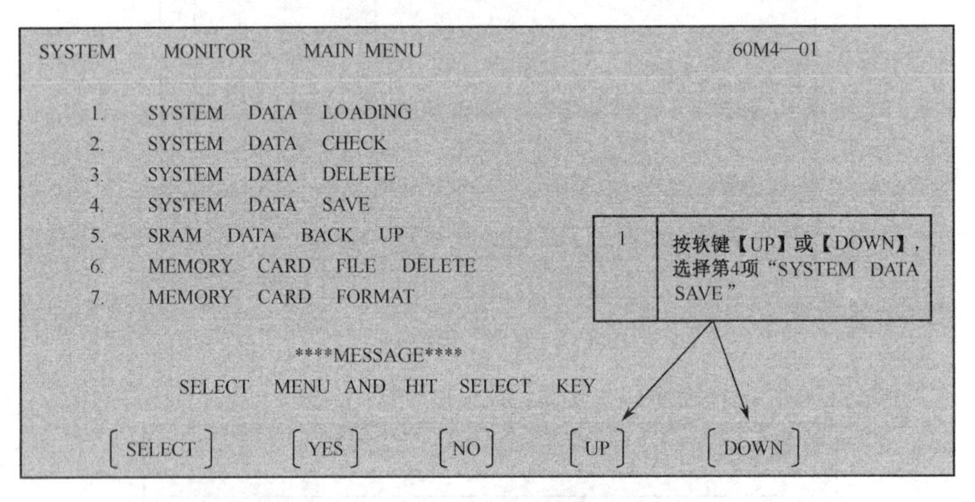

图 3-46　系统监视主菜单界面

② 按下软键[SELECT]进入系统备份界面，如图 3-47 所示。

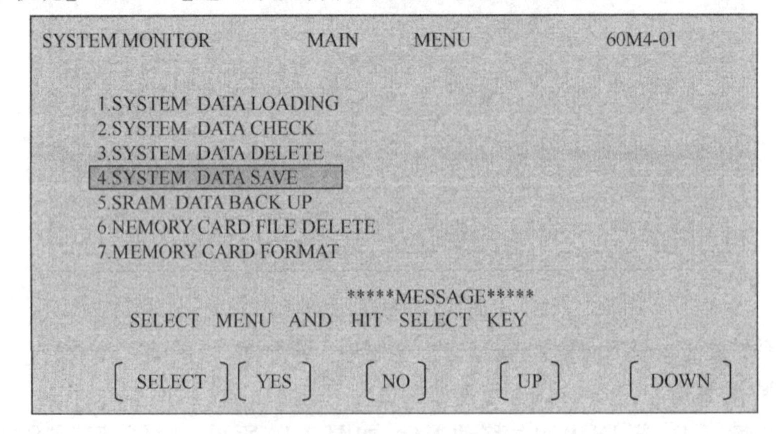

图 3-47　数据备份选择界面

③ 移动光标，选择第七项，再按下[SELECT]软键，如图 3-48 所示。

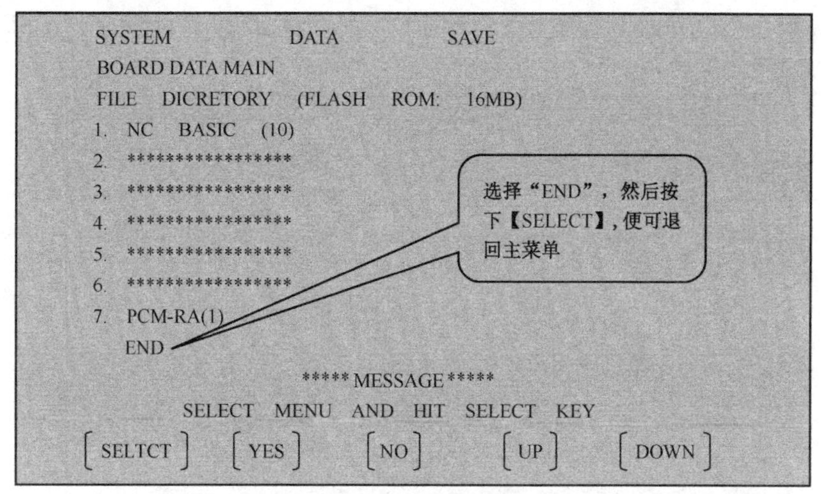

图 3-48 备份参数选择界面

④ 按照系统提示，按下[YES]软键，进行 PMC 数据备份，如图 3-49 所示。

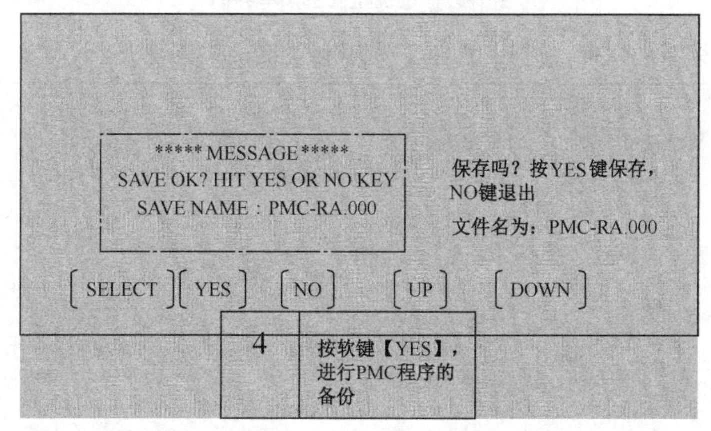

图 3-49 数据备份界面

⑤ 按下软键[SELECT]，完成 PMC 数据备份，如图 3-50 所示。

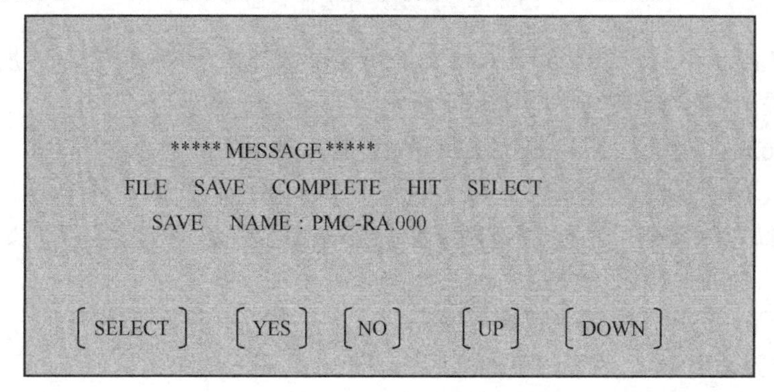

图 3-50 备份完成确认界面

(4) 将 PMC 程序恢复到数控系统中

① 在系统主菜单界面下选择“SYSTEM DATA LOADING”，然后按下[SELECT]软键，如图 3-51 所示。

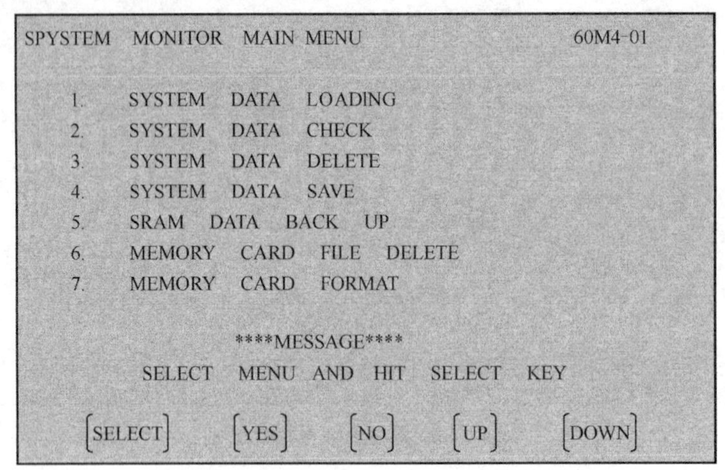

图 3-51 系统监视主菜单界面

② 选择要恢复的文件，按下[SELECT]软键，如图 3-52 所示。

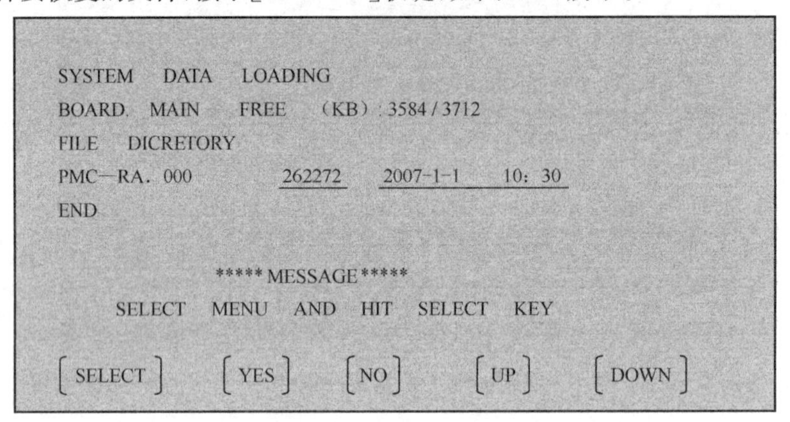

图 3-52 恢复文件选择界面

③ 在系统提示下，按软键[YES]，将文件恢复至数控系统中，如图 3-53 所示。

④ 系统提示，正在恢复中，如图 3-54 所示。

⑤ 恢复完成，按[SELECT]软键退出，如图 3-55 所示。

⑥ 选择“END”，再按[SELECT]软键，退回主菜单界面，如图 3-56 所示。

通过以上操作步骤即可用存储卡对数控系统数据进行备份与恢复，实现数据保护。

(5) 数控系统通信协议的设定

① 按下“SYSTEM”键，调出系统界面。

② 在系统界面下调出[ALL IO]软键。

③ 按下[ALL IO]软键，进入数据传输界面。系统通信协议设定界面如图 3-57 所示。

(6) 计算机侧通信协议的设定

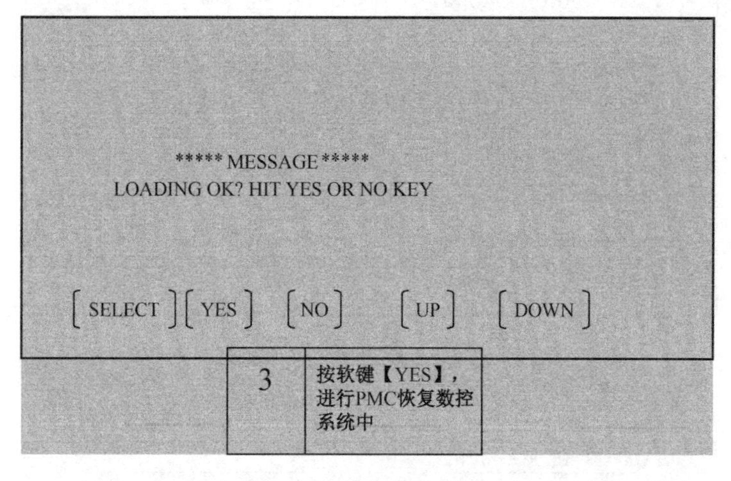

图 3-53　数据恢复界面

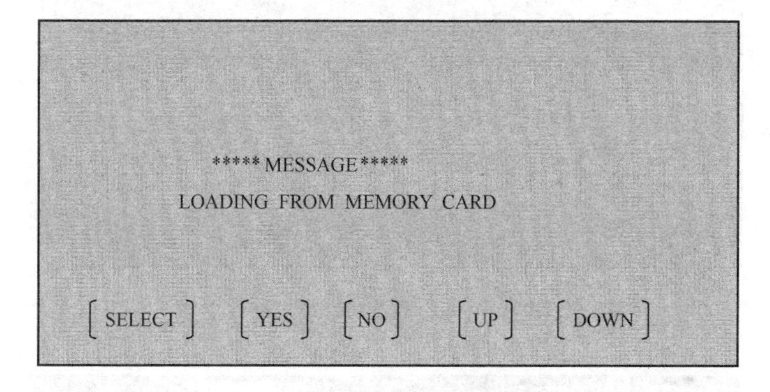

图 3-54　数据恢复中提示界面

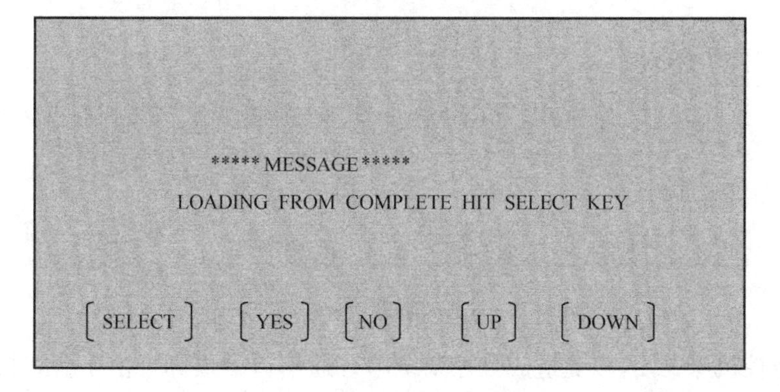

图 3-55　数据恢复完成界面

在计算机上选择所需要的通信软件，然后进行通信协议设定，进行接口参数的设置，具体操作如图 3-58～图 3-62 所示。

(7) 通信线路的连接

在设置系统和计算机侧通信协议后，用 RS-232 通信电缆将两者连接起来。在连接时要

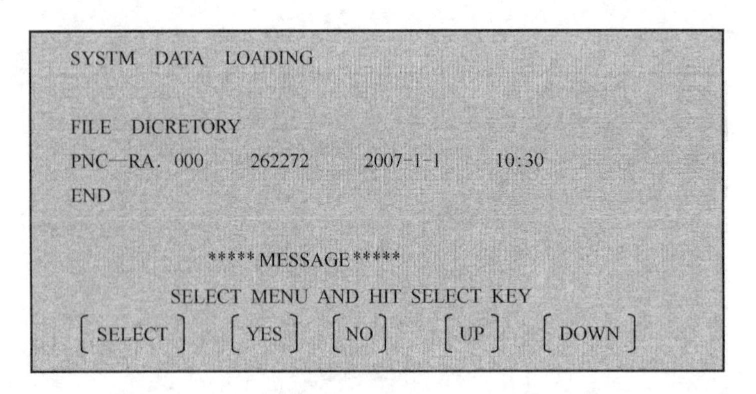

图 3-56　系统退回主菜单界面

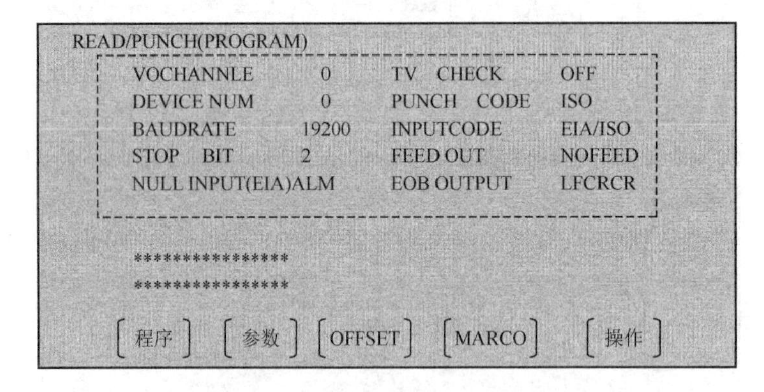

图 3-57　系统通信协议设定界面

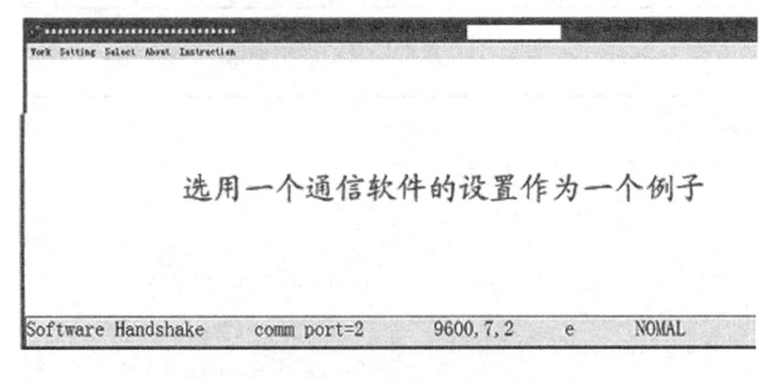

图 3-58　计算机通信协议设定主界面

将计算机和数控机床关闭，以免造成数控系统串行通信口的损坏。由于台式机的漏电可能引起 RS-232 接口的损坏，若使用台式计算机则必须将 PC 的地线与 CNC 的地线牢固地连接在一起。以上工作完成后，根据需要对数控系统中的数据进行备份。

(8) 系统数据的备份与恢复

① 数据从系统输出至计算机备份。

首先使系统进入 EDIT 模式，然后进入前文介绍的调出[ALL IO]软键，在输入输出画

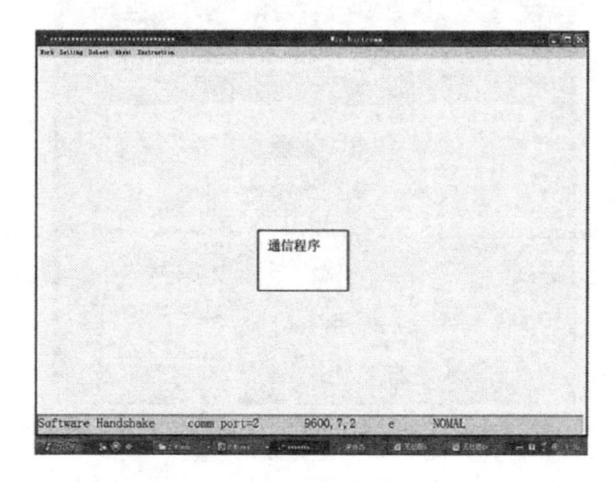

图 3-59 通信软件选择

“选择 SETTING”菜单下的
“Setting of communication”
进行计算机侧的通信协议设定

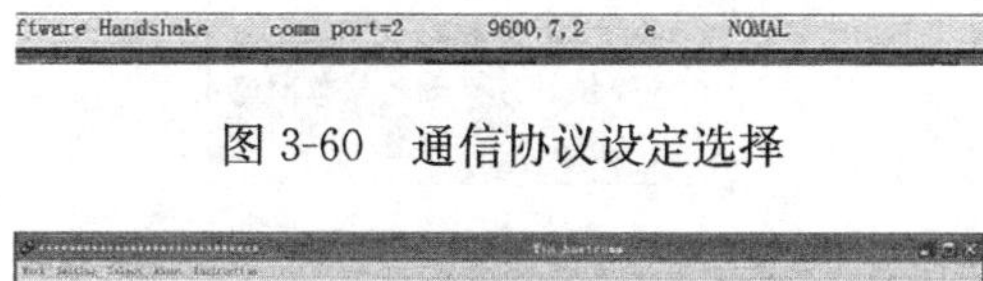

图 3-60 通信协议设定选择

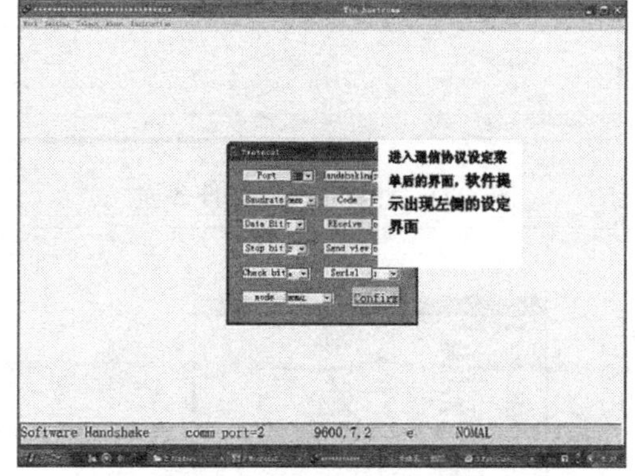

图 3-61 进入通信协议设定界面

面中选择所需要备份的内容，如图 3-63 所示。

在计算机上调用菜单，使计算机进入接收状态，选择待接收文件，保存，数据开始从系统传输至计算机，如图 3-64 和图 3-65 所示。

② 数据从计算机输入数控系统进行恢复。

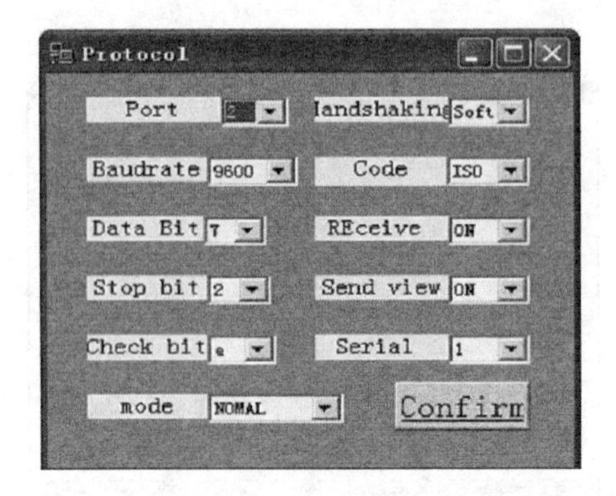

图 3-62　设置接口参数

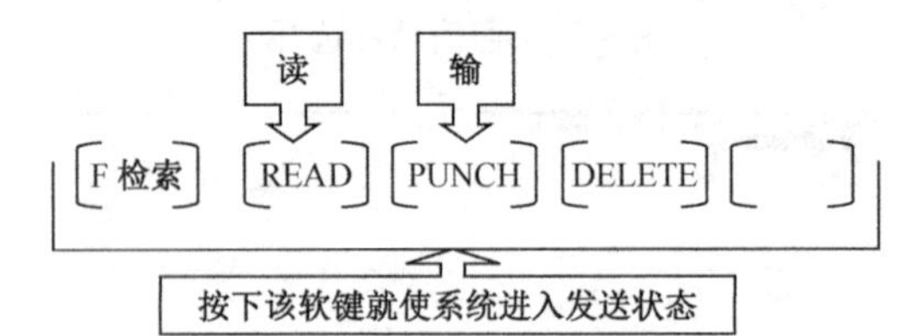

图 3-63　系统备份软键操作

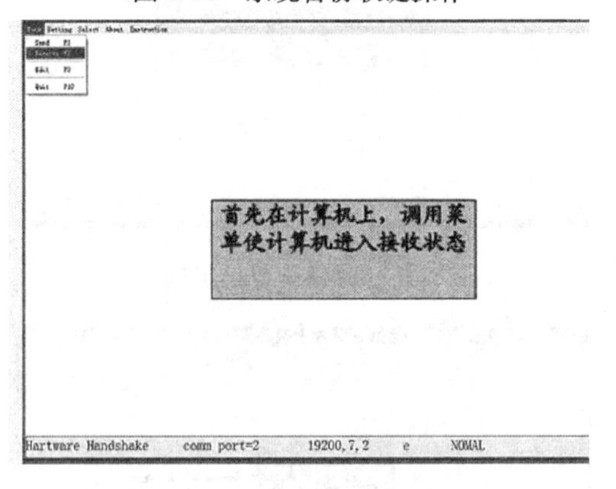

图 3-64　计算机接收文件界面

图 3-65　待接收文件选择对话框

首先使计算机进入传输软件选择界面，选择传输软件并进入“SEND”状态；然后在对话框中选择要传输的文件，确定，如图 3-66 和图 3-67 所示。

图 3-66　传输软件选择界面

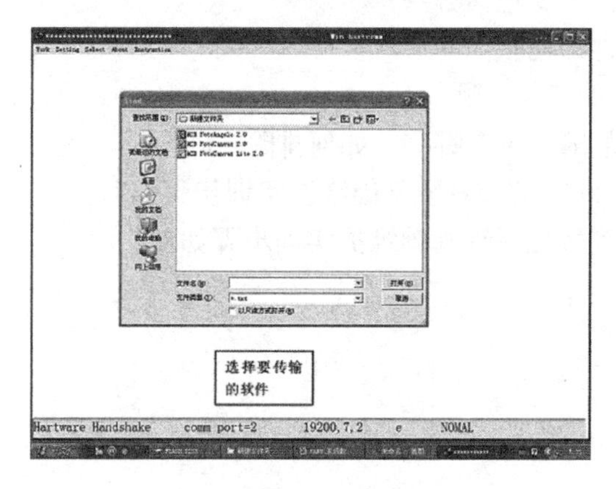

图 3-67　待传输文件选择对话框

按下[READ]软键，即可将备份的参数输入到系统中，如图 3-68 所示。

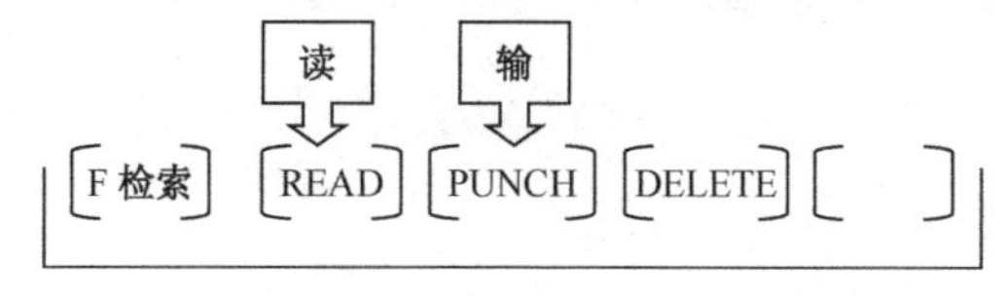

图 3-68　系统恢复软键

注意事项

● 未经指导教师许可，不得擅自任意操作。

● 要注意人身及设备的安全，连接 RS-232 电缆时严禁带电，计算机与实验设备需同时将插头取下。

● 操作要按规定时间完成，符合基本操作规范。

● 实验完毕后，要注意清理现场。

习题与思考三

1. 数控机床维护保养的最终目的是什么？
2. 解释 CNC 系统的含义及其主要的组成。
3. 机床控制面板可以实现哪些功能？
4. 驱动装置的作用是什么？
5. CNC 系统的特点有哪些？
6. 数控系统通电前的检查内容有哪些？
7. 数控系统通电后的检查内容有哪些？
8. 数控系统的维护主要包括哪些方面？
9. 数控系统的硬件主要包括哪些设备？
10. 数控系统常见硬件故障有哪些？如何排除？
11. 数控系统的软件主要包括哪些？
12. 简述中断型软件结构？
13. CNC 控制软件的特点有哪些？
14. 数控系统软件故障常见有哪些？如何排除？
15. SINUMERIK 802S 数控系统基础维护实训步骤如何？
16. FANUC 0i 系列数控系统基础维护实训步骤如何？

单元四　电气部分维护保养技术基础

学习目标

1. 了解数控机床主要电器元器件的种类和特性；
2. 熟悉机床典型的电气控制电路；
3. 对机床电气维护保养常用工具有所了解；
4. 能初步阅读数控机床电气原理图；
5. 了解电气控制电路的维护保养基础知识；
6. 了解常见数控机床电气电路的布置；
7. 会分析典型数控机床电气控制电路；
8. 初步掌握数控机床电路常见故障的排除方法。

教学要求

1. 通过理实一体化的教学模式，强化学生对数控机床电气系统维护保养基本技能的掌握；

2. 观看数控机床电气部分维护保养的技术录像；

3. 利用网络技术查找数控机床电气控制部分维护保养的技术资料；

4. 通过对数控设备综合实验台的使用，使学生能识别各种控制电器元器件；能够读懂数控机床的控制电路图；正确选择工具进行伺服电动机的拆装与检查；会更换电刷；会分析排除主电路简单故障；会分析排除冷却、照明、自动润滑等控制电路的简单故障；会分析排除刀架换刀控制电路的简单故障。

数控机床的控制电路是由各种不同的控制电器元器件组成的，要了解数控机床的控制电路、做好数控机床电气部分的基础维护，首先要熟悉各种控制电器元器件。

一、数控机床电气控制技术常识

(一) 常用的电器元器件介绍

1. 接触器

接触器是一种低压自动切换并具有控制与保护功能电磁式电器，它可以用来频繁地接通或分断带有负载的主电路(如电动机)，并可实现远距离控制，主要用来控制电动机，也可控制电容器、电阻炉和照明器具等电力负载。常用接触器的外形如图 4-1 所示。

① 直流接触器型号的含义如图 4-2 所示。

② 交流接触器型号的含义如图 4-3 所示。

图 4-1　常见接触器外形图

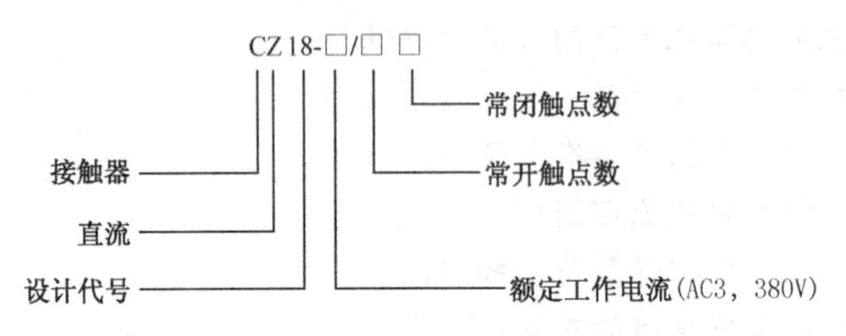

图 4-2　直流接触器型号的含义

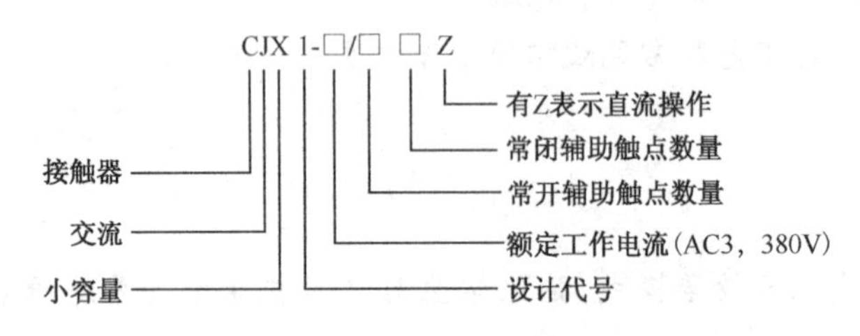

图 4-3　交流接触器型号的含义

2. 继电器

继电器是一种根据输入信号的变化接通或断开控制电路，实现控制目的的电器。继电器的输入信号可以是电流、电压等电量，也可以是温度、速度、压力等非电量，输出为相应的触点动作。

继电器的种类很多，按输入信号的性质分为电压继电器、电流继电器、时间继电器、温度继电器、速度继电器、中间继电器、压力继电器等。现简单介绍以下几种。

(1) 电磁式继电器

电磁式继电器是应用最多的一种继电器，其结构和工作原理与电磁式接触器相似，也是由电磁机构、触点系统和释放弹簧等部分组成。

由于继电器是用于切换小电流的控制电路和保护电路，触点的容量较小，不需要灭弧装置。如图 4-4 所示为电磁式继电器的外形图。

电磁式继电器按吸引线圈电流种类不同有交流和直流电磁式继电器两种。按反应参数可分为电压继电器和电流继电器。

① 电流继电器。

根据输入(线圈)电流大小而动作的继电器称为电流继电器，它的线圈串联在被测量的电路中，以反应电路电流的变化。

图 4-4　电磁式继电器的外形图

② 电压继电器。

根据输入电压大小而动作的继电器称为电压继电器，它的结构与电流继电器相似，不同的是电压继电器线圈并联在被测量的电路的两端，以反应电路电压的变化，可作为电路的过电压或欠电压保护。

③ 中间继电器。

如图 4-5 所示为中间继电器，中间继电器实质上是电压继电器的一种，但它触点多（多至六对或更多），触点电流容量大（额定电流为 5～10A），动作灵敏（动作时间不大于 0.05s）。

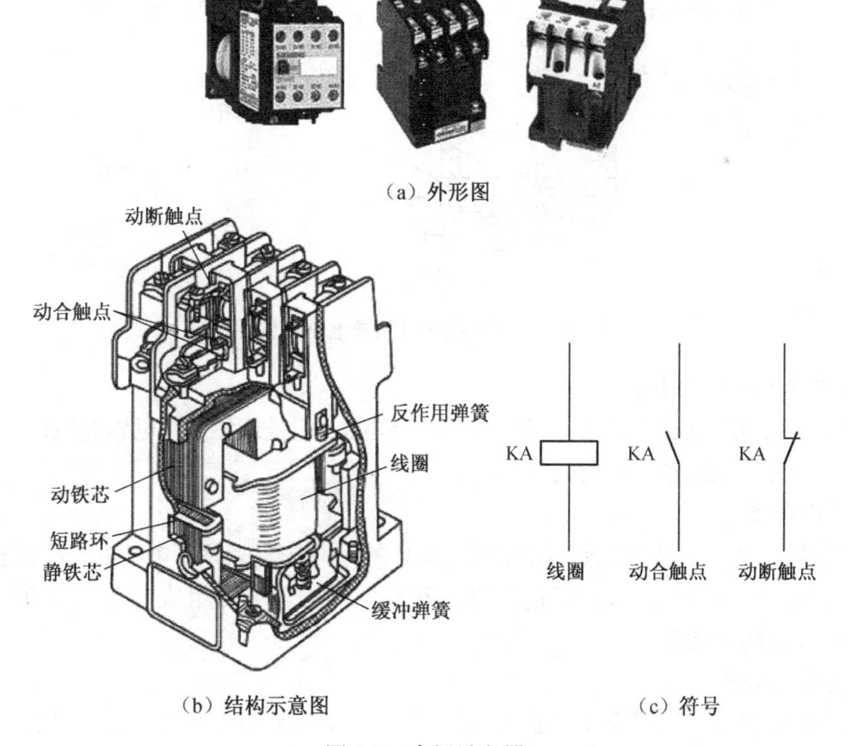

（a）外形图

（b）结构示意图　　（c）符号

图 4-5　中间继电器

中间继电器的作用是将一个输入信号变成多个输出信号或将信号放大的继电器，它主要依据被控制电路的电压等级和触点的数量、种类及容量来选用。

线圈电流的种类和电压等级应与控制电路一致。如数控机床的控制电路采用直流 24V 供电，则继电器应选择线圈额定电压为 24V 的直流继电器；按控制电路的要求选择触点的类型（是常开还是常闭）和数量；继电器的触点额定电压应大于或等于被控制回路的电压；继电器的触点电流应大于或等于被控制回路的额定电流，若是电感性负载，则应降低到额定电流 50%以下使用。

(2) 时间继电器

时间继电器是一种在接收或去除外界信号后，用来实现触点延时接通或断开的控制电器。时间继电器按介质材料可分为空气阻尼式时间继电器和晶体管式时间继电器两种。

① 空气阻尼式时间继电器。

空气阻尼式时间继电器由电磁系统、延时机构和触点系统三部分组成，它是利用空气阻尼原理获得延时的，其结构图如图 4-6 所示。

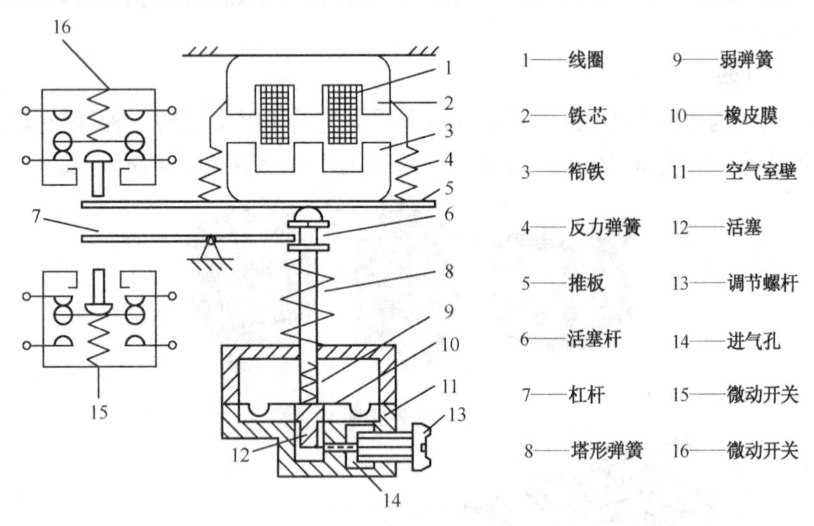

图 4-6 空气阻尼式时间继电器结构图

② 晶体管式时间继电器。

晶体管式时间继电器也称为半导体式时间继电器，它是应用 RC 电路充电时，电容器上的电压逐步升高的原理作为延时的基础。

(3) 热继电器

热继电器是一种利用电流的热效应时触电动作的保护电器，常用于电动机的长期过载保护。

热继电器主要由热元件、动作机构、触点和复位机构等部分组成，如图 4-7 所示是热继电器的外形和结构示意图。

(4) 速度继电器

速度继电器根据电磁感应原理制成，用来在三相交流异步电动机反接制动转速过零时，自动切除反相序电源，起到对电动机的反接制动控制，也称为反接制动继电器。如图 4-8 所示为速度继电器的结构原理和电路符号图。

(a) 热继电器的外形图

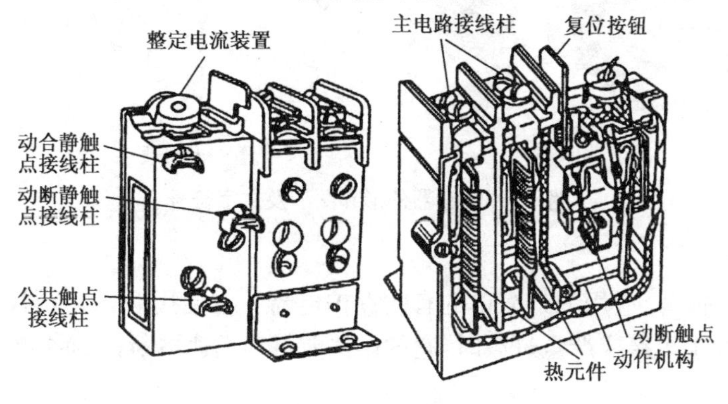

(b) 热继电器的结构图

图 4-7　热继电器

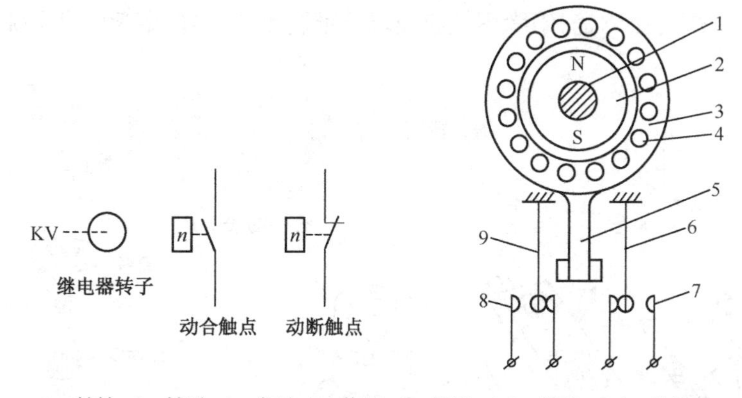

1—转轴；2—转子；3—定子；4—绕组；5—摆锤；6、9—簧片；7、8—静触点

图 4-8　速度继电器的结构原理和电路符号

(5) 固态继电器

固态继电器(Solid State Relay,SSR)是 20 世纪 70 年代中后期发展起来的一种新型无触点继电器。

固态继电器是一种具有两个输入端和两个输出端的一种四端器件,按输出端负载电源类型可分为直流型和交流型两类。

(6) 低压断路器

低压断路器是将控制电器和保护电器的功能合为一体的电器,低压断路器的主要参数有额定电压、额定电流、极数、脱扣器类型及其额定电流、整定范围、电磁脱扣器整定范围、主触点的分断能力等。

目前，数控机床常用的低压断路器有塑料外壳式断路器和小型断路器两种。塑料外壳式断路器由手柄、操作机构、脱扣装置、灭弧装置及触头系统等组成，均安装在塑料外壳内组成一体。

小型断路器主要用于照明配电系统和控制回路，外形和断路器图形及文字符号如图 4-9 所示。

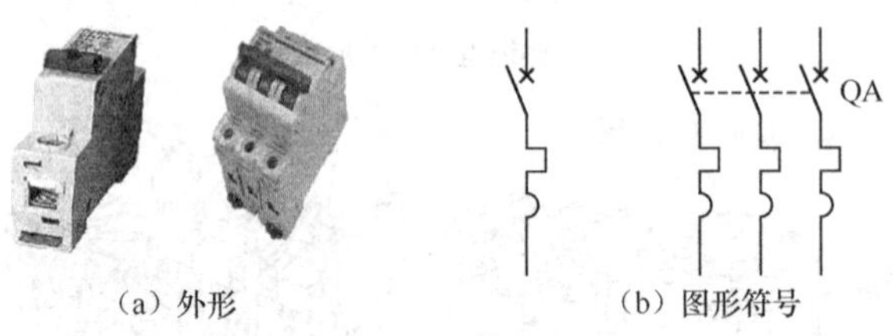

（a）外形　　（b）图形符号

图 4-9　断路器外形和图形及文字符号

（7）熔断器

熔断器是一种广泛应用的最简单的有效保护电器。在使用时，熔断器串接在所保护的电路中，当电路发生短路或严重过载时，它的熔体能自动迅速熔断，从而切断电路，使导线和电气设备不致损坏。

熔断器主要由熔体、安装熔体的熔管和熔座三部分组成。其外形、结构和符号如图 4-10 所示。熔体是熔断器的核心，熔断时起到切断电流的作用。它由易熔合金（如铅锡合金等）制成丝状或片状，熔管由陶瓷、绝缘钢纸或玻璃纤维制成，在熔体熔断时有灭弧作用。

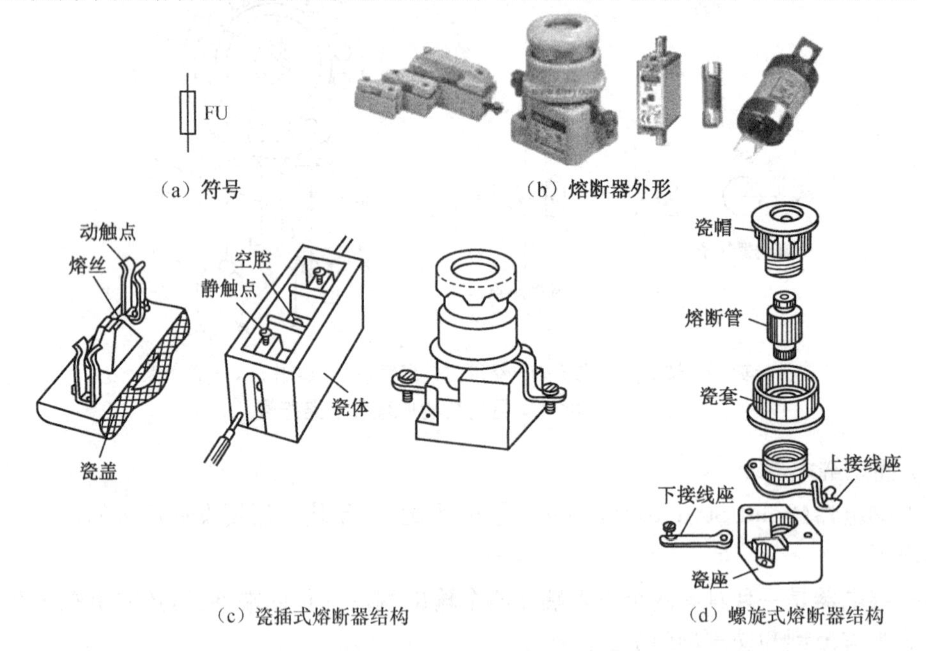

（a）符号　　（b）熔断器外形

（c）瓷插式熔断器结构　　（d）螺旋式熔断器结构

图 4-10　熔断器的外形、结构和符号

电路工作在正常状态时，熔断器产生热量的速度小于或等于热量耗散的速度，熔丝是不会熔断的，此时熔断器起接通电路的作用；当电路发生短路时，短时间内熔丝产生热量的速度远远大于热量耗散的速度，当温度超过熔丝的熔点就发生了熔断。值得注意的，当电器设备发生轻度过载时,熔丝将持续很长时间才熔断甚至不熔断,故熔断器一般不宜做过载保护。

(8) 开关

开关是应用最广泛的手动电器,在电路中起接通或断开电源的作用。

① 刀开关。

刀开关又称闸刀开关,常作电源引入使用。刀开关的外形如图 4-11 所示,刀开关的结构如图 4-12 所示。

(a) 开启式负荷开关　　(b) 封闭式负荷开关

图 4-11　刀开关的外形

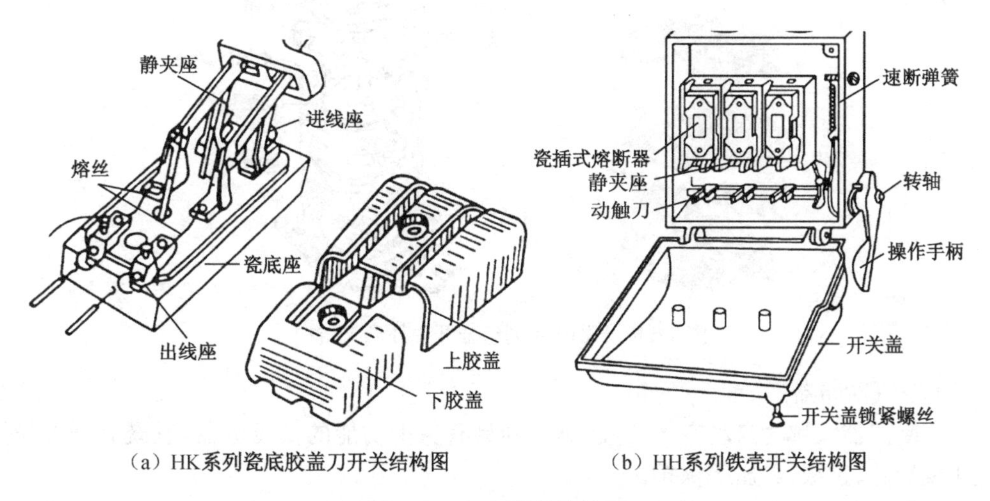

(a) HK系列瓷底胶盖刀开关结构图　　(b) HH系列铁壳开关结构图

图 4-12　刀开关的结构图

刀开关的组成包括绝缘底板、动触刀、静触座、灭弧装置和操作机构,其中灭弧装置并不是必备装置,在刀开关用于电源隔离时通常不配置灭弧装置。刀开关的动触头是触刀,操作人员通过移动触刀位置,使其与底座上的静触头闭合或分离,以接通或分断电路。接线时应将电源线接在上端,负载接在下端,这样拉闸后刀片与电源隔离,可防止意外事故发生。

根据结构形式的不同刀开关可分为开启式负荷开关和封闭式负荷开关两类,如图 4-11 所示。开启式负荷开关多用在一般的照明电路和功率在 5.5kW 及以下电动机的控制电路中。封闭式负荷开关一般在电力浇灌、电气照明等线路中作配电电器使用。

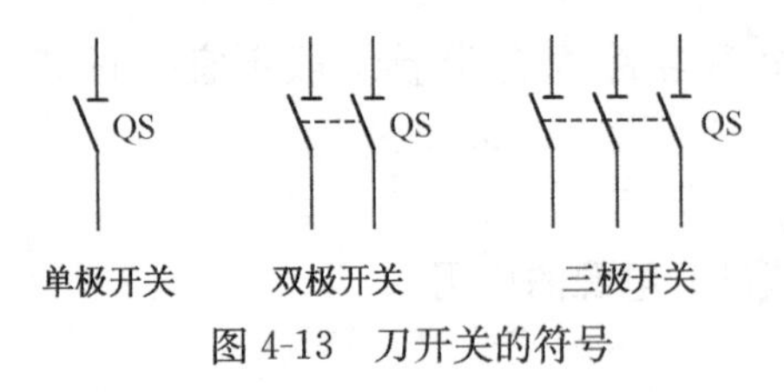

图 4-13　刀开关的符号

根据极数划分有单极刀开关、双极刀开关和三极刀开关，而按照转换方式则有单投式刀开关和双投式刀开关两种。按照操作方式可分手柄直接操作式刀开关和杠杆式刀开关两种。刀开关的符号如图 4-13 所示。

② 组合开关。

组合开关，又叫转换开关，实质上也是刀开关的一种，它是由单个或多个单极旋转开关叠装在同一根轴上组成。当转动手柄时，所有动触片随转轴一起转动从而控制触点的同时动作。

组合开关的外形与结构如图 4-14 所示。它主要用在交流 50Hz/380V 以下、直流 220V 及以下作电源开关，也可以作为 5kW 以下小容量电动机的直接启动控制，或者电动机控制线路及机床照明控制电路中。

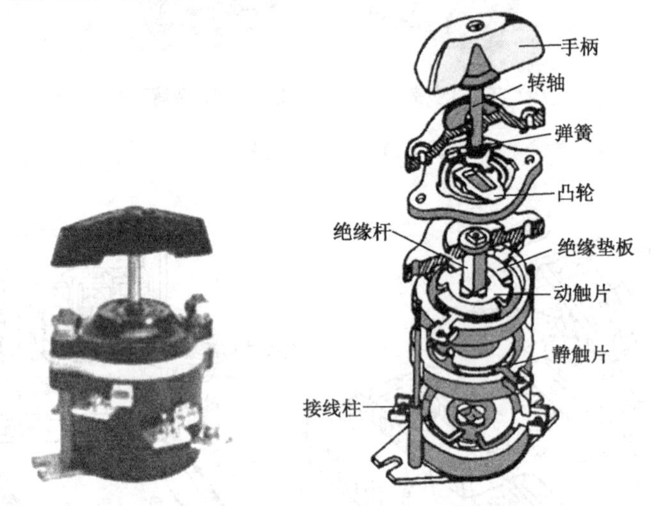

图 4-14　HZ10 系列组合开关外形与结构

(9) 空气断路器

空气断路器又称为自动空气开关，是一种具有保护功能的低压电器，它既有开关作用，又能实现短路、过载、欠压等保护。

常用的空气断路器有塑壳式(装置式)和万能式(框架式)两类。其中，塑壳式应用较广泛，其外形、符号和结构如图 4-15 所示。

低压断路器的主触点是靠手动操作或电动合闸，主触点闭合后，自由脱扣机构将主触点锁在合闸位置上；过电流脱扣器的线圈和热脱扣器的热元件与主电路串联，欠电压脱扣器的线圈和电源并联，当电路发生短路或严重过载时，过电流脱扣器的衔铁吸合，使自由脱扣机构动作，主触点断开主电路。当电路过载时，热脱扣器的热元件发热使双金属片上弯曲，推动自由脱扣机构动作；当电路欠电压时，欠电压脱扣器的衔铁释放，也使自由脱扣机构动作。分励脱扣器则作为远距离控制用，在正常工作时，其线圈是断电的，在需要距离控制时，按下起动按钮，使线圈通电，衔铁带动自由脱扣机构动作，使主触点断开。

(10) 控制按钮

按钮通常用来接通或断开控制电路(其中电流很小)，从而控制电动机或其他电器设备

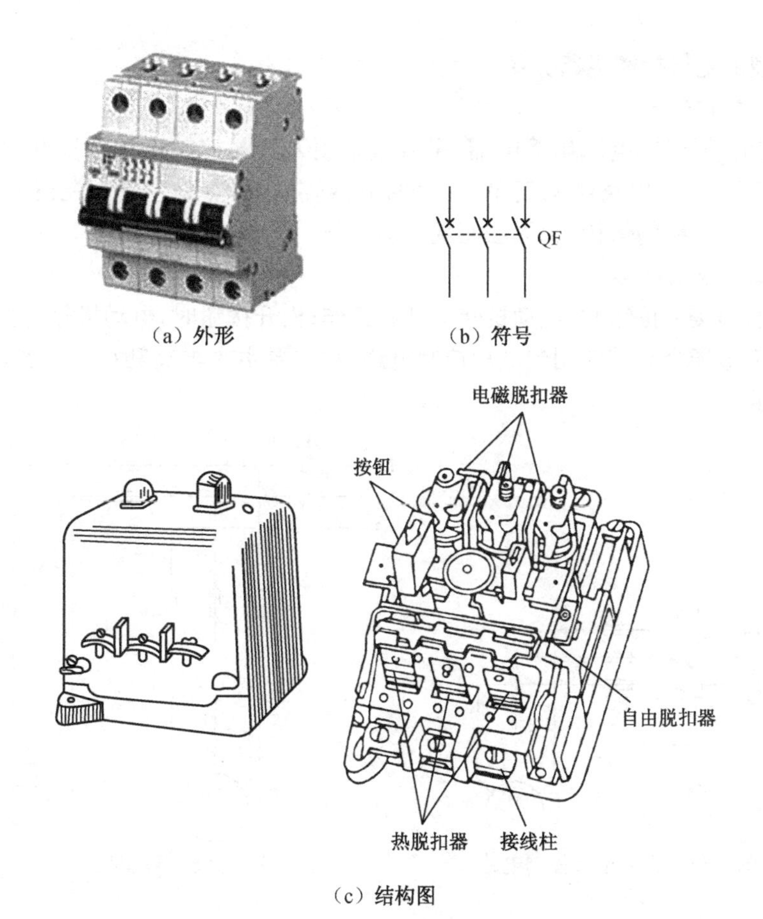

（a）外形　　（b）符号

（c）结构图

图 4-15　塑壳式空气断路器的外形、符号和结构

的运行。原来就接通的触点，称为常闭触点；原来就断开的触点，称为常开触点。按钮一般由按钮帽、复位弹簧、动触点、静触点和外壳等组成，如图 4-16 所示。

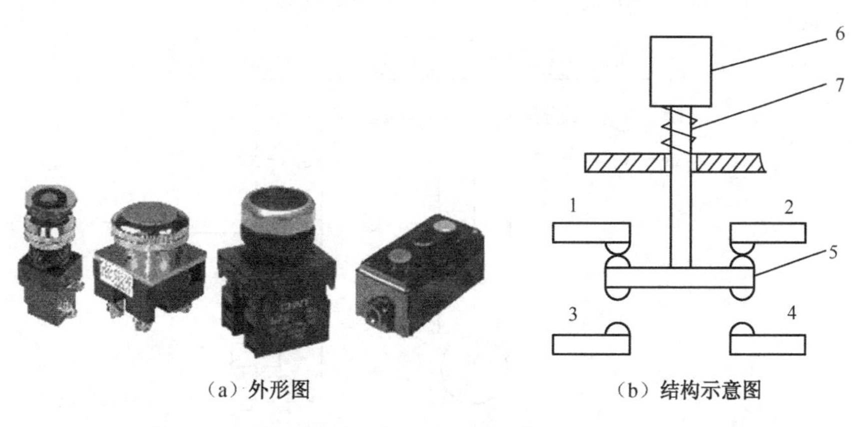

（a）外形图　　（b）结构示意图

1，2—动断静触点；3，4—动合静触点；5—桥式动触点；6—按钮帽；7—复位弹簧

图 4-16　按钮外形、结构示意图

（二）典型的电气控制电路介绍

1. 手动正转控制电路

对于小型的手枪钻、电风扇等电器，可直接采用刀开关控制三相异步电动机的单向起动。如图 4-17 所示，该电路结构简单，使用的电器较少；缺点是手动控制既不方便也不安全，电路缺乏一些必要的保护，也无法实现自动控制。

2. 点动正转控制电路

所谓点动，即按下按钮时，电动机转动开始工作；松开按钮时，电动机停转。在机床的试车、调整和对刀等场合都需要用到点动控制电路，它主要由主电路和控制电路两部分组成，如图 4-18 所示。

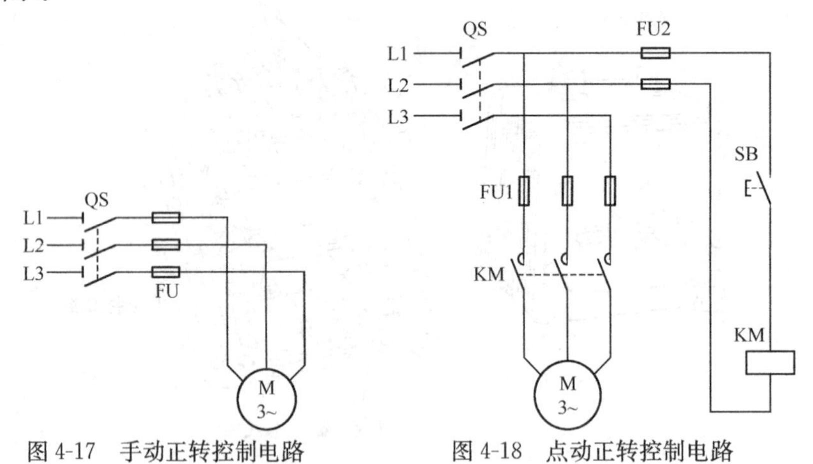

图 4-17　手动正转控制电路　　图 4-18　点动正转控制电路

3. 接触器自锁控制电路

在一些场合往往需要电动机能较长时间连续运转，如果靠点动正转控制电路是很难实现的。这就需要采用接触器自锁的长时间控制电路，如图 4-19 所示。该电路是在点动正转控制电路的基础上添加停止按钮 SB2 和接触器辅助触点实现的。该电路具有欠压保护和失压保护功能。

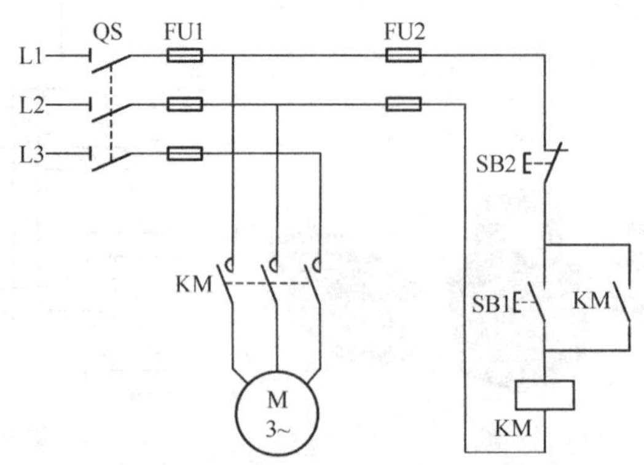

图 4-19　接触器自锁长动控制电路

“欠压”是指电路电压低于电动机应加的额定电压。“欠压保护”是指当电路电压下降到某一数值时，电动机能自动脱离电源电压停转，避免电动机在欠压下运行的一种保护。电动机为什么要有欠压保护呢？这是因为当电路电压下降时，电动机的转矩随之减小（$T\propto U_2$），电动机会引起“堵转”（即电动机接通了电源但不转动），从而损坏电动机，发生事故。采用接触器自锁控制电路，当电路电压下降到一定值（一般指低于额定电压85%以下）时，接触器线圈两端的电压也同样下降，此时接触器线圈磁通减弱，产生的电磁吸力减小。当电磁吸力减小到小于反作用弹簧的拉力时，动铁芯被迫释放，带动着主触点，自锁触点同时断开，自动切断主电路和控制电路，从而达到了欠压保护的目的。

失压保护是指电动机在正常运行中，由于外界某种原因突然断电时，能自动切断电动机电源。当重新供电时，保证电动机不能自行启动。在实际生产中，失压保护是很有必要的。例如当机床运转时，由于其他电气设备发生故障引起突然断电，电动机被迫停转，此时机床的上切削刀具的刃口便卡在工件表面上；若操作人员没有及时切断电动机电源或退刀，当恢复供电时电动机和机床便会自行启动运转，导致工件报废或人身伤亡事故。采用接触器自锁控制电路，由于接触器自锁触点和主触点在电源断电时已经断开，所以在电源恢复供电时，电动机就不能自行启动运转，保证了人身和设备的安全。

4. 具有过载保护的接触器自锁控制电路

除了短路、欠压、失压保护外，电路还需要热继电器FR来实现过载保护。

FR串接在电动机定子电路中。当电动机出现过载时，发热元件使双金属片受热弯曲，使串联在控制电路中的动断触点断开，接触器KM线圈失电，KM的主触点、自锁触点复位，电动机停转，达到过载保护的目的。接触器自锁控制电路如图4-20所示。

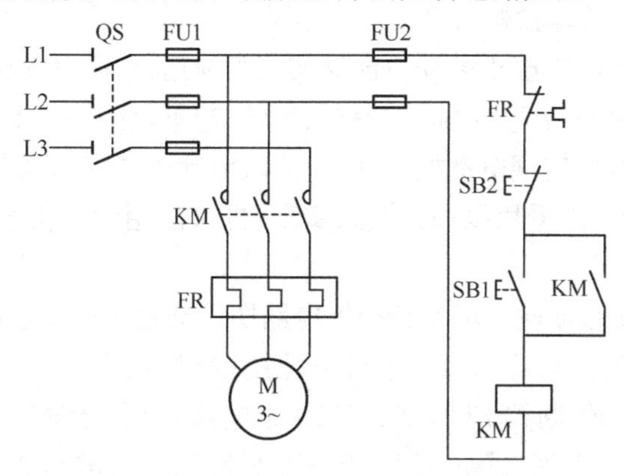

图4-20　具有过载保护的接触器自锁控制电路

5. 连续与点动混合控制电路

实际生产中，同一机械设备有时候需要长时间运转，即电动机持续工作；有时候需要手动控制间断工作，即点动运行，这就需要能方便地操作点动和长动的控制电路。

如图4-21(a)所示是通过手动开关SA来完成这个转变：SA断开时，自锁回路切断，此时SB1具有点动按钮的功能，按下或松开SB1即可实现对电动机的点动控制；按下SA时，自锁回路接通；按下SB1后，电动机启动，松开SB1电动机持续工作；只有按下SB2，电动机才停止运行。

如图4-21(b)所示是用点动复合按钮的动断触点断开或接通自锁回路来实现点动和连续控制。当按下点动按钮SB2时，其动断触点先断开，切断自锁回路，而动合触点后闭合，使 KM 吸引线圈得电，KM 的主触点闭合，电动机启动。此时，KM 的自锁触点虽然闭合，但是 SB3 动断触点处于断开状态，所以自锁触点无效。当松开 SB2 时，在其动合触点断开而动断触点尚未闭合的瞬间，KM 吸引线圈处于断电状态，自锁触点断开，故当 SB3 动断触点恢复闭合时，就不可能使 KM 的线圈得电，所以实现了点动控制；若需要连续运行时，只要按连续运行的启动按钮 SB1 即可；当需要电动机停转时，则需按下停止按钮 SB3。

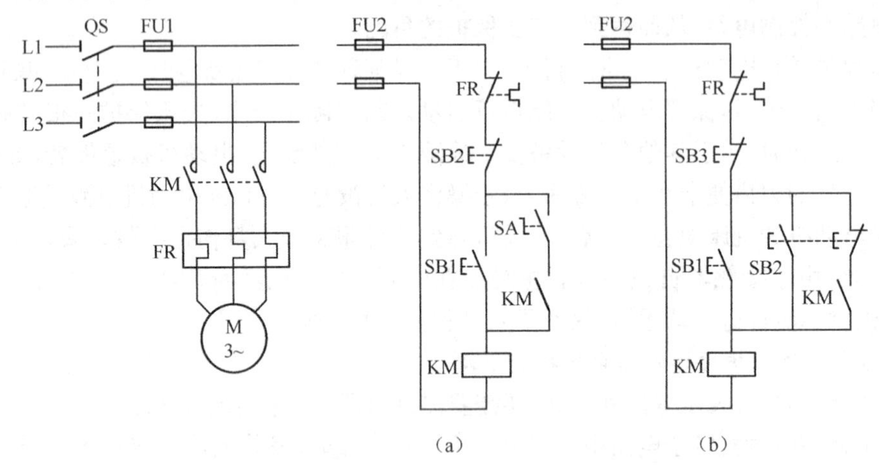

图 4-21　连续与点动混合控制电路

6. 接触器联锁的正反转控制电路

在生产加工过程中，经常要求电动机能够实现可逆运行，即电动机既可以正转也可以反转，如机床工作台的前进与后退、主轴的正转与反转、起重机吊钩的上升与下降等。

由电动机原理可知，要实现电动机反转，只要将电动机的三相电源进线中的任意两相对调即可。而相序的改变可以采用倒顺开关来实现，也可以用两个接触器来改变三相电源的相序。

如图 4-22 所示为接触器联锁正反转控制电路图。电路中采用了两个接触器：正转用的接触器 KM1 和反转用的接触器 KM2，它们分别由正转按钮 SB1 和反转按钮 SB2 控制。按钮 SB3 控制电动机停止，熔断器 FU1、FU2 和热继电器 FR 用于短路和过载保护。

值得注意，接触器 KM1 线圈和 KM2 线圈决不允许同时得电，否则将造成两相电源(L1 相和 L3 相)短路事故。为了避免这类事故的发生，在正转控制电路中串接了反转接触器 KM2 的动断辅助触点，同时在反转控制电路中串接了正转接触器 KM1 的动断辅助触点。这样，当 KM1 得电动作时，串在反转控制电路中的 KM1 的动断触点分断，切断了反转控制电路，保证了 KM1 主触点闭合时，KM2 的主触点不能闭合。同样，当 KM2 得电动作时，其 KM2 的动断触点分断，切断了正转控制电路，从而可靠地避免了两相电源短路事故的发生。像这两个接触器同时在自己线圈电路中串入对方的动断辅助触点从而使双方不能同时得电的作用叫联锁(或互锁)。实现这种作用的动断辅助触点称为联锁触点(或互锁触点)。联锁符号用“▽”表示。

7. 按钮联锁的正反转控制电路

通过对接触器联锁正反转控制电路分析可以看出当电动机正转变为反转时，必须先停

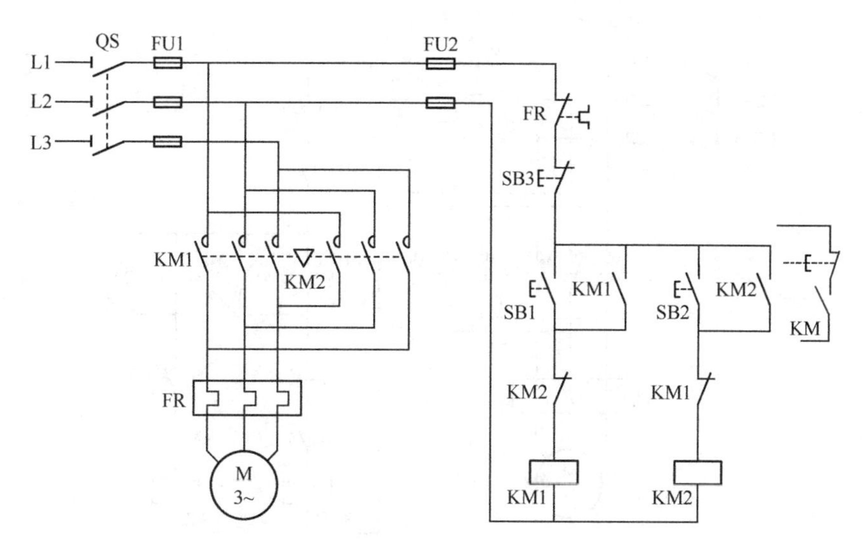

图 4-22　接触器联锁正反转控制电路

止，再反转启动，反之则亦然。这样的操作很不方便，为克服这方面不足，可采用按钮联锁的正反转控制电路，如图 4-23 所示。

和图 4-22 所示电路比较可以发现，正反转按钮 SB1 和 SB2 换成两个复合按钮，并使复合按钮的动断触点代替接触器的动断联锁触点。这种控制电路的工作原理与接触器联锁的正反转控制电路的工作原理基本相同，只是当电动机从正转改变为反转时，可直接按下反转按钮 SB2 即可实现，不必先按停止按钮 SB3。

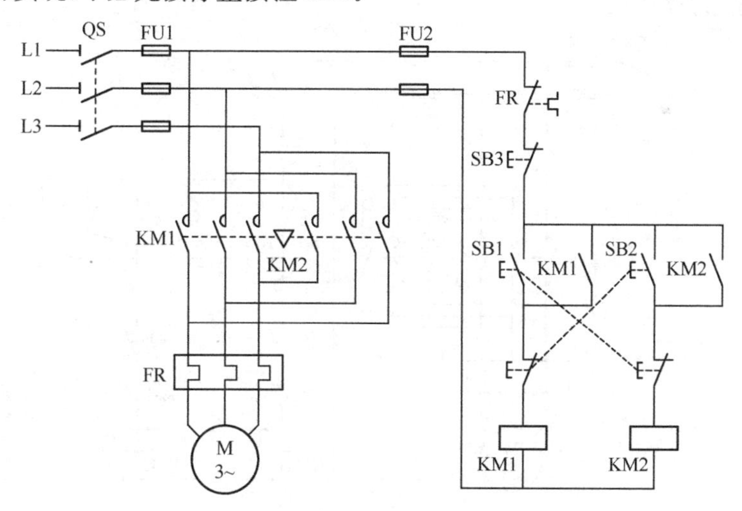

图 4-23　按钮联锁的正反转控制电路

8. 按钮、接触器双重联锁的正反转控制电路

如图 4-24 所示，为了既方便又安全的操作，在实际工作中，经常采用的是按钮、接触器双重联锁的正反转控制电路。这种电路是在按钮联锁电路的基础上，又增加了接触器联锁，兼有两种联锁控制电路的优点。

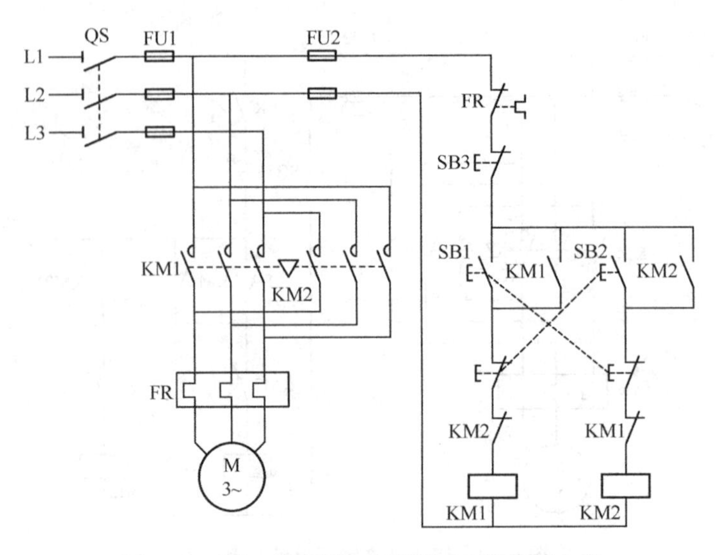

图 4-24　按钮、接触器双重联锁正反转控制电路

9. 自动循环控制电路

某些生产机械要求能够来回重复运动，以便保持生产加工的连续进行，提高生产效率，这就是自动往返运动。控制自动往返运动的电路就是自动循环控制电路。为了防止 SQ1、SQ2 失灵，自动循环控制电路通常增加两个行程开关，用于极限位置的保护，如图 4-25 所示。正常工作时，SQ3、SQ4 不起作用；只有 SQ1 或 SQ2 失灵，运动部件超出运动范围时，SQ3、SQ4 才起保护作用。

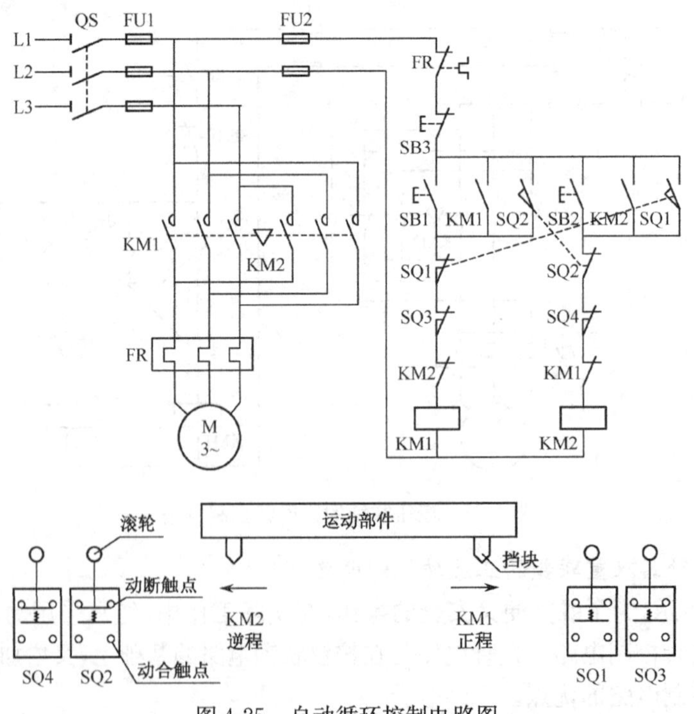

图 4-25　自动循环控制电路图

10. 顺序控制电路

顺序控制是指让多台电动机按事先约定的顺序依次工作，以此保证操作过程的合理和工作的安全可靠。这种控制在实际生产中有着广泛的应用，例如铣床电路中只有主轴先工作，才能启动进给电动机；再如，车床主轴转动时要求油泵先给齿轮箱提供润滑油，即要求保证润滑泵电动机启动后主拖动电动机才允许启动；此外，大型空调设备的控制电路中也需要用到顺序控制。如图 4-26(a)所示为两台电动机的顺序启动控制电路。该电路的控制特点是顺序启动，即 M1 启动后 M2 才能启动，二者同时停止。

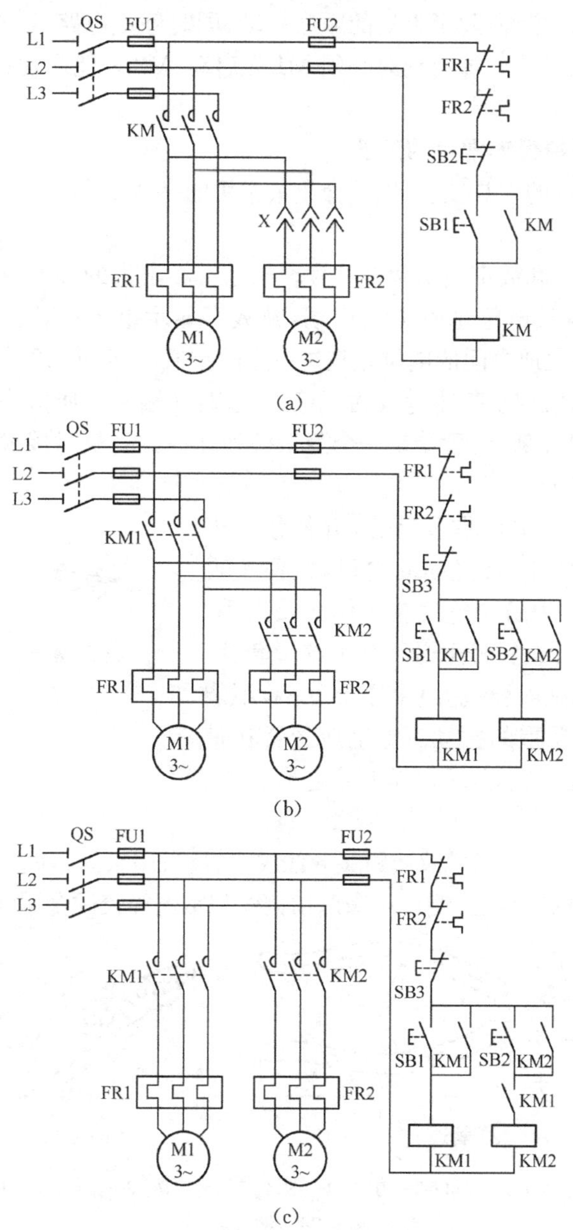

图 4-26　主电路实现的顺序控制电路

上述电路中，电动机 M2 的主电路接在接触器 KM 的主触点下面，保证了只有当 KM 主触点闭合，电动机 M1 启动后，M2 才可能启动。图 4-26(a)所示电路中 X 为接插座。如图 4-26(b)仍为主电路实现的顺序控制，SB1 为 M1 启动按钮，SB2 为 M2 启动按钮。与图 4-26(a)所示电路的区别是主电路可以自动实现顺序控制。

除了上述两种电路外，还可以通过其他控制电路来实现顺序控制，如图 4-26(c)所示。该电路特点是，在电动机 M2 的控制电路中串接了接触器 KM1 的动合辅助触点。显然，只要 M1 不启动，KM1 动合触点不闭合，KM2 线圈就不能得电，M2 电动机就不能启动。

顺序控制电路有很多种，除了上述的顺序启动、同时停止电路外，有时还要求电路能实现"顺序启动、逆序停止"——即启动时必须 M1 先启动，M2 才能启动；停止时必须 M2 先停止，M1 才能停止。

(三) 机床电气维护保养常用的工具

机床电气维护保养的工具较多，以下介绍最常用的一些工具。

1. 低压验电器

低电验电器有氖气和数字显示两个型号。现在市场出售的多为数显测电笔，电工使用的基本上也为电笔，氖气电笔基本退出市场，被数字显示电笔取代。它的测量范围 12～220V。只要带电体与大地之间的电位差超过一定的数值(一般为 12V)，电笔上的显示屏就会显示。为了便于使用和携带，电笔常做成笔式结构：前端是金属探头，做成一字形螺丝刀状利于使用，内部是晶体部件，后端是一个测量键和挂钩。测量时接触测量键，显示实际对大地的电压(直接读取)。

按照如图 4-27 所示方法握妥笔身，并使氖管小窗(数显测电笔为液晶屏)背光朝向自己，以便于观察。使用过程中注意，为防止笔尖金属体触及人手，在螺钉旋具试验电笔的金属杆上必须套上绝缘套管，仅留出刀口部分供测试需要；验电笔不能受潮，不能随意拆装或使其受到严重的振动。电笔应经常在带电体上试测，以检查是否完好，不可靠的验电笔不准使用。

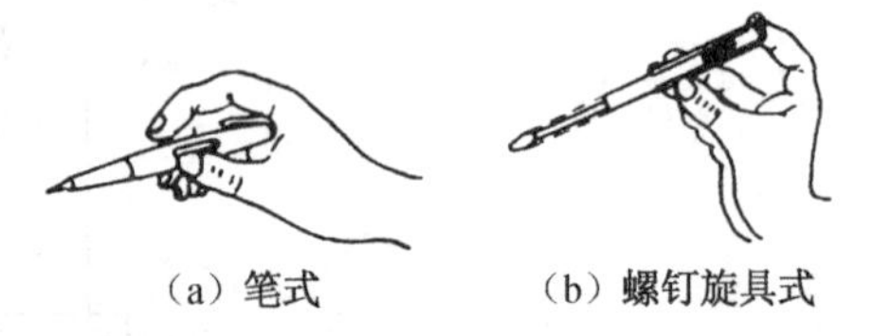

(a) 笔式　(b) 螺钉旋具式

图 4-27　低压验电笔握法

2. 钢丝钳

如图 4-28 所示，钳口用来弯绞或钳夹导线线头；齿口用来固紧或起松螺母；刀口用来剪切导线或剖切软导线的绝缘层；铡口用来铡切钢丝和铅丝等较硬金属线材。

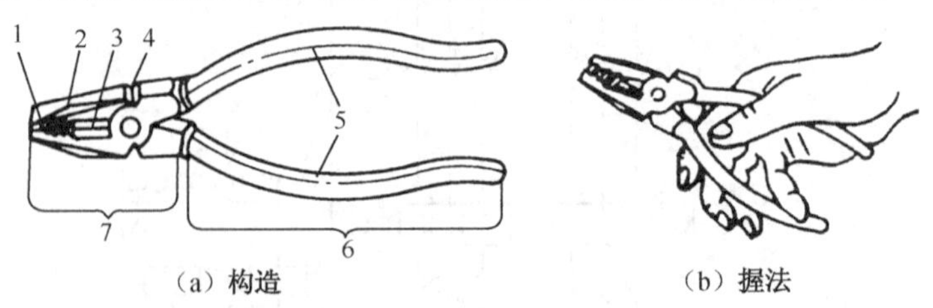

(a) 构造　(b) 握法

1—钳口；2—齿口；3—刀口；4—铡口；5—绝缘管；6—钳柄；7—钳头

图 4-28　钢丝钳

钢丝钳在使用中尽量避免带电操作，钳柄上必须套有绝缘管，使用时的握法如图 4-28(b)所示，钳头的轴销上应经常加注机油润滑。

3. 螺钉旋具

螺丝刀又称螺钉旋具、起子、旋凿、改锥等。它的种类很多，按头部的形状不同，可分为一字形和十字形两种；按柄部材料和结构不同，可分为木柄、塑料柄和夹柄三种，其中塑料柄具有较好的绝缘性能，常用的螺丝刀有以下几种。

一字形螺丝刀：用来紧固或拆卸一字槽的螺钉和木螺丝，有木柄和塑料柄两种。规格用柄部以外的刀体长度表示，常用的有 100、150、200、300 和 400mm 五种。

十字形螺丝刀：专供紧固或拆卸十字槽的螺钉和木螺丝，有木柄和塑料柄两种。它的规格用刀体长度和十字槽规格号表示，十字槽规格号有四种，Ⅰ号适用的螺钉直径为 2～2.5mm，Ⅱ号为 3～5mm，Ⅲ号为 6～8mm，Ⅳ号为 10～12mm。

夹柄螺丝刀的柄部是木柄，夹在螺丝刀扁平形的尾部的两侧，是一种特殊结构的一字形螺丝刀(现在市场上也有十字形出售)。它比普通形的螺丝刀耐用(一般机修用的比较多)，但禁止用于有电的场合。它的规格用螺丝刀全长表示，常用的有 150、200、250 及 300mm。

多用螺丝刀是一种组合工具，它的柄部和刀体是可以拆卸的，它附有三种不同尺寸的一字形刀体、两种规格号(Ⅰ号和Ⅱ号)的十字形刀体和钢钻，换上钢钻后，可用来预钻木螺丝的底孔。它采用塑料柄，其规格以全长表示。

气动螺丝刀、电动螺丝刀及其他自动、半自动螺丝刀，在大规模的修理、安装中使用越来越广泛。

4. 电工刀

电工刀是用来切割或剖削的常用电工工具，如图 4-29 所示。使用时刀口应朝外进行操作，用完后应随即把刀身折入刀柄内；电工刀的刀柄结构是没有绝缘的，不能在带电体上使用电工刀进行操作，避免触电；电工刀的刀口应在单面上磨出呈圆弧状的刃口。在剖削绝缘导线的绝缘层时，必须使圆弧状刀面贴在导线上进行切割，这样刀口就不易损伤线芯。

5. 剥线钳

用来剥离 $6mm^2$ 以下的塑料或橡皮电线的绝缘层。钳头上有多个大小不同的切口，以适用于不同规格的导线，如图 4-30 所示。使用时导线必须放在稍大于线芯直径的切口上切剥，以免损伤线芯。

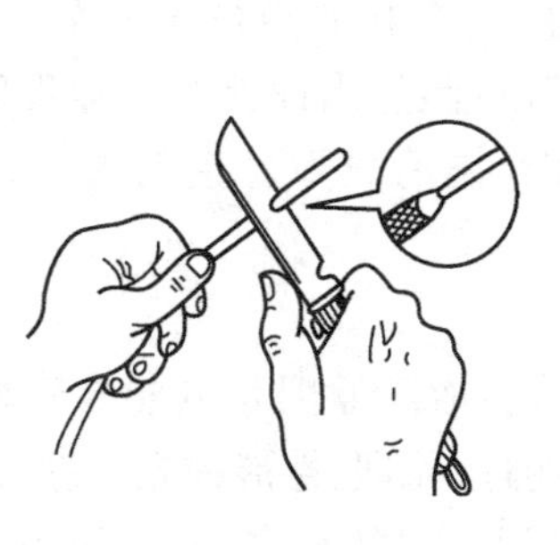

图 4-29　电工刀

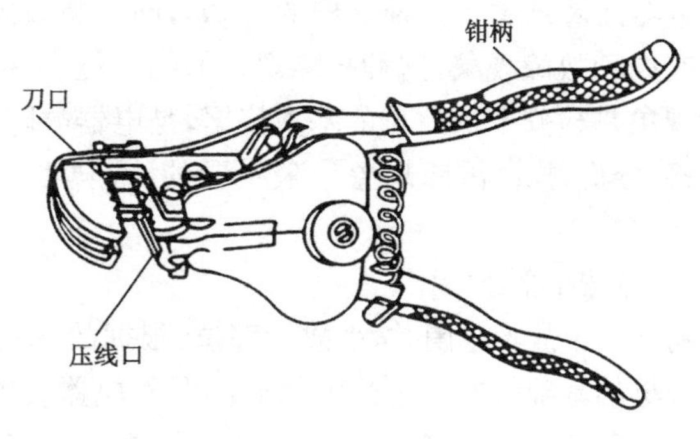

图 4-30　剥线钳

6. 电烙铁

电烙铁是烙铁钎焊的热源，有内热式和外热式两种，外形如图 4-31 所示。

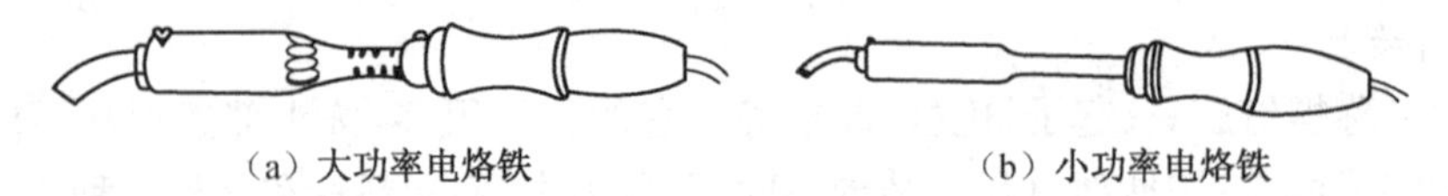

（a）大功率电烙铁　　（b）小功率电烙铁

图 4-31　电烙铁的外形

使用时应根据焊接面积大小选择合适的电烙铁；电烙铁用完要随时拔去电源插头；在导电地面（如混凝土）使用时，电烙铁的金属外壳必须妥善接地，防止漏电时触电。

二、数控机床电气部件的维护保养基础知识

（一）电器设备发生故障的主要原因

1. 电器设备的绝缘老化

电器设备在长期的使用过程中，绝缘材料老化导致的故障占了相当大的比例，塑料、橡胶、竹、木、布、绝缘漆等材料会逐渐老化，导致绝缘性能下降，漏电电流增大；而漏电电流增大导致电器工作温度升高，促使绝缘老化进一步加快；酸性物质、碱性物质、粉尘等外部条件也会对绝缘的性能产生负面影响。绝缘材料的逐渐失效很容易导致其他故障。

2. 外部条件导致电器工作异常

外部条件对电器工作影响很大，电压偏高导致电器超载运行，电压过低导致电器无法启动；负载过大导致交流电机抱死而电流过大；环境温度过高会导致电器散热不良；外部提供电流相序错乱、三相不平衡会导致交流电机工作异常。外部条件导致的故障，在修理时要首先排除导致故障的不利因素。

3. 电器选用和安装的错误

导线、交流接触器、热继电器等元件的选用要经过合理的运算，安装要严格遵守相关规定，选用不合理的元件或安装失误会直接导致严重后果。

（二）电器设备常见故障的诊断方法

1. 电器故障检修的一般步骤

（1）观察和调查故障现象

电器故障现象是多种多样的，例如，同一类故障可能有不同的故障现象，不同类故障可能有同种故障现象，这种故障现象的同一性和多样性，给查找故障带来复杂性。但是，故障现象是检修电器故障的基本依据，是电器故障检修的起点，因而要对故障现象进行仔细观察、分析，找出故障现象中最主要的、最典型的方面，搞清故障发生的时间、地点、环境等。

（2）分析故障原因

初步确定故障范围、缩小故障部位，根据故障现象分析故障原因是电器故障检修的关键。分析的基础是电工电子基本理论，是对电器设备的构造、原理、性能的充分理解，是电工电子基本理论与故障实际的结合。某一电器故障产生的原因可能很多，重要的是在众多原因中找出最主要的原因。

(3) 确定故障的部位

即判断故障点,确定故障部位是电器故障检修的最终日的和结果。确定故障部位可理解成确定设备的故障点,如短路点、损坏的元器件等;也可理解成确定某些运行参数的变异,如电压波动、三相不平衡等。确定故障部位是在对故障现象进行周密的考察和细致分析的基础上进行的。在这一过程中,往往要采用下面将要介绍的多种手段和方法。

2. 电器故障检修技巧

(1) 熟悉电路原理,确定检修方案

当一台设备的电器系统发生故障时,不要急于动手拆卸,首先要了解该电器设备产生故障的现象、经过、范围、原因,熟悉该设备及电器系统的基本工作原理;分析各个具体电路,弄清电路中各级之间的相互联系以及信号在电路中的来龙去脉,结合实际经验,经过周密思考,确定一个科学的检修方案。

(2) 先机械,后电路

电器设备都以电器—机械原理为基础,特别是机电一体化的先进设备,机械和电子部分在功能上有机配合,是一个整体的两个部分。往往机械部件出现故障,会影响电器系统,许多电器部件的功能就不起作用。因此,不要被表面现象迷惑,电器系统出现故障并不全部都是电器本身问题,有可能是机械部件发生故障所造成的。因此,先检修机械系统所产生的故障,再排除电器部分的故障,往往会收到事半功倍的效果。

(3) 先简单,后复杂

检修故障时要先用最简单易行、自己最拿手的方法去处理,再使用复杂、精确的方法。排除故障时,先排除直观、显而易见、简单常见的故障,后排除难度较高、没有处理过的疑难故障。

(4) 先检修通病,后攻疑难杂症

电器设备经常容易产生相同类型的故障就是"通病"。由于通病比较常见,积累的经验较丰富,因此可快速排除。这样就可以集中精力和时间排除比较少见、难度高、古怪的疑难杂症,简化步骤,缩小范围,提高检修速度。

(5) 先外部调试,后内部处理

外部是指暴露在电器设备外壳或密封件外部的各种开关、按钮、插口及指示灯。内部是指在电器设备外壳或密封件内部的印制电路板、元器件及各种连接导线。先外部调试,后内部处理,就是在不拆卸电器设备的情况下,利用电器设备面板上的开关、旋钮、按钮等调试检查,缩小故障范围。首先排除外部部件引起的故障,再检修机内的故障,尽量避免不必要的拆卸。

(6) 先不通电测量,后通电测试

首先在不通电的情况下,对电器设备进行检修;然后再在通电情况下,对电器设备进行检修。对许多发生故障的电器设备检修时,不能立即通电;否则会人为扩大故障范围,烧毁更多的元器件,造成不应有的损失。因此,在故障机通电前,先进行电阻测量,采取必要的措施后,方能通电检修。

(7) 先公用电路,后专用电路

任何电器系统的公用电路出故障,其能量、信息就无法传送、分配到各具体专用电路,专用电路的功能、性能就不起作用。如一个电器设备的电源出故障，整个系统就无法正常运转，向各种专用电路传递的能量、信息就不可能实现。因此遵循先公用电路、后专用电路的顺序，就能快速、准确地排除电器设备的故障。

(8) 总结经验，提高效率

电器设备出现的故障五花八门、千奇百怪。任何一台有故障的电器设备检修完，应该把故障现象、原因、检修经过、技巧、心得记录在专用笔记本上。学习掌握各种新型电器设备的机电理论知识，熟悉其工作原理，积累维修经验，将自己的经验上升为理论。在理论指导下，具体故障具体分析，才能准确、迅速地排除故障。只有这样才能把自己培养成为检修电器故障的行家里手。

3. 电器故障检修的一般方法

电器故障检修，主要的是理论联系实际，根据具体故障做具体分析，但也必须掌握基本的检修方法。

(1) 直观法

通过"问、看、听、摸、闻"来发现异常情况，从而找出故障电路和故障所在部位。

① 问：向现场操作人员了解故障发生前后的情况，如故障发生前是否过载、频繁启动和停止；故障发生时是否有异常声响、振动，有没有冒烟着火等现象。

② 看：仔细察看各种电器元件的外观变化情况。如看触点是否烧融、氧化，熔断器熔体熔断指示器是否跳出，热继电器是否脱扣，导线和线捆是否烧焦，热继电器整定值是否合适，瞬时动作整定电流是否符合要求等。

③ 听：主要听有关电器在故障发生前后声音有否差异。如听电动机启动时是否只有"嗡嗡"声响而不转，接触器线圈得电后是否噪声很大等。

④ 摸：故障发生后，断开电源，用手触摸或轻轻推拉导线及电器的某些部位，以察觉异常变化。如摸电动机、变压器和电磁线圈表面，感觉湿度是否过高；轻拉导线，看连接是否松动；轻推电器活动机构，看移动是否灵活等。

⑤ 闻：故障出现后，断开电源，将鼻子靠近电动机、变压器、继电器、接触器、绝缘导线等处，闻闻是否有焦味。如有焦味，则表明电器绝缘层已被烧坏，主要原因则是过载、短路或三相电流严重不平衡等故障所造成。

(2) 状态分析法

发生故障时，根据电器设备所处的状态进行分析的方法，称为状态分析法。电器设备的运行过程总可以分解成若干个连续的阶段，这些阶段也可称为状态。任何电器设备都处在一定的状态下工作，如电动机工作过程可以分解成启动、运转、正转、反转、高速、低速、制动、停止等工作状态。电器故障总是发生于某一状态，而在这一状态中，各种元件又处于什么状态，这正是分析故障的重要依据。例如，电动机启动时，哪些元件工作、哪些触点闭合等，因而检修电动机启动故障时只需注意这些元件的工作状态。

状态划分得越细，对检修电器故障越有利。对一种设备或装置，其中的部件和零件可能处于不同的运行状态，查找其中的电器故障时必须将各种远行状态区分清楚。通过对设备或装置中各元件、部件、组件工作状态进行分析，查找电器故障。

(3) 图形变换法

电器图是用以描述电器装置的构成、原理、功能，提供装接和使用维修信息的工具。检修电器故障，常常需要将实物和电器图对照进行。然而，电器图种类繁多，因此需要从故障检修方便出发，将一种形式的图变换成另一种形式的图，其中，最常用的是将设备布置接线图变换成电路图，将集中式布置电路图变换成为分开式布置电路图。

设备布置接线图是一种按设备大致形状和相对位置画成的图，这种图主要用于设备的安装和接线，对检修电器故障也十分有用。但从这种图上，不易看出设备和装置的工作原理及工作过程，而了解其工作原理和工作过程是检修电器故障的基础，对检修电器故障是至关重要的，因此需要将设备布置接线图变换成电路图。电路图主要描述设备和装置的电路原理。

(4) 单元分割法

一个复杂的电气装置通常是由若干个功能相对独立的单元构成的。检修电器故障时，可将这些单元分割开来，然后根据故障现象，将故障范围限制于其中一个或几个单元，这种方法被称为单元分割法。经过单元分割后，查找电器故障就比较方便了。

对于目前工业生产中电器设备的故障，基本上全都可以某中间单元(环节)的元器件为基准，向前或向后一分为二地检修电器设备的故障；在第一次一分为二地确定故障所在的前段或后段以后，仍可再一分为二地确定故障所在段，这样能较快寻找发生故障点，有利于提高维修工作效率，达到事半功倍的效果。

(5) 回路分割法

一个复杂的电路总是由若干个回路构成，每个回路都具有特定的功能，电器故障就意味着某功能的丧失，因此电器故障也总是发生在某个或某几个回路中。将回路分割，实际上是简化电路，缩小故障查找范围。回路就是闭合的电路，它通常应包括电源和负载。分割回路，查找故障就比较方便了。

(6) 类比法和替换法

当对故障设备的特性、工作状态等不十分了解时，可采用与同类完好设备进行比较，即通过与同类非故障设备的特性、工作状态等进行比较，从而确定设备故障的原因，称为类比法。例如，一个线圈是否存在匝间短路，可通过测量线圈的直流电阻来判定，但直流电阻多大才是完好的却无法判别。这时可以与一个同类型且完好的线圈的直流电阻值进行比较来判别。再如，电容式单相交流异步电动机出现了不能启动的故障。单相电容式电动机由两个绕组构成，一是启动绕组(Z_1-Z_2)，二是运转绕组(U_1-U_2)，还有一个主要元件是电容器C，参与电动机的启动和运转。因此，电动机不能启动运转的最大可能性，一是电容C损坏(短路或断线)或容量严重变小；二是电动机两绕组损坏。由于对这一电容和电动机的具体参数一时无法查找，只有借助另一同类型或相近的电动机及电容的有关参数，对两者加以比较，以确定其故障的原因。

替换法即用完好的电器替换可疑电器，以确定故障原因和故障部位。例如，某装置中的一个电容是否损坏(电容值变化)无法判别，可以用一个同类型的完好的电容器替换，如果设备恢复正常，则故障部位就是这个电容。用于替换的电器应与原电器的规格、型号一致，且导线连接应正确、牢固，以免发生新的故障。

(7) 推理分析法

推理法是根据电器设备出现的故障现象，由表及里，寻根溯源，层层分析和推理的方法。电器装置中各组成部分和功能都有其内在的联系，例如连接顺序、动作顺序、电流流向、电压分配等都有其特定的规律，因而某一部件、组件、元器件的故障必然影响其他部分，表现出特有的故障现象。在分析电器故障时，常常需要从这一故障联系到对其他部分的影响或由某一故障现象找出故障的根源。这一过程就是逻辑推理过程，即推理分析法，它又分为顺推理法和逆推理法。顺推理法一般是根据故障设备，从电源、控制设备及电路，一一分析和查找的方法。逆推理法则采用相反的程序推理，即由故障设备倒推至控制设备及电路、电源等，从而确定故障的方法。这两种方法都是常用的方法。在某些情况下，逆推理法要快捷一些。因为逆推理时，只要找到了故障部位，就不必再往下查找了。

(8) 电位、电压分析法

在不同的状态下，电路中各点具有不同的电位分布，因此，可以通过测量和分析电路中某些点的电位及其分布，确定电路故障的类型和部位。

阻抗的变化造成了电流的变化，电位的变化也造成了电压的变化，因此，也可采用电流分析法和电压分析法确定电路故障。

(9) 测量法

即用电器仪表测量某些电参数的大小，经与正常的数值对比，来确定故障部位和故障原因。

① 测量电压法：用万用表交流500V挡测量电源、主电路电压以及各接触器和继电器线圈、各控制回路两端的电压，若发现所测处电压与额定电压不相符(超过10%以上)，则为故障可疑处。

② 测量电流法：用钳形电流表或交流电流表测量主电路及有关控制回路的工作电流，若所测电流值与设计电流值不相符(超过10%以上)，则该电路为故障可疑处。

③ 测量电阻法：断开电源，用万用表欧姆挡测量有关部位的电阻值，若所测电阻值与要求的电阻值相差较大，则该部位极有可能就是故障点。一般来讲，触点接通时，电阻值趋近于“0”，断开时电阻值为“∞”；导线连接牢靠时连接处的接触电阻也趋于“0”，连接处松脱时，电阻值则为“∞”；各种绕组(或线圈)的直流电阻值也很小，往往只有几欧姆至几百欧姆，而断开后的电阻值为“∞”。

④ 测量绝缘电阻法：即断开电源，用兆欧表测量电器元件和线路对地以及相间绝缘电阻值。电器绝缘层电阻值规定不得小于0.5MΩ。绝缘电阻值过小，是造成相线与地、相线与相线、相线与中性线之间漏电和短路的主要原因，若发现这种情况，应着重予以检查。

(10) 简化分析法

组成电器装置的部件、元器件，虽然都是必需的，但从不同的角度去分析，总可以划分出主要的部件、元器件和次要的部件、元器件。分析电器故障就要根据具体情况，注重分析主要的、核心的、本质的部件及元器件。这种方法称为简化分析法。例如，荧光灯的并联电容器，主要用于提高荧光灯负载的功率因数，它对荧光灯工作状态影响不大。如果分析荧光灯电路故障，就可将电容器简化掉，然后再进行分析。又例如，某电动机正转运行正常，反转不能工作。分析这一故障时，就可将正转有关的控制部分删去，简化成只有反转控制的电路再进行故障分析。

(11) 试探分析法

在确保设备安全的情况下,可以通过一些试探的方法确定故障部位。例如,通电试探或强行使某继电器动作等,以发现和确定故障的部位。即接通电源,按下启动按钮,让故障现象再次出现,以找出故障所在。再现故障时,主要观察有关继电器和接触器是否按控制顺序进行工作,若发现某一个电器的工作不对,则说明该电器所在回路或相关回路有故障,再对此回路做进一步检查,便可发现故障原因和故障点。

(12) 菜单法

即根据故障现象和特征,将可能引起这种故障的各种原因顺序罗列出来,然后查找和验证,直到确诊出真正的故障原因和故障部位。此方法适合初学者使用。

对电器设备进行检修时,无论采用何种方法,一定要在对情况充分了解,确保安全的情况下再进行。以上方法可单用,也可合用,应根据不同的故障特点灵活掌握和运用,切不可急躁冒进。

(三) 电气控制系统中常见低压电器的故障与维修

1. 胶壳刀开关常见故障

开关动作时,拉弧、烧损或氧化静插座,造成接触不良。

2. 铁壳开关常见故障

① 熔丝熔断、接触或连接不良。

② 触刀烧毁或接触不良。

③ 机构生锈或松动,手柄失灵。

④ 外壳接地不良,进线绝缘不良造成碰壳漏电。

3. 组合/转换开关常见故障

① 机构损坏、磨损、松动造成动作失效。

② 触头弹性失效或尘污接触不良造成三触头不能同时接通/断开。

③ 久用、污染形成导电层、胶木烧焦、绝缘破坏,造成短路。

4. 按钮开关常见故障

① 按下启动按钮有触电感觉,原因是导线与按钮防护金属外壳短路。

② 停止按钮失灵,原因为接线错误、线头松动。

③ 按下停止按钮,再按启动按钮,被控电器不动作,原因为复位弹簧失效导致动断触头间短路。

5. 位置/行程/限位开关常见故障

① 机构失灵/损坏断线或离挡块太远。

② 开关复位,但动断触头不能闭合(触头偏斜或脱落,触杆移位被卡或弹簧失效)。

③ 开关的杠杆已偏转,但触头不动(开关安装欠妥,触头被卡)。

④ 可导致撞车。

⑤ 开关松动与移位(外因)。

数控机床中,开关出现故障的主要原因是:

① 触点接触不良、接线的连接不良或动断触头短路,造成电路不通或被控电器不动作。

② 机构不良(弹簧失效或卡住)与损坏,安装欠妥、松动或移位,造成开关不动作或者误动作。

③ 污染、接地不良及绝缘不良会造成漏电与开关短路。

开关是验收中不可缺少的项目,又是定期维修与更换的项目之一。一般地,开关的机械寿命为5000～10000次,电寿命带负载的操作次数为500～1000次。

6. 接触器的维护要求

① 定期检查交流接触器的零件,要求可动部位灵活,紧固件无松动。

② 保持触点表面的清洁,不允许粘有油污。当触点表面因电弧烧烛而附有金属小珠粒时,应及时去掉。触点若已磨损,应及时调整,以消除过大的超程。若触点厚度只剩下1/3时,应及时更换。银和银合金触点表面因电弧作用而生成的黑色氧化膜不必锉去,因为这种氧化膜的接触电阻很低,不会造成接触不良,锉掉反而会缩短触点寿命。

③ 接触器不允许在去掉灭弧罩的情况下使用,因为这样很可能发生短路事故。

④ 若接触器已不能修复,应予以更换。更换前应检查接触器的铭牌和线圈标牌上标出的参数。新更换的接触器的有关数据应符合技术要求。有些接触器还需检查和调整触点的开距、超程、压力等,使各个触点的动作同步。

7. 继电器常见故障现象及诊断

(1) 热继电器

对于热继电器,产生不动作与误动作的原因可从控制输入、机构与参数、负载效应等几方面来分析。如电动机已严重过载,则热继电器不动作的原因为:

① 电动机的额定电流选择太大,造成受载电流过大。

② 整定电流调节太大,造成动作滞后。

③ 动作机构卡死,导板脱出。

④ 热元件烧毁或脱焊。影响因素有:操作频率过高;负载侧短路;阻抗太大使电动机启动时间过长而导致过流等。

⑤ 控制电路不通。影响因素有:自动复位的热继电器中调节螺钉未调在自动复位位置上;手动复位的热继电器在动作后未复位;判断开关接触不良,如触头表面有污垢;导致弹性失效。

热继电器误动作的可能原因,与热元件的温度不正常有关。

(2) 速度继电器

速度继电器安装接线时,其正反向触头不可接错,否则就不能起到反向制动时的接通或断开反向电源的作用。

在反接制动时,速度继电器的常见故障为:

① 不能制动。这是由于继电器内胶木摆杆断裂、动合触头(氧化)接触不良、弹性动触头断裂或失去弹性等而失效。

② 制动不正常。一般为弹性动触片调整不当。可调整螺钉向上,减小弹性。

(3) 时间继电器

时间继电器的失控主要表现在延时特性的失控(延时过长或过短)。

① 延时触头不动作，可能原因为：电源电压低于线圈额定电压；电磁铁线圈断线；棘爪无弹性不能刹住棘轮；游丝断裂；触头接触不良或熔焊。

② 延时时间缩短或没有延时作用（相当于 RC 太小），可能原因为：若是空气阻尼式的，则一般是气室漏气；若是电磁式的，则一般为非磁性垫片磨损。

③ 延时时间变长（相当于时间常数 RC 太大），可能成因为：若是空气阻尼式的，则是气室内有灰尘使气道堵塞；若是电动式的，则是传动机构润滑不良。

(4) 中间继电器

中间继电器在数控机床的控制系统中用得很多。以它们的通断来控制信号向控制元件的传递，控制各种电磁线圈的电源通断，并起欠压保护作用。由于它的触头容量较小，一般不能应用于主回路中。

8. 熔断器常见故障现象及诊断

(1) 交流电源无输出故障的原因

熔体安装时受损伤，或是熔断器本身的质量问题；熔断器规格选用不当，熔体允许电流规格太小；熔体两端或接线端接触不良，或者是熔断器安装不良或其夹座的接触不良造成熔丝实际未断但电路不通的故障。

(2) 开关电路失电故障的原因

若熔断器管内呈白雾状，则可能是半桥中的个别开关管不良或被击穿造成的局部短路，一般不易检查出来；若熔断器管壁发黑，则必定对应有高压滤波电容击穿或整流管击穿造成的严重短路故障。

9. 电磁抱闸制动、电磁阀和电磁离合器

(1) 电磁抱闸制动

① 工作原理。

电磁抱闸制动，经常用于数控机床运动轴的制动中。图 4-32 所示的电磁制动控制线路可用来说明这种制动的工作原理。当按下启动键 SB2 后，经熔断器与热继电器，接触器 KM1 线圈先得电而使其触头闭合，电磁抱闸 YB 电磁铁线圈得电，衔铁被铁芯吸合，与衔铁连接的杠杆反抗弹簧力而提起，使其上的闸瓦松开闸轮，完成制动释放；然后接触器 KM2 线圈得电，电动机 M 得电启动。反之，按下停止键 SB1 后，接触器 KM1 线圈失电使触头断开，KM2 线圈失电，电动机断电；同时，电磁抱闸 YB 电磁铁线圈失电，铁芯失磁释放衔铁，反力弹簧力作用下杠杆带回闸瓦，抱住电机轴上的制动轮，完成抱闸动作。电磁抱闸的结构如图 4-33 所示。

② 常见故障。

当轴不能制动或制动滞后，除考虑轴不能启动时的故障原因外，还需考虑闸瓦与闸轮磨损问题、有油污侵入或间隙过大等。另外，励磁线圈的短路故障还会引起系统掉电。

(2) 电磁阀

① 类型和组成。

按电源要求不同，电磁阀有交流与直流两种。电磁阀主要是由阀芯（阀门）、电磁铁与反力弹簧组成。

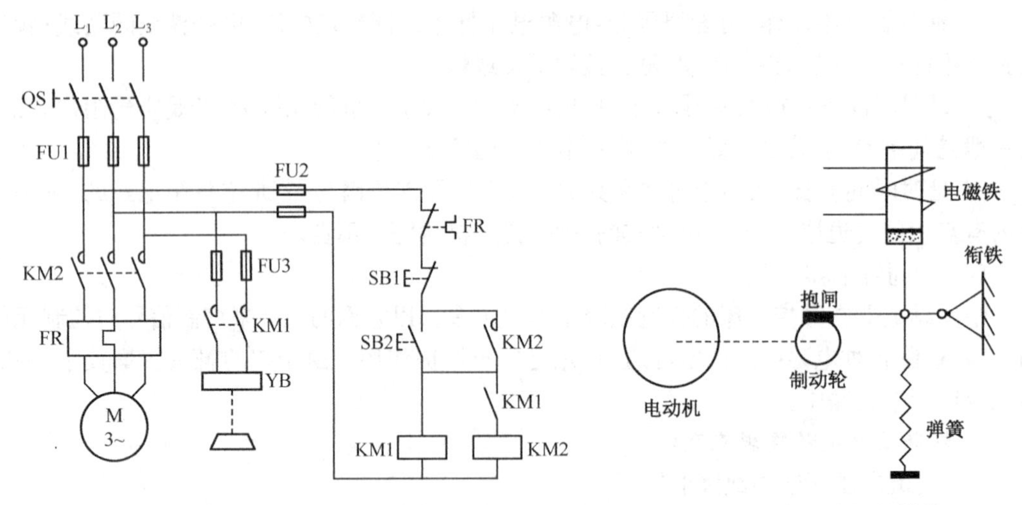

图 4-32　电磁制动控制线路　　　　图 4-33　电磁抱闸的结构

② 工作原理。

电磁阀的工作原理是，电磁铁的励磁线圈得电，电磁力吸合衔铁，推动阀芯反抗弹簧弹力，在阀体内滑动；电磁铁的励磁线圈失电，弹簧恢复力推动阀芯做反向滑动。

③ 常见故障现象及诊断

阀芯的磨损与润滑不良、电磁铁的励磁线圈短路或断路、弹簧的弹性失效，将成为电磁阀失效的内因；配合使用的接触器或继电器失效、工作电压供电不良与频繁使用、日常维护不当是外因。

(3) 电磁离合器

① 类型。

电磁离合器，也称为电磁联轴器，具有爪式与摩擦片式两种型式。摩擦片式离合器，是用表面摩擦方式来传递或隔离两根轴的转矩。

② 工作原理。

摩擦片式离合器的工作原理是直流电磁铁原理，是接触器或继电器动作，接通直流电源供电，经电刷通入到装于主动轴侧的励磁线圈，磁轭得磁，吸引(在一定间距内)从动轴侧的盘形衔铁克服弹簧阻力向主动轴的磁轭靠拢，并压紧在主动轴端面贴有的摩擦片环上，完成主从动轴间的联合；直流电源断电，主从两轴即分离。制动力或传递力矩大小，是通过可变电阻控制励磁线圈电流的大小来实现的。与可变电阻并联的电容(加速电容)可起到加速作用。

③ 常见故障现象及诊断。

电磁离合器可能出现的故障是不能加速制动与不能制动。摩擦片式离合器，一般应用于主轴制动中，作为制动离合器。分析摩擦片式离合器的工作原理与组成器件的特点，也就清楚了其常见故障原因。这些组件应该是定期维修的内容。

(四) 电气控制线路的维护

故障分析一方面可以迅速查明故障原因，排除故障；同时，也可以起到预防故障的发生与扩大的作用。有很多故障是由于平时维护保养不当或没有进行维护工作而造成的。机床电气控制线路的维护工作主要是定期检查,检查的内容如下。

1. 低压电器元件的检查

① 检查元件是否有明显的破裂、损伤,如果有应及时更换。

② 检查元件的接线是否脱落或松动,有应拧紧。

③ 检查元件的整定参数。

2. CNC 装置外观的检查

① 有没有切削液或粉末进入柜内,应杜绝。

② 电器柜内的风扇、热交换器等部件的工作应正常。

③ 电缆连接器插头应完全插入并拧紧。

3. 机床中线路的检查

① 导线与元器件的接头处应无油污和灰尘。

② 导线与元器件的连接点应牢靠。

③ 导线的表面绝缘应良好。

4. 机床与系统之间连接情况的检查

① 电源线与信号线的布置应合理。

② 电缆拐弯处应无破裂、损伤。

③ 电源线的接地应可靠。

三、电气系统维护保养基础技术训练

(一) 伺服电动机的基础维护与常见故障处理

1. 直流伺服电动机维护技术基础

(1) 直流伺服电动机结构

直流伺服电动机结构如图 4-34 所示。

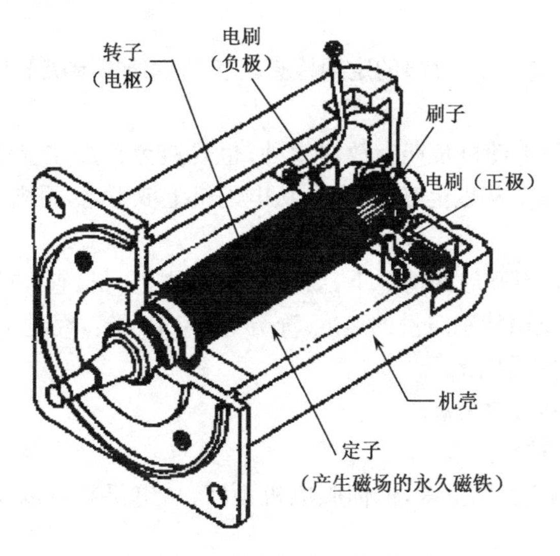

图 4-34　直流伺服电动机结构

直流伺服电动机具有良好的启动、制动和调速特性，可很方便地在宽范围内实现平滑无级调速，故多应用在对伺服电动机的调速性能要求较高的生产设备中。

直流伺服电机的结构主要包括三大部分：

① 定子。定子磁极磁场由定子的磁极产生。根据产生磁场的方式，直流伺服电动机可分为永磁式和他激式。永磁式磁极由永磁材料制成；他激式磁极由冲压硅钢片叠压而成，外绕线圈通以直流电流便产生恒定磁场。

② 转子。又称为电枢，由硅钢片叠压而成，表面嵌有线圈，通过直流电时，在定子磁场作用下产生带动负载旋转的电磁转矩。

③ 电刷与换向片。为使所产生的电磁转矩保持恒定方向，转子能沿固定方向均匀的连续旋转，电刷与外加直流电源相接，换向片与电枢导体相接。

(2) 直流伺服电动机的工作原理

如图 4-35 所示，电枢绕组在定子磁场中受到电磁转矩的作用，使电动机转子旋转。

(3) 直流伺服电动机的日常维护

① 每天在机床运行时的维护检查。在电动机运转过程中要注意观察电动机的旋转速度；是否有异常的振动和噪声；是否有异常臭味；检查电动机的机壳和轴承的温度。

② 直流伺服电动机的定期检查。直流伺服电动机带有数对电刷，电动机旋转时，电刷与换向器摩擦而逐渐磨损。电刷异常或过度磨损，会影响电动机工作性能，所以对直流伺服电动机进行定期检查是必要的。数控车床、铣床和加工中心中的直流伺服电动机应每年检查一次，频繁加、减速的机床(如冲床等)中的直流伺服电动机应每两个月检查一次。对电动机电刷进行清理和检查，要注意电动机电刷的允许使用长度。

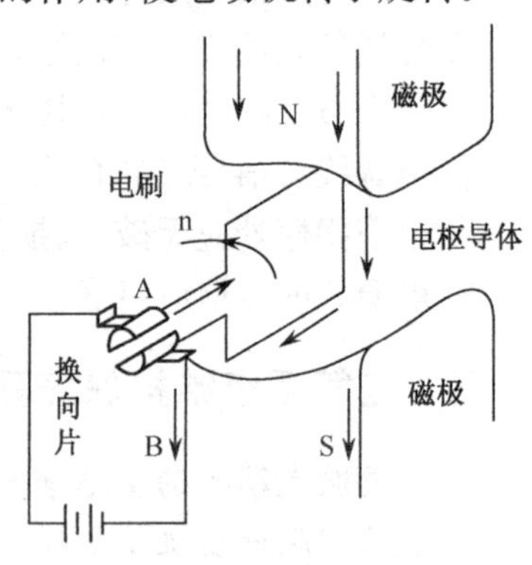

图 4-35　直流伺服电动机的工作原理

③ 每半年(最少也要每年一次)的定期检查。包括测速发电机的检查、电枢绝缘电阻的检查等。

④ 不要将直流伺服电动机长期存放在室外，也要避免存放在湿度高、温度有急剧变化和多尘的地方，如需存放一年以上，应将电刷从电动机上取下来，否则易腐蚀换向器，损坏电动机。

⑤ 机床长达几个月不开启的情况下，要对全部电刷进行检查，并要认真检查换向器表面是否生锈。如有锈，要用特别缓慢的速度，充分、均匀地运转，经过 1～2 h 后再行检查，直至处于正常状态，方可使用机床。

2. 直流伺服电动机的常见故障

(1) 伺服电动机不转

当机床开机后，CNC 工作正常，但伺服电机不转，从电机本身以及相关部分来说，可能有以下几方面的原因：

① 电枢线断线或接触不良。

② 电动机永磁体脱落。

③ 制动器不良或制动器未通电造成的制动器未松开。

(2) 伺服电动机过热

伺服电动机过热可能的原因如下：

① 电动机负载过大。

② 由于切削液和电刷灰引起换向器绝缘不正常或内部短路。

③ 由于电枢电流大于磁钢去磁最大允许电流，造成磁钢发生去磁。

④ 对于带有制动器的电动机，可能是制动线圈断线、制动未松开、制动摩擦片间隙调整不当而造成制动器不释放。

(3) 伺服电动机旋转时有大的冲击

若机床电源刚接通，伺服电机即有冲击，通常是由于电枢或测速电动机极性相反引起的。冲击在运动过程中出现，可能的原因如下：

① 测速发电机输出电压突变。

② 测速发电机输出电压的“纹波”太大。

③ 电枢绕组不良或内部短路、对地短路。

(4) 低速加工时工件表面有大的振纹

造成低速加工时工件表面“振纹”的原因较多，包括刀具、切削参数、机床等方面的原因，应予以综合分析。从电动机方面看有以下原因：

① 电动机的永磁体被局部去磁。

② 测速发电机性能下降。

(5) 伺服电动机噪声大

造成直流伺服电动机噪声的原因主要有以下几种：

① 换向器接触面粗糙或换向器损坏。

② 电动机轴向间隙太大。

③ 切削液等进入电刷槽中，引起换向器的局部短路。

(6) 伺服电动机在运转、停车或变速时有振动现象

造成直流伺服电机转动不稳、振动的原因主要有以下几种：

① 测速发电动机或者脉冲编码器不良。

② 电枢绕组不良，绕组内部短路或对地短路。

③ 若在工作台快速移动时产生机床振动，甚至有较大的冲击或伺服驱动器的熔断器熔断时，故障的主要原因是测速发电机电刷接触不良。

3. 直流伺服电动机电刷的更换实训步骤

① 在数控系统处于断电状态且电动机已经完全冷却的情况下进行检查。

② 取下橡胶刷帽，用螺钉旋具拧下刷盖，取出电刷。如图 4-36 为直流伺服电动机电刷安装部位示意图。

③ 测量电刷长度，如 FANUC 直流伺服电动机的电刷由 10mm 磨损到小于 5mm 时，必须更换同型号的新电刷。

④ 仔细检查电刷的弧形接触面是否有深沟或裂痕，以及电刷弹簧上有无打火痕迹。如有上述现象，则要考虑电动机的工作条件是否过分恶劣或电动机本身是否有问题。

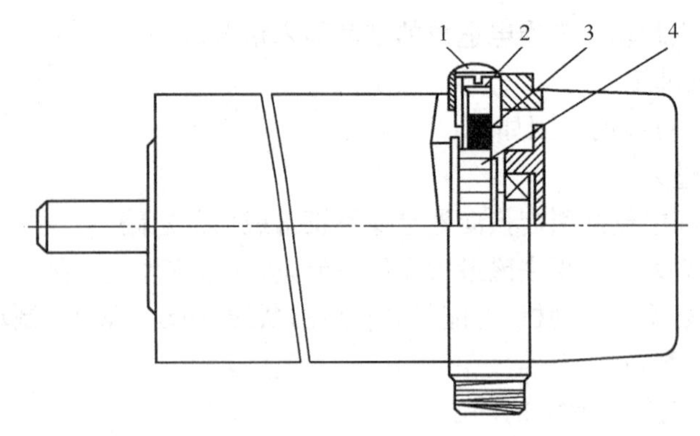

1—橡胶刷帽；2—刷盖；3—电刷；4—换向器

图 4-36　直流伺服电机电刷安装部位示意图

⑤ 将不含金属粉末及水分的压缩空气导入装电刷的刷握孔，吹净粘在孔壁上的电刷粉末。如果难以吹净，可用螺钉旋具尖轻轻清理，直至孔壁全部干净为止，但不要碰到换向器表面。

⑥ 重新装上电刷，拧紧刷盖。如果更换了新电刷，应使电动机空运行一段时间，以使电刷表面和换向器表面相吻合。

注意事项

① 连续工作的电机，电刷的负荷不应超过技术性能表中的允许值。各种电刷都具有自润滑性能，因此严禁在换向器或集电环上涂油、石蜡等润滑剂。

② 电刷装入刷握孔内要保证能够上下自由移动，电刷侧面与刷握孔内壁的间隙应在0.1～0.3mm之间，以免电刷卡在刷握孔中因应间隙过大而产生摆动。刷握孔下端边缘距换向器表面的距离应保证在2～3mm范围内，其距离过小，刷握孔易触伤换向刷；过大，电刷易颤动而导致损坏。

③ 研磨电刷弧面时，应用玻璃砂纸(勿用金刚砂纸)，将其蒙在换集器或集电环上，在电刷上施加同于运行时的弹簧压力，沿电机旋转方向抽动砂纸(拉回砂纸时应将电刷提起)，直到电刷弧面与换向器或集电环基本吻合为止；清除研磨下来的粉末和砂粒，电机空转30min，然后以25%的负荷运转，待电刷与换向器或集电环接触完好，电机即可投入正常运行。

④ 施于电刷上的弹簧压力应尽可能均一，尤其是并联使用的电刷，不然将导致各电刷负荷的不均。不同电动机，其弹簧压力亦不相同。圆周速度较高的电动机，其电刷压力也应适当增大，但压力过大将增加电刷的磨损。电刷压力可参照电刷技术性能表中的数据进行调整。

⑤ 电刷磨去原高度2/3或1/2就需更换新的电刷。更换新电刷时，旧的电刷应全部从电动机上取下，更换的新电刷在型号、规格上应和原用电刷相同。同一台电动机的换向器或集电环不允许混用两种或两种以上型号的电刷。

⑥ 当电动机换向器或集电环的椭圆度超过0.02min时，就应车削、研磨，以免电刷因换向器或集电环的偏心度过大而颤震。换向器片间云母是不允许突出的，云母槽应保持在1～2min的深度。

（二）主轴正反转电气控制线路常见故障处理

1. 主轴电动机 M1 两个方向均不能启动

用万用表的交流电压挡检查主电路电压是否正常，如不正常，则向电源方向检查，看熔断器是否熔断，低压断路器 QF1 和 QF2 的导线连接处是否有松动现象，KM1 主触头是否接触良好。如果正常，则检查控制电路的公共线路部分，检测线路部分是否有断开的地方、按钮触头接触是否良好等。

故障排除：如果是电路元器件损坏，则按照前文介绍的方法进行修理或更换；如果是接头松动，则应将接头拧紧；如果是连接导线断开，则须更换该段导线。

2. 主轴电动机 M1 只有正方向能启动，反方向不能启动

这种现象说明主电路没有故障，并且控制线路的公共部分也没有故障。那么，故障应该在反转控制线路中，检查 KM1 的辅助常闭触点是否处于闭合状态，继电器 KA3 的常开触点是否处于闭合状态，KM2 的线圈接线是否良好。

故障排除：如果继电器 KA3 的常开触点处于开断状态则须检查系统输出；若是 KM2 的线圈接头松动，则须将之拧紧。

3. 主轴电动机 M1 只有反方向能启动，正方向不能启动

这种现象说明主电路没有故障，并且控制线路的公共部分也没有故障。那么，故障应该在正转控制线路中，检查 KM2 的辅助常闭触点是否处于闭合状态，继电器 KA2 的常开触点是否处于闭合状态，KM1 的线圈接线是否良好。

故障排除：如果继电器 KA2 常开触点处于开断状态则须检查系统输出；若是 KM1 线圈接头松动，则须将之拧紧。

4. 主轴电动机 M1 启动后不能自锁

当按下正转（或反转）启动按钮，主轴电动机能启动运转，但松手后，主轴电动机也随即停止。造成这种故障的原因是正转接触器 KM1（或 KM2）的辅助常开触点的连接导线松脱或接触不良。

故障排除：可将接头拧紧。

5. 主轴电动机 M1 运行后不能停止

这类故障的原因多数是因正转接触器 KM1（或反转接触器 KM2）的主触头发生熔焊或停止按钮击穿短路造成的。

6. 用万用表排除主轴电动机 M1 正转启动后不能自锁的故障实训步骤

① 先启动主轴电机观察运行情况，然后关闭机床电源。

② 找出接触器 KM1 的常开触头与启动按钮并联的两根接线 1 和 2。

③ 将万用表的转换开关拨到电阻 R×100 挡。

④ 把万用表的表棒分别放在导线 1 的两端查看表中读数。如果读数为零说明导线中间没有断开点；如果读数较大，则导线中间已断开。

⑤ 用同样的方法可以判断导线 2 是否完好。

⑥ 如果导线中间有断开的则更换导线；如果导线完好则须继续检查。

⑦ 检查接点是否松动或脱落，如果是松动或脱落应将接头拧紧。

⑧ 检查完毕，再次打开电源，启动主轴电动机，则主轴电动机能够连续运转。

⑨ 关闭电源,清理实习场地。

注意事项

① 要注意人身及设备的安全。关闭电源后,方可观察机床内部结构。

② 未经指导教师许可,不得擅自任意操作。

③ 要按规定时间完成,符合基本操作规范,并注意安全。

④ 实验完毕后,要注意清理现场。

(三) 冷却、照明、自动润滑的电气控制线路常见故障处理

1. 照明灯不亮

由于照明电路与电机控制电路没有联系,所以只须检查图 4-37 中工作灯部分电路。用万用表的交流电压挡测量 3 和 9 端是否有 24V 电压,如果没有则要向电源方向检查;如果有 24V 电压,则说明熔断器故障或线路有断开点,可用万用表的交流电压挡测量 9 和 2 端是否有电压,如果有电压,则可以排除熔断器故障,进而进一步检查,找出线路中的断开点(既可以是导线内部断开,又可能是导线接头脱落或松动);如果 9 和 2 端没有电压,则可能是熔丝烧断或接头脱落或松动,更换熔丝或将脱落和松动的接头拧紧。

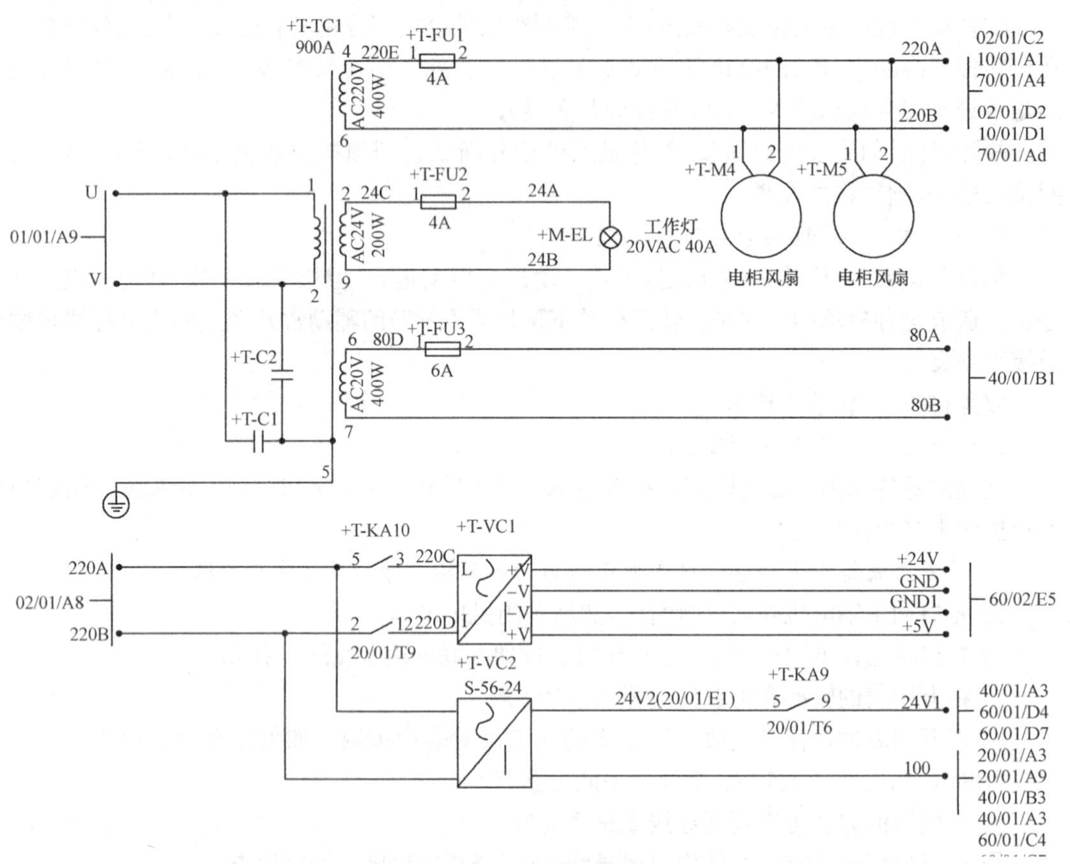

图 4-37　机床的电源线路

2. 冷却电动机不能启动

首先用万用表的交流电压挡测量接触器 KM3 主触头的输入端，看有没有 380V 的电压，如果没有则须向电源方向检查，这点与项目二中相同，这里不再介绍；如果有 380V 电压，依次再测量接触器 KM3 的输出端电压，仍然有电压的情况下，控制电路应该没有故障，只应该是导线内部断开，也可能是导线接头脱落或松动，更换导线或将脱落和松动的接头拧紧；如果接触器 KM3 的输出端没有电压而输入端有电压，则应该是控制电路中出现了故障。检查继电器 KA4 的常开触头是否已经处于闭合状态，若没有闭合则应使其闭合；检查接触器 KM3 的线圈接头是否接牢，若有松动则应拧紧；检查连接导线是否断开，若有则更换该段导线。

3. 冷却电动机能启动但不能连续运转

这种故障属于不能自锁。故障的原因是，接触器 KM3 的辅助常开触点的连接导线松脱或接触不良。重新连接接触器 KM3 的辅助常开触点。

4. 自动润滑电动机不能启动

由于该电动机的控制电路较简单，检查方法与冷却电动机不能启动的方法相同，这里就不详细叙述了。

5. 照明灯不亮的故障排除实训步骤

① 接通电源，观察现象。

② 将万用表拨到交流电压 50V 挡，测量 3 和 9 端是否有 24V 电压。

③ 如果没有则要向电源方向检查；如果有 24V 电压，则说明熔断器故障或线路有断开点。

④ 用万用表的交流电压 50V 挡测量 9 和 2 端是否有电压，如果有电压，则可以排除熔断器故障。

⑤ 进一步检查，找出线路中的断开点(既可以是导线内部断开，又可能是导线接头脱落或松动)。检查方法同主轴正反转电气控制线路常见故障处理。

⑥ 如果 9 和 2 端没有电压，则可能是熔丝烧断或接头脱落或松动。

⑦ 如果接头脱落或松动，则关闭电源后将脱落和松动的接头拧紧。

⑧ 检查熔丝是否烧断：启动电源，用万用表的交流电压 50V 挡测量熔断器的输入和输出端之间是否有电压，如果有电压则熔丝已烧断；如果无电压则熔丝完好。

⑨ 如果熔丝已烧断，则关闭电源后更换同规格的熔丝。

⑩ 重新启动电源，照明灯即亮。

⑪ 关闭电源，清理现场。

注意事项

① 要注意人身及设备的安全。关闭电源后，方可观察机床内部结构。

② 未经指导教师许可，不得擅自任意操作。

③ 要按规定时间完成，符合基本操作规范，并注意安全。

④ 实验完毕后，要注意清理现场。

(四) 刀架换刀的电气控制线路常见故障处理

1. 刀架不换刀现象，数控系统 CRT 提示“换刀时间过长”

故障原因 1：经检查若时间参数没有更改，诊断控制状态位也正确，再检查电柜内主电路电器，若发现热继电器不通，则可能电阻丝已烧坏。

故障排除：更换同型号新的热继电器。

故障原因 2：系统的正转控制信号有输出，但与刀架电动机之间的回路存在问题。

故障排除：检查控制线路，找出 KM4 线圈所在电路，检测 KA5 的常开触点是否处于闭合状态，KM5 的辅助常闭触点是否处于闭合状态，是否有接头松动现象。

故障原因 3：电路元器件损坏。

故障排除：进行修理或更换，如果是接头松动，则可将接头拧紧；如果是连接导线断开，则须更换该段导线。

故障原因 4：系统的反转控制信号有输出，但与刀架电动机之间的回路存在问题。

故障排除：检查控制线路，找出 KM5 线圈所在电路，检测 KA6 的常开触点是否处于闭合状态，KM4 的辅助常闭触点是否处于闭合状态，是否有接头松动现象。

2. 刀架故障排除实训步骤

KM4 的输出电压，如果无电压，说明主电路有故障；如果有电压，说明控制电路有故障。

① 控制线路故障检查与排除。

● 找出 KM4 线圈所在电路，检测 KA5 的常开触点是否处于闭合状态。

● 检查 KM5 的辅助常闭触点是否处于闭合状态，是否有接头松动现象。

● 关闭电源，如果是接头松动，则可将接头拧紧；如果是连接导线断开，则须更换该段导线（导线是否断开的检查方法同主轴正反转电气控制线路常见故障处理）。

② 主电路的故障检查与排除。

● 用万用表的交流 500V 挡检测电源的输出电压。如果无 380V 电压则为电源故障；如果有 380V 电压，则为连接导线问题或为接头问题。

● 用万用表的交流 500V 挡检测电源的输出端与 KM4 的对应输入端之间的电压。如果无电压说明导线完好，应是接头问题；如果有电压，说明导线已断开。

● 关闭电源，将松动或脱落的接头拧紧，更换断开的导线。

③ 重新打开电源，启动机床电路，刀架电动机正常工作。

④ 关闭机床电路，清理现场。

注意事项

① 要注意人身及设备的安全。关闭电源后，方可观察机床内部结构。

② 未经指导教师许可，不得擅自任意操作。

③ 要按规定时间完成，符合基本操作规范，并注意安全。

④ 实验完毕后，要注意清理现场。

习题与思考四

1. 常用的电器元器件有哪些?
2. 继电器的作用是什么? 常用的继电器有哪几种?
3. 熔断器的作用是什么? 熔断器的组成如何?
4. 何谓组合开关? 其结构如何?
5. 典型的电气控制线路主要有哪些?
6. 机床电气维护保养的常用工具有哪些?
7. 电器设备发生故障的主要原因有哪些?
8. 电器设备常见故障的诊断方法有哪些?
9. 简述电器故障检修技巧。
10. 简述电器故障检修的一般方法。
11. 分析按钮开关常见故障产生的原因。
12. 接触器维护的一般要求有哪些?
13. 时间继电器失控主要表现是什么? 可能原因是什么?
14. 简述熔断器常见故障现象及其诊断。
15. 电气控制线路的维护措施有哪些?
16. 简述直流伺服电动机的常见故障及排除方法。
17. 简述主轴正反转电气控制线路常见故障及处理方法。
18. 简述照明灯不亮故障排除的实训步骤。

单元五　气、液压控制系统的维护保养技术基础

学习目标

1. 了解数控机床气、液压控制系统的基础知识；
2. 熟悉数控机床气、液压系统的布局结构；
3. 掌握数控机床气、液压系统的日常维护常识；
4. 会处理系统气、液压系统的常见故障。

教学要求

1. 通过理实一体化模式的教学，培养和强化学生对数控机床气、液压控制系统维护保养的基本技能；

2. 观看数控机床气、液压控制系统维护保养的技术录像；

3. 利用网络技术查找数控机床气、液压控制系统维护保养的技术资料；

4. 通过气压与液压实验台的使用，使学生掌握和强化数控机床气压、液压系统的日常维护技术能力；熟悉刀库气、液压控制回路常见故障的处理方法；掌握卡盘液压控制回路常见故障的处理方法。

气压与液压控制技术统称为流体传动，都是利用有压流体(液体或气体)作为工作介质来传递动力或控制信号的一种传动方式。

随着现代科学技术的迅速发展和制造工艺水平的提高，各种液压元件的性能日益完善，液压技术迅速转向民用工业，在机床、工程机械、农业机械、运输机械、冶金机械等许多机械装置特别是重型机械设备中得到非常广泛的应用。

气压技术由风动技术和液压技术演变、发展而来，作为一门独立的技术门类至今只有几十年的历史。由于气压传动的动力传递介质是取之不尽的空气，环境污染小，工程实现容易，所以在自动化领域中充分显示出了它强大的生命力和广阔的发展前景。气压技术在机械、电子、钢铁、运输车辆及橡胶、纺织、轻工、化工、食品、包装、印刷、烟草等各个制造行业，尤其在各种自动化生产装备和生产线中得到了非常广泛的应用，成为当今应用最广、发展最快，也最易被接受和重视的技术之一。

一、气、液压控制技术简介

(一) 气、液压控制技术的基本工作原理

气压与液压传动的基本工作原理是相似的，它们都是执行元件在控制元件的控制下，将

传动介质(压缩空气或液压油)的压力能转换为机械能,从而实现对执行机构运动的控制。

由图 5-1 和图 5-2 可以看出,液(气)压执行机构(液、气压缸)的活塞在控制元件(换向阀)的控制下实现运动的过程。

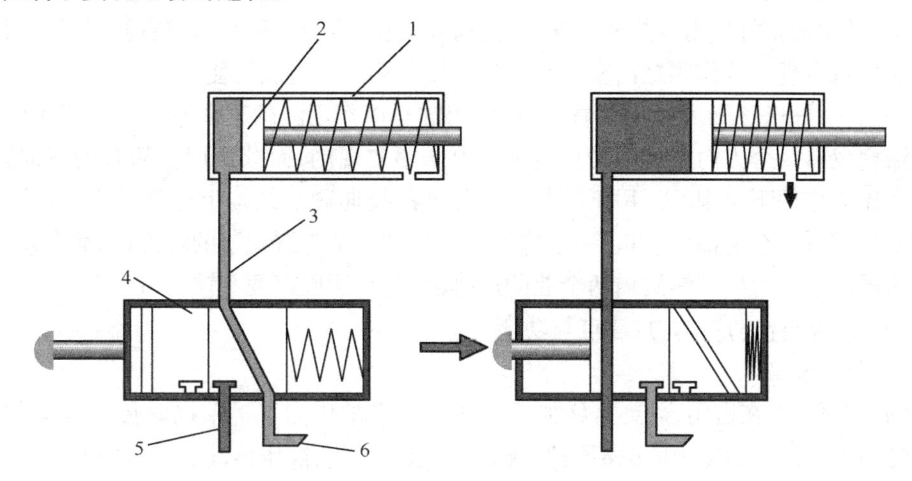

1—双作用缸;2—活塞;3—连接管;4—按钮式二位四通换向阀;5—进油(气)口;6—排油(气)口

图 5-1 单作用液、气压缸动作控制示意图

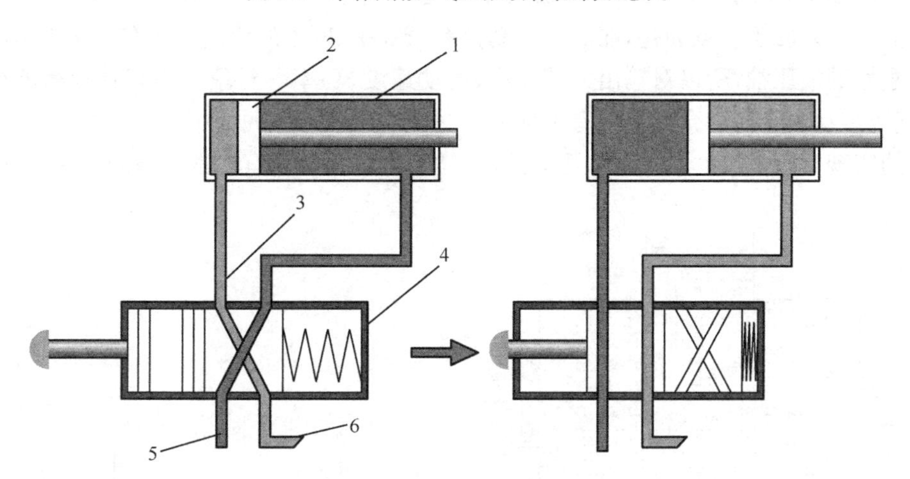

1—双作用缸;2—活塞;3—连接管;4—按钮式二位四通换向阀;5—进油(气)口;6—排油(气)口

图 5-2 双作用液、气压缸动作控制示意图

在图 5-1 所示的单作用缸动作控制示意图中,按下换向阀 4 的按钮前,进油(气)口 5 封闭,单作用缸的活塞 2 由于弹簧的作用力处于缸体的左侧。按下按钮后,换向阀切换到左位,使液压油(压缩空气)进口 5 与缸的左侧腔体(无杆腔)相通,液压油(压缩空气)推动活塞克服摩擦力和弹簧的反向作用力,向右运动,带动活塞杆向外伸出。松开按钮,换向阀在弹簧力的作用下回到右位,进油(气)口 5 再次封闭,缸无杆腔与出油(气)口 6 相通,由于油(气)压作用在活塞左侧的推力消失,在缸复位弹簧弹簧力的作用下,活塞缩回。这样就实现了单作用缸活塞杆在油(气)压和弹簧作用下的直线往复运动。

在图 5-2 所示的双作用缸动作控制示意图中,在按下换向阀 4 的按钮前,双作用缸左腔

（无杆腔）与排油（气）口 6 连通，右腔（有杆腔）与液压油（压缩空气）进口 5 连通，在液压油（压缩空气）的压力作用下使活塞处于缸体左侧，活塞杆处于缩回状态。按下按钮后，换向阀切换至左位，使缸左腔与进油（气）口 5 相通，右腔与排油（气）口 6 相通，压力作用推动活塞向右运动，带动活塞杆伸出。松开按钮，换向阀 4 复位，压力作用在活塞右侧，使活塞杆再度缩回。这样就实现了双作用缸活塞杆在油（气）压作用下的直线往复运动。

由如图 5-1 和图 5-2 所示可以看出，双作用缸与单作用缸的工作原理是有所不同的，单作用缸活塞仅有一个方向上的运动是通过压力作用实现的；而双作用缸活塞的双向往复运动都是在压力作用下实现的。用于控制这两种缸的换向阀在结构上也有所不同，控制单作用缸的换向阀有一个进油（气）口、一个排油（气）口和一个与缸相连的输出口；而控制双作用缸的换向阀由于同时要控制缸内两个腔的进排油（气），所以有两个输出口。

（二）气、液压传动中的力、速度与功率

1. 帕斯卡原理

如图 5-3 所示，在密闭容器内，施加于静止液体上的压力以等值同时传到液体的各点，这就是帕斯卡原理，或称静压传递原理。帕斯卡原理是气、液压传动最基本的原理。

2. 液压与气压传动中的力、速度与功率

下面以图 5-4 所示的液压千斤顶的工作原理图为例来分析气、液压传动中力、运动速度与功率的关系。应当注意的是，在液压传动控制系统中，所用的传递介质在大多数情况下被认为是刚性的液压油，所以对输出力的大小、运动速度、功率等对象往往有着较高的控制要求；而气压传动由于传动介质为具有很强可压缩性的压缩空气，所以一般只考虑气压执行机构动作的实现，而对输出力的大小、运动速度、功率等对象则没有非常严格的控制要求。

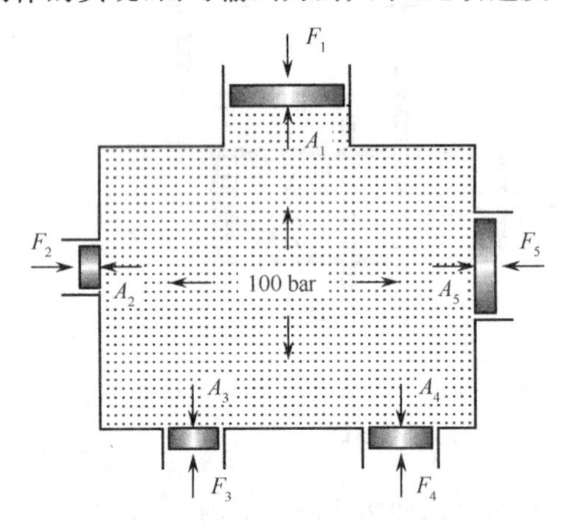

图 5-3　帕斯卡原理示意图

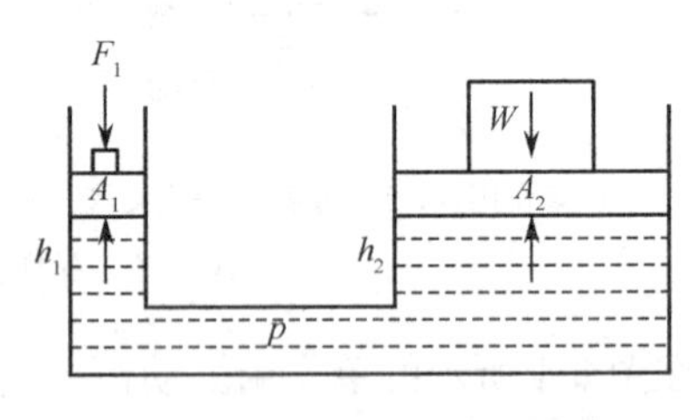

图 5-4　力、速度和功率关系示意图

（1）力比例关系

$$p=\frac{F_1}{A_1}=\frac{W}{A_2}$$

或

$$\frac{W}{F_1}=\frac{A_2}{A_1}$$

式中，A_1 和 A_2 分别是小活塞和大活塞的作用面积；F_1 为作用在小活塞上的力；W 为负载。

(2) 运动速度

$$A_1 v_1 = A_2 v_2$$

或

$$\frac{v_2}{v_1} = \frac{A_1}{A_2}$$

式中，v_1 和 v_2 分别为小活塞和大活塞的运动速度。

可以看出，活塞的运动速度和活塞的作用面积成反比。

由图 5-5 所示可知，如果已知进入缸体的流量为 q，则活塞的运动速度为 $v=q/A$。

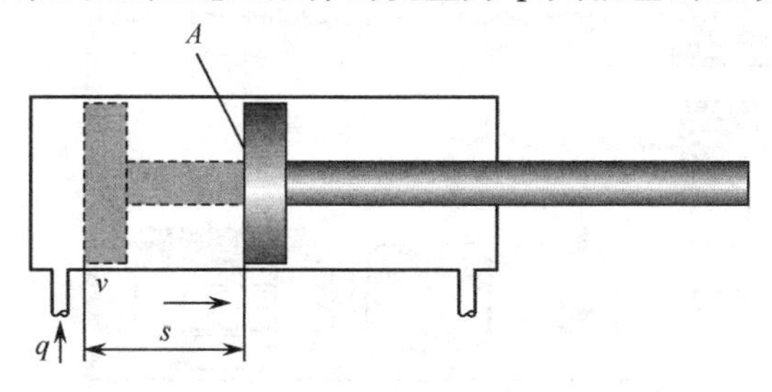

图 5-5 运动关系示意图

(3) 功率关系

$$F_1 v_1 = W v_2$$

式中，等号左端为输入功率，右端为输出功率，这说明在不计损失的情况下流体传动输入功率等于输出功率。还可得出

$$P = pA_1 v_1 = pA_2 v_2 = pq$$

式中，P 为功率，p 为流体压力，q 为流体的流量。

(三) 气、液压系统的基本构成

1. *液压传动系统举例*

如图 5-6 所示的液压夹紧装置传动原理图，液压泵 3 由电动机 2 带动，从油箱 1 中吸油；然后将具有压力能的油液输送到管路，油液通过过滤器 5 过滤后，经节流阀 6 流至换向阀 7；换向阀 7 的阀芯有两个不同的工作位置，当阀芯处于左位时，阀口 P 和 A，B 和 T 相通，压力油经 P 口流入换向阀 A 口，进入液压缸 8 的左腔，液压缸活塞在左腔压力油的推动下向右伸出对工件进行夹紧；液压缸右腔的油液则通过换向阀 7 的 B 口经回油口 T 流回油箱 1。

若将换向阀 7 的阀芯切换到右位，阀口 P 和 B，A 和 T 相通，压力油经换向阀 B 口进入液压缸右腔，左腔排油，液压缸活塞左移，工件松开。因此，换向阀 7 在工作位置不同时能不断改变压力油的通路，使液压缸换向，以实现工作台所需要的往复运动。

根据加工要求的不同，工作台的移动速度可通过节流阀 6 来调节，改变节流阀开口的大小可以调节通过节流阀的流量，以控制工作台的运动速度。

在夹紧过程中，由于工件材料不同，要克服的阻力也不同，不同的阻力是由液压泵输出油液的压力能来克服的，系统的压力可通过溢流阀 4 调节。当系统中的油压升高到稍高于溢流阀的调定压力时，溢流阀上钢球被顶开，油液经溢流阀排回油箱，这时油压不再升高，维持定值。为保持油液的清洁，该装置设置了过滤器 5，将油液中的污物杂质去掉，使系统工作正常。

如图 5-7(a) 所示的液压系统图是一种半结构式的工作原理图。它直观性强，容易理解，但难于绘制。在实际工作中，除少数特殊情况外，一般采用国标 GB/T786.1—93 所规

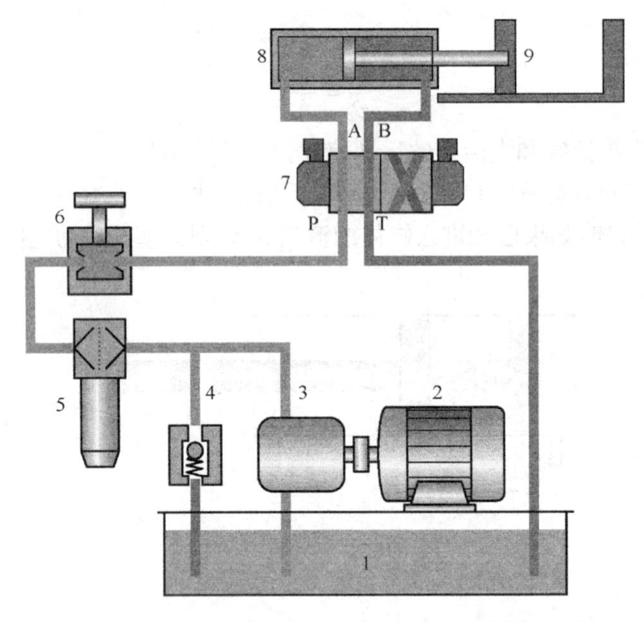

1—油箱；2—电动机；3—液压泵；4—溢流阀；5—过滤器；6—节流阀；
7—电磁换向阀；8—液压缸；9—工作台；P、A、B、T—换向阀各油口

图 5-6　液压夹紧装置传动原理图

定的气压与液压图形符号来绘制，如图 5-7(c)所示。图形符号表示元件的功能，不表示元件的具体结构和参数；反映各元件在油路连接上的相互关系，不反映其空间安装位置；只反映静止位置或初始位置的工作状态，不反映其过渡过程。使用图形符号既便于绘制，又可使液压系统简单明了。

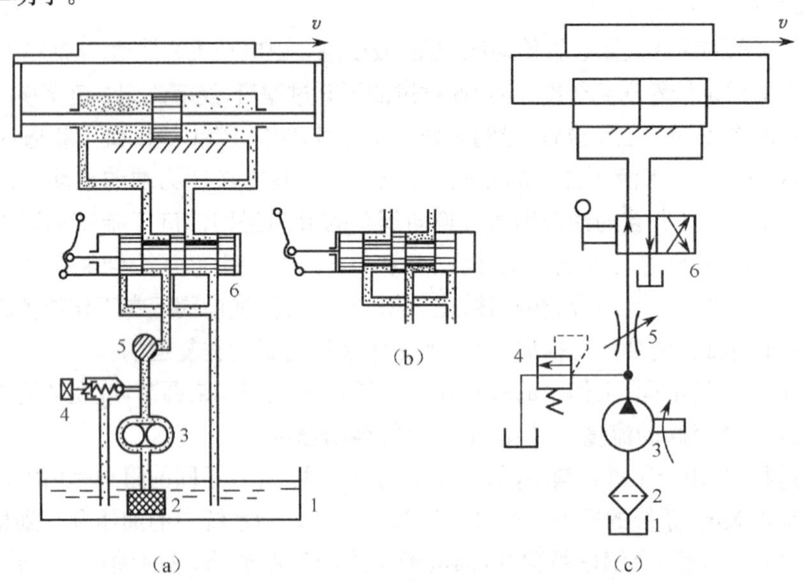

1—油箱；2—滤油器；3—液压泵；4—溢流阀；5—节流阀；6—换向阀

图 5-7　平面磨床工作台液压传动系统原理图

2. 气压传动系统举例

以气压剪切机为例，初步了解气压传动的工作原理。气压剪切机的结构及工作原理图如图 5-8 所示。图示位置为剪切前的预备状态。空气压缩机 1 产生的压缩空气经过初次净化（冷却器 2、油水分离器 3）后贮藏在贮气罐 4，再经过气压三大件（空气过滤器 5、减压阀 6、油雾器 7）及气控换向阀 9，进入汽缸 10。此时，气控换向阀 9 的 A 腔的压缩空气将阀芯推到上位，使汽缸上腔充压，活塞处于下位，剪切机的剪口张开，处于预备工作状态。

当送料机构将工料 11 送入剪切机并到达规定位置时，工料将行程阀 8 的阀芯向右推动，气控换向阀 9 的阀芯在弹簧的作用下移动到下位，将汽缸上腔与大气连通，下腔与压缩空气连通。此时，活塞带动剪刀快速向上运动将工料切下。工料被切下后，即与行程阀 8 脱开，行程阀的阀芯在弹簧作用下复位，将排气口封死，气控换向阀 9 的 A 腔压力上升，阀芯上移，使气路换向。汽缸上腔进入压缩空气，下腔排气，活塞带动剪刀向下运动，系统又恢复到图示的预备状态，待第二次进料剪切。

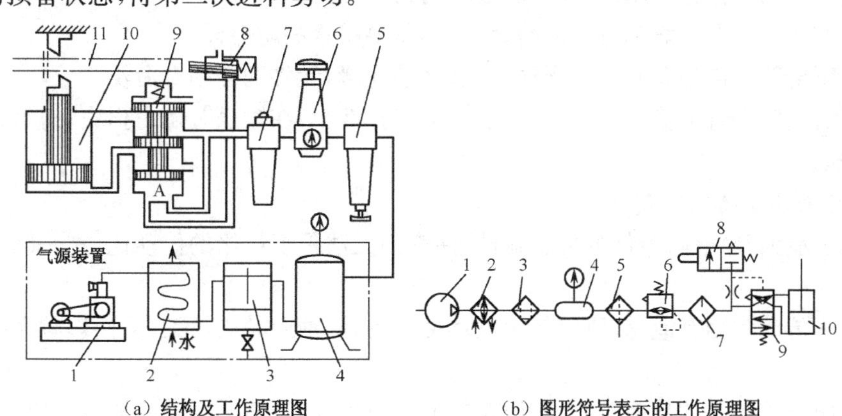

（a）结构及工作原理图　　（b）图形符号表示的工作原理图

1—空气压缩机；2—冷却器；3—油水分离器；4—贮气罐；5—空气过滤器；6—减压阀；7—油雾器；8—行程阀；9—气控换向阀；10—汽缸；11—工料

图 5-8　气压剪切机的结构及工作原理图

3. 气、液压传动系统的基本构成

由上面的例子可以看出，液压与气压传动系统主要由以下几个部分组成：

① 能源装置。它是把机械能转换成流体的压力能的装置，一般常见的是液压泵或空气压缩机。

② 执行装置。它是把流体的压力能转换成机械能的装置，一般指液（气）压缸和液（气）压马达。

③ 控制调节装置。它是对液（气）压系统中流体的压力、流量和流动方向进行控制和调节的装置。

④ 辅助装置。它是指除以上三种装置以外的其他装置，如各种管接头、油（气）管、油箱、蓄能器、过滤器、压力计等。它们起着连接、储油（气）、过滤、储存压力能和测量油（气）压等辅助作用，对保证液（气）压系统可靠、稳定、持久地工作有着重大的作用。

（四）气、液压传动的基本特点

自动化实现的主要方式有：机械方式、电气方式、液压方式和气压方式等。这些方式都有各自的优缺点和适用范围，任何一种方式都不是万能的。在对实际生产设备、生产线进行自动化设计和改造时，必须对各种技术进行比较，扬长避短，选出最适合的方式或几种方式的组合，以使设备更简单、更经济，工作更可靠、更安全。

综合各方面因素，气压与液压系统所以能得到如此迅速的发展和广泛的应用，是由于它们有许多突出的优点：

① 气、液压系统执行元件的速度、转矩、功率均可做无级调节，且调节简单、方便。

② 气、液压系统容易实现自动化的工作循环。气、液压系统中，气、液体的压力、流量和方向控制容易。与电气控制相配合，可以方便地实现复杂的自动工作过程的控制和远程控制。

③ 气压系统过载时不会发生危险，液压系统则有良好的过载保护装置，安全性高。

④ 气、液压元件易于实现系列化、标准化和通用化，便于设计、制造。

⑤ 在相同功率的情况下，液压传动装置的体积小、重量轻、惯性小、结构紧凑。

⑥ 气压传动工作介质用之不尽，取之不竭，且不易污染。

⑦ 压缩空气没有爆炸和着火危险，因此不需要昂贵的防爆设施。

⑧ 液压传动的传动介质是液压油，能够自动润滑，元件的使用寿命长。

⑨ 压缩空气由管道输送容易，而且由于空气黏性小，在输送时压力损失小，可进行远距离压力输送。

气压与液压系统的主要缺点是：

① 由于泄漏及气体、液体的可压缩性，使它们无法保证严格的传动比，这一缺点对气压尤为显著。

② 液压传动常因有泄漏，所以易污染环境。另外，油液易被污染，从而影响系统工作的可靠性。

③ 气压传动传递的功率较小，气压装置的噪声也大，高速排气时要加消声器。

④ 由于气压元件对压缩空气要求较高，为保证气压元件正常工作，压缩空气必须经过良好的过滤和干燥，不得含有灰尘和水分等杂质。

⑤ 相对于电信号而言，气压控制远距离传递信号的速度较慢，不适用于需要高速传递信号的复杂回路。

⑥ 液压元件制造精度要求高，加工、装配比较困难，使用、维护要求严格，在工作过程中发生故障不易诊断。

⑦ 油液中混入空气易影响液压系统的工作性能。油液混入空气后，易引起液压系统爬行、振动和噪声，使系统的工作性能受影响并缩短元件的使用寿命。

（五）气、液压传动的发展展望

第二次世界大战期间，在兵器上采用了功率大、反应快、动作准确的液压传动和控制装置，它大大提高了兵器的性能，也大大促进了液压技术的发展。战后，液压技术迅速转向民用，并随着各种标准的不断制订和完善及各类元件的标准化、规格化、系列化而在机械制造、工程机械、农业机械、汽车制造等行业中推广开来。近 30 年来，由于原子能技术、航空航天技术、控制技术、材料科学、微电子技术等学科的发展，再次将液压与气压传动技术推向前进，使它发展成为包括传动、控制、检测在内的一门完整的自动化技术，在国民经济的各个部门得到了广泛应用，如工程机械、数控加工中心、冶金自动线等。采用气压与液压控制技术的程度已成为衡量一个国家工业水平的重要标志之一。

工程实际中都是基于气压与液压控制技术的某种优点而应用的。如液压机是利用液压传动能够输出极大的压制力而应用；金属切削机床是利用液压传动无级调速、频繁启动性、换向快速性和平稳性等；工程机械和所有运动机械是利用液压传动结构简单、体积小、重量轻，可执行元件工作的功能多等。

冶金工业中的应用：高炉（炉顶、布料、热风炉）装置液压系统、电弧炉液压系统、方坯连铸液压系统、棒材线材机组液压系统、型材机组液压系统、带钢跑偏气压与液压控制系统等。

石油机械中的应用：石油钻机液压系统、采油机械液压系统、钻井平台桩腿升降机气压与液压系统等。

汽车运输中的应用：汽车助力转向系统、自卸式载货车车厢举升液压系统、汽车制动液压系统、汽车变速器液压系统等。

在测试仪器系统中很多都用到了液压与气压系统。

目前，液压与气压技术的研究和发展动向主要有以下几个方面：

① 提高效率，降低能耗。

② 提高技术性能和控制性能，适应机电一体化主机发展的需要。

③ 发展集成、复合、小型化、轻量化元件。

④ 开展液压系统自动控制技术方面的研究与开发。

⑤ 加强与提高安全性和环境保护为目的的研究开发水基难燃介质、无污染的纯水液压技术。

⑥ 提高液压元件和系统的工作可靠性，通过液压失效机理分析、系统状态监测、故障诊断及可靠性预测以及降低元件污染敏感度，加强污染控制与新型工程材料的应用等，从而提高液压元件及系统可靠性。

⑦ 标准化和多样化。

⑧ 开展液压系统设计理论和系统性能分析研究。

⑨ 开拓新的应用领域，研究和制造新材料、新工艺、新的工作介质和新型元件。

总之，随着工业的发展，液压与气压传动技术必将更加广泛地应用于各个工业领域。液压技术正向高压、高速、大功率、高效、低噪声、经久耐用、高度集成化的方向发展；而气压技术的应用领域已从汽车、采矿、钢铁、机械工业等行业迅速扩展到化工、轻工、食品、军事工业等各行各业，气压已发展成为包含传动、控制与检测在内的自动化技术。

几种传动控制方式的性能比较见表 5-1。

表 5-1　几种传动控制方式的性能比较

类　型		操作力	动作快慢	环境要求	构造	负载变化影响	操作距离	无级调速	工作寿命	维护	价格
气压传动		中等	较快	适应性好	简单	较大	中距离	较好	长	一般	便宜
液压传动		最大	较慢	不怕振动	复杂	有一些	短距离	良好	一般	要求高	稍贵
电传动	电气	中等	快	要求高	稍复杂	几乎没有	远距离	良好	较短	要求较高	稍贵
	电子	最小	最快	要求最高	最复杂	没有	远距离	良好	短	要求更高	最贵
机械传动		较大	一般	一般	一般	没有	短距离	较困难	一般	简单	一般

二、气、液压控制系统的维护保养常识

(一) 气压系统日常维护和常见故障的处理

1. 气压系统的日常维护

(1) 保证供给洁净的压缩空气

压缩空气中通常含有水分、油分和粉尘等杂质。水分会使管道、阀和汽缸腐蚀;油分会使橡胶、塑料和密封材料变质;粉尘造成阀体动作失灵。选用合适的过滤器,可以清除压缩空气中的杂质。使用过滤器时应及时排除积存的液体,否则当积存液体接近挡水板时,气流仍可将积存物卷起。

(2) 保证空气中含有适量的润滑油

大多数气压执行元件和控制元件要求适度的润滑,如果润滑不良将会发生以下故障:

① 由于摩擦阻力增大而造成汽缸推力不足,阀芯动作失灵;

② 由于密封材料的磨损而造成空气泄漏;

③ 由于生锈造成元件的损伤及动作失灵。

润滑的方法:一般采用油雾器进行喷雾润滑。油雾器一般安装在过滤器和减压阀之后。油雾器的供油量一般不宜过多,通常每 $10m^3$ 的自由空气供 lmL 的油量(即 40～50 滴油)。

检查润滑是否良好的一个方法是:找一张清洁的白纸放在换向阀的排气口附近,如果阀在工作三至四个循环后,白纸上只有很轻的斑点时,则表明润滑是良好的。

(3) 保持气压系统的密封性

漏气不仅增加了能量的消耗,也会导致供气压力的下降,甚至造成气压元件的工作失常。严重的漏气在气压系统停止运行时,由漏气引起的响声很容易发现;轻微的漏气则利用仪表,或用涂抹肥皂水的办法进行检查。

(4) 保证气压元件中运动零件的灵敏性

从空气压缩机排出的压缩空气,包含有粒度为 0.01～0.08μm 的压缩机油微粒,在排气温度为 120～220℃的高温下,这些油粒会迅速氧化,氧化后油粒颜色变深,黏性增大,并逐步由液态固化成油泥。这种 μm 级以下的颗粒,一般无法通过过滤器滤除,当它们进入到换向阀后便附着在阀芯上,使阀的灵敏度逐步降低,甚至出现动作失灵。为了清除油泥,保证灵敏度,可在气压系统的过滤器之后,安装油雾分离器,将油泥分离出来。此外,定期清洗阀也可以保证阀的灵敏度。

(5) 保证气压装置具有合适的工作压力和运动速度

调节工作压力时,压力表应当工作可靠,读数准确。减压阀与节流阀调节好后,必须紧固调压阀盖或锁紧螺母,防止松动。

(6) 检查、清洗与更换定期检查、清洗或更换气压元件、滤芯。

2. 气压系统常见故障的处理

(1) 减压阀的常见故障及排除方法

减压阀本身的故障包括混入异物、元件内部的故障、性能上的问题等;外部原因产生的故障绝大多数是由气源处理的好坏所决定;性能上、功能上的故障主要是元件选择不当,元件质量差所致。减压阀常见故障及排除方法见表 5-2。

表 5-2　减压阀常见故障及排除方法

常见故障	原　　因	排除方法
平衡状态下，空气从溢流口溢出	1. 进气阀座和溢流阀座有尘埃 2. 阀杆顶端和溢流阀座之间密封漏气 3. 阀杆顶端和溢流阀之间研配质量不好 4. 膜片破裂	1. 取下清洗 2. 更换密封圈 3. 重新研配或更换 4. 应更换
压力调不高	1. 调压弹簧断裂 2. 膜片破裂 3. 膜片有效受压面积与调压弹簧设计不合理	1. 应更换 2. 应更换 3. 重新调整
调压时压力爬行，升高缓慢	1. 过滤网堵塞 2. 下部密封圈阻力大	1. 应拆下清洗 2. 更换密封圈或检查有关部分
出口压力发生激烈波动或不均匀变化	1. 阀杆或进气阀芯上的O型圈表面有损伤 2. 进气阀芯与阀座之间导向接触不好	1. 应更换 2. 整修或更换阀芯

(2) 安全阀的常见故障及排除方法

安全阀的故障一般是阀内进入异物或密封件损伤，严重的故障主要是因回路和溢流阀不匹配以及元件本身的故障引起的。安全阀的常见故障及排除方法见表5-3。

表 5-3　安全阀的故障及排除方法

故　障	原　　因	排除方法
压力虽超过调定溢流压力但不溢流	1. 阀内部的孔堵塞 2. 阀的导向部分进入异物	清洗
虽压力没有超过调定值，但在出口却溢流空气	1. 阀内进入异物 2. 阀座损伤 3. 调压弹簧失灵	1. 清洗 2. 更换阀座 3. 更换调压弹簧
溢流时发生振动，其启闭压力差较小	1. 压力上升速度很慢，安全阀放出流量多，引起阀振动 2. 因从气源到安全阀之间被节流，安全阀进口压力上升慢而引起振动	1. 出口侧安装针阀，微调溢流量，使其与压力上升量匹配 2. 增大气源到安全阀的管道口径，以消除节流
从阀体或阀盖向外漏气	1. 膜片破裂 2. 密封件损伤	1. 更换膜片 2. 更换密封件

(3) 方向控制阀的常见故障及排除方法

方向控制阀的故障现象主要表现为动作不良和泄漏，其原因主要是压缩空气中的冷凝水、尘埃、铁锈、润滑不良、密封圈质量差等。方向控制阀的常见故障及排除方法见表5-4。

表 5-4 方向控制阀的常见故障及排除方法

故 障	原 因	排除方法
阀不能换向	1. 润滑不良,滑动阻力和始动摩擦力大 2. 密封圈压缩量大或膨胀变形 3. 尘埃或油污等被卡在滑动部分或阀座上 4. 弹簧卡住或损坏 5. 控制活塞面积偏小,操作力不够	1. 改善润滑 2. 适当减小密封圈压缩量 3. 清除尘埃或油污 4. 重新装配或更换弹簧 5. 增大活塞面积和操作力
阀泄漏	1. 密封圈压缩量过小或有损伤 2. 阀杆或阀座有损伤 3. 铸件有缩孔	1. 适当增大压缩量或更换受损坏密封件 2. 更换阀杆或阀座 3. 更换铸件
阀产生振动	1. 压力低(先导式) 2. 电压低(电磁式)	1. 提高先导操作压力 2. 提高电源电压或改变线圈参数

(二) 液压系统常见故障及排除方法

1. 液压泵故障

液压泵主要有齿轮泵、叶片泵等,下面以齿轮泵为例介绍液压泵故障及其诊断。齿轮泵最常见的故障是泵体与齿轮的磨损、泵体的裂纹和机械损伤。出现以上情况一般必须大修或更换零件。

在机器运行过程中,齿轮泵常见的故障现象有:噪声严重及压力波动;输油量不足;液压泵不正常或有咬死现象。

(1) 噪声严重及压力波动可能原因及排除方法

① 泵的过滤器被污物阻塞不能起滤油作用。排除方法:用干净的清洗油将过滤器中的污物去除。

② 油位不足,吸油位置太高,吸油管露出油面。排除方法:加油到油标位,降低吸油位置。

③ 泵体与泵盖的两侧没有加纸垫;泵体与泵盖不垂直密封,旋转时吸入空气。排除方法:泵体与泵盖间加入纸垫;泵体用金刚砂在平板上研磨,使泵体与泵盖垂直度误差不超过0.005mm,紧固泵体与泵盖的连接,不得有泄漏现象。

④ 泵的主动轴与电动机联轴器不同心,有扭曲摩擦。排除方法:调整泵与电动机联轴器的同心度,使其误差不超过0.2mm。

⑤ 泵齿轮的啮合精度不够。排除方法:对研齿轮达到齿轮啮合精度。

⑥ 泵轴的油封骨架脱落,泵体不密封。排除方法:更换合格泵轴油封。

(2) 输油不足的可能原因及排除方法

① 轴向间隙与径向间隙过大。排除方法:由于齿轮泵的齿轮两侧端面在旋转过程中与轴承座圈产生相对运动会造成磨损,轴向间隙和径向间隙过大时必须更换零件。

② 泵体裂纹与气孔泄漏现象。排除方法:泵体出现裂纹时需要更换泵体,泵体与泵盖间加入纸垫,紧固各连接处螺钉。

③ 油液黏度太高或油温过高。排除方法:用20#机油,选用适合的温度。一般20#全损耗系统用油适用10~50℃的温度工作,如果三班工作,应装冷却装置。

④ 电动机反转。排除方法:纠正电动机旋转方向。

⑤ 过滤器有污物,管道不畅通。排除方法:清除污物,更换油液,保持油液清洁。

⑥ 压力阀失灵。排除方法:修理或更换压力阀。

(3) 液压泵运转不正常或有咬死现象的可能原因及排除方法

① 泵轴向间隙及径向间隙过小。排除方法:轴向、径向间隙过小则应更换零件,调整轴向或径向间隙。

② 滚针转动不灵活。排除方法:更换滚针轴承。

③ 盖板和轴的同心度不好。排除方法:更换盖板,使其与轴同心。

④ 压力阀失灵。排除方法:检查压力阀弹簧是否失灵,阀体小孔是否被污物堵塞,滑阀和阀体是否失灵;更换弹簧,清除阀体小孔污物或更换滑阀。

⑤ 泵和电动机间联轴器同心度不够。排除方法:调整泵轴与电动机联轴器同心度,使其误差不超 0.20mm。

⑥ 泵中有杂质,可能在装配时有铁屑遗留,或油液中吸入杂质。排除方法:用细铜丝网过滤全损耗系统用油,去除污物。

2. 整体多路阀常见故障的可能原因及排除方法

(1) 工作压力不足

① 溢流阀调定压力偏低。排除方法:调整溢流阀压力。

② 溢流阀的滑阀卡死。排除方法:拆开清洗,重新组装。

③ 调压弹簧损坏。排除方法:更换新产品。

④ 系统管路压力损失太大。排除方法:更换管路,或在许用压力范围内调整溢流阀压力。

(2) 工作油量不足

① 系统供油不足。排除方法:检查油源。

② 阀内泄漏量大。排除方法:如油温过高,黏度下降,则应采取降低油温措施;如油液选择不当,则应更换油液;如滑阀与阀体配合间隙过大,则应更换新产品。

(3) 复位失灵

复位弹簧损坏与变形。排除方法:更换新产品。

(4) 外泄漏

① Y 形圈损坏。排除方法:更换新产品。

② 油口安装法兰面密封不良。排除方法:检查相应部位的紧固和密封。

③ 各结合面紧固螺钉、调压螺钉松动或堵塞。排除方法:紧固相应部件。

3. 电磁换向阀常见故障的可能原因和排除方法

(1) 滑阀动作不灵活

① 滑阀被拉坏。排除方法:拆开清洗,或修整滑阀与阀孔的毛刺及被拉坏的表面。

② 阀体变形。排除方法:调整安装螺钉的压紧力,安装转矩不得大于规定值。

③ 复位弹簧折断。排除方法:更换弹簧。

(2) 电磁线圈烧损

① 线圈绝缘不良。排除方法:更换电磁铁。

② 电压太低。排除方法:使用电压应在额定电压的 90%以上。

③ 工作压力和流量超过规定值。排除方法:调整工作压力,或采用性能更好的阀。

④ 回油压力过高。排除方法:检查背压,应在规定值16MPa以下。

4. 液压缸故障及排除方法

(1) 外部漏油

① 活塞杆碰伤拉毛。排除方法:用极细的砂纸或油石修磨,不能修的,更换新件。

② 防尘密封圈被挤出或反唇。排除方法:拆开检查,重新更换。

③ 活塞和活塞杆上的密封件磨损与损伤。排除方法:更换新密封件。

④ 液压缸安装定心不良,使活塞杆伸出困难。排除方法:拆下活塞杆检查安装位置是否符合要求。

(2) 活塞杆爬行和蠕动

① 液压缸内进入空气或油中有气泡。排除方法:松开接头,将空气排出。

② 液压缸的安装位置偏移。排除方法:在安装时必须检查,使之与主机运动方向平行。

③ 活塞杆全长和局部弯曲。排除方法:活塞杆全长校正直线度误差应小于等于0.03/100mm或更换活塞杆。

④ 缸内锈蚀或拉伤。排除方法:去除锈蚀和毛刺,严重时更换缸筒。

三、数控机床气、液压控制系统维护保养基础技术训练

(一) H400加工中心气压传动系统的维护保养

本训练课题主要介绍了H400型数控加工中心中换刀气压系统的工作原理、常见故障以及排除故障的方法。H400型数控加工中心换刀系统图如图5-9所示。

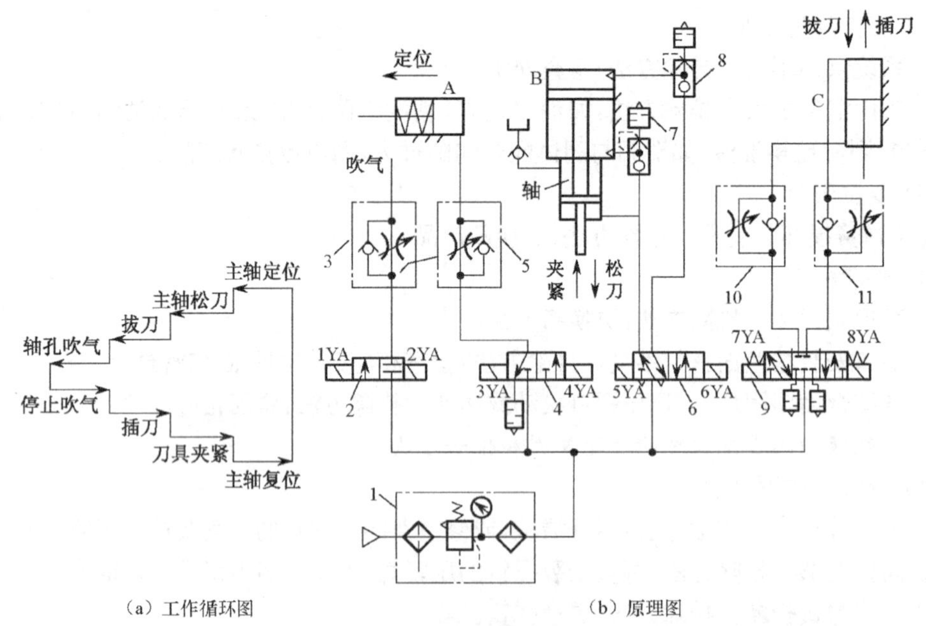

(a) 工作循环图　　　　(b) 原理图

1—气压三联件;2—两位两通电磁换向阀;3,5,10,11—单向节流阀;

4—两位三通电磁换向阀;6,9—两位五通电磁换向阀;7—消声器;8—快速排气阀

图5-9 H400型数控加工中心换刀系统图

1. 读懂 H400 数控加工中心换刀部分气压系统原理图

数控加工中心是具有快速换刀功能,能进行铣、钻、镗、攻螺纹等加工,一次装夹后能自动完成工件的大部分或全部加工的数控机床。带自动换刀装置的加工中心一般由气压系统来控制,其功能是将夹持在机床主轴上的刀具与刀具库或刀具传送装置上的刀具进行交换。

(1) 数控加工中心换刀部分气压系统工作原理

正确分析气压系统的工作原理是对气压设备维护保养、安装调试、故障排除等工作的必要条件。这种数控加工中心的换刀机构不需要机械手,结构比较简单。刀库转位由伺服电动机通过齿轮、蜗杆、蜗轮的传动来实现。气压传动系统在换刀过程中实现主轴的定位、松刀、拔刀、向主轴锥孔吹气和插刀等动作。其换刀过程如下:

① 主轴定位。主轴准确停转,然后主轴箱上升,待卸刀具插入刀库的空挡位置,刀具即被刀库中的定位卡爪钳住。

② 主轴松刀。主轴内刀杆自动夹紧装置放松刀具。

③ 拔刀。刀库伸出,从主轴锥孔中将待卸刀具拔出。

④ 刀库转位。将选好的刀具转到最下面的位置。

⑤ 向主轴锥孔吹气。压缩空气将主轴锥孔吹净。

⑥ 插刀。刀库退回,将新刀插入主轴锥孔中。

⑦ 刀具夹紧。主轴内夹紧装置将刀杆拉紧。

⑧ 主轴复位。主轴下降到加工位置,开始下一步的加工。

根据以上的换刀过程和图 5-9 所示气压系统工作原理可知,当数控系统发出换刀指令,主轴停转,同时 4YA 通电,压缩空气经气压三联件 1、换向阀 4、单向节流阀 5、主轴定位缸 A 的右腔,缸 A 活塞左移,使主轴自动定位;定位后压下无触点开关,使 6YA 通电,压缩空气经换向阀 6、快速排气阀 8、气液增压缸 B 的上腔,增压缸的活塞伸出,实现主轴松刀;同时使 8YA 通电,压缩空气经换向阀 9、单向节流阀 11、缸 C 的上腔,活塞下移实现拔刀;回转刀库转位,同时 1YA 通电,压缩空气经换向阀 2、过单向节流阀 3 向主轴锥孔吹气;稍后 1YA 断电,2YA 通电,停止吹气;8YA 断电,7YA 通电,压缩空气经换向阀 9、单向节流阀 10、缸 C 的下腔,活塞上移,实现插刀动作;6YA 断电,5YA 通电,压缩空气经换向阀 6、气液增压缸 B 的下腔,活塞上移,主轴的机械机构使刀具夹紧;4YA 断电,3YA 通电,缸 A 的活塞在弹簧力的作用下复位,恢复刀开始状态,换刀过程结束。

(2) 数控加工中心换刀部分各气压元件的作用

以上是对数控加工中心换刀部分气压系统工作过程和工作原理的分析,同时一定要理解组成气压系统中所有气压元件在系统中的作用。只有这样,才会有能力对该设备在使用过程中出现的各种故障进行分析与判断。根据原理图可知以下内容。

① 气压三联件 1 的作用:压缩空气首先进入分水滤气器,经除水滤气净化后进入减压阀,经减压后控制气体的压力以满足气压系统的要求,输出的稳压气体最后进入油雾器,将润滑油雾化后混入压缩空气一起输往气压控制元件和执行元件。

② 两位两通电磁换向阀 2 的作用:通过两边电磁铁的得失电,可以控制主轴锥孔吹气或不吹气。

③ 单向节流阀 3,5,10,11 的作用:使进入汽缸中的压缩空气进行单方面的流量调节,

从而控制汽缸的允许速度。

④ 两位三通电磁换向阀 4 的作用：通过两边电磁铁的得失电，可以控制主轴的自动定位或恢复到开始状态。

⑤ 两位五通电磁换向阀 6,9 的作用：通过两边电磁铁的得失电，可以控制汽缸 B 的夹紧、松刀动作或汽缸 C 的拔刀、插刀动作。

⑥ 消声器 7 的作用：降低排出气体时的噪声。噪声使环境恶化，危害人身健康。

⑦ 汽缸 A,B,C 作用：是气压系统的执行元件，完成对换刀过程中的定位、夹紧或松刀动作、拔刀或插刀动作。

2. 正确选用气压元件组成 H400 加工中心气压传动系统

H400 型数控加工中心的换刀方式有多种，要求学生能根据需要正确选用不同的气压元件以组成不同功能的气压系统。气压系统的安装并不是简单地用管子把各阀连接起来，安装实际上是设计的延续。调试气压系统是使系统正常、安全工作的必要工作。

(1) 正确选用各气压元件并组装成所需系统

① 气压元件的正确选择。

气压系统中有动力元件、执行元件、辅助元件和控制元件等四大类。要正确选择各气压元件，首先要分析气压设备的功能要求，然后根据前文所叙述的各气压元件的作用，正确选择系统中所需要的所有元件。在 H400 数控加工中心换刀气压系统中要正确选用气源、气压三联件、两位两通双电磁铁换向阀、单向节流阀、两位三通双电磁铁换向阀、两位五通双电磁铁换向阀、快速排气阀、消声器、汽缸等。

② 气压系统的正确安装

气压系统作为一种生产设备，首先应保证运行可靠、布局合理、安装工艺正确、将来维修检测方便等。气压系统的安装包括气压元件的安装和各元件之间的连接安装。由于各气压元件之间管道连接的多变性和实际现有管接件品种数量等因素，有许多气压控制柜的装配图是在安装人员根据气压系统原理图安装好以后，再由技术人员补画的。目前，气压元件之间的连接一般采用紫铜管卡套式连接和尼龙软管快插式连接两种。快插式接头拆卸方便，一般用于产品实验阶段或一些简易气压系统；卡套式接头安装牢固可靠，一般用于定型产品。

● 审查气动系统设计　安装前首先要充分了解气压执行元件的工艺要求，根据其要求对系统原理图进行逐路分析；然后确定管接头的连接形式，既要考虑现在安装时的经济快捷，也要考虑将来整体安装好后中间单个元件拆卸、维修、更换的方便。另外，在达到同样工艺要求的前提下应尽量减少管接头的用量。

● 模拟安装　首先必须按图核对元件的型号和规格；然后卸掉每个元件进出口的堵头，在各元件上拧上端直通或端直角管接头，认清各气压元件的进出口方向；接着把各元器件按气压系统原理图中线路要求平铺在工作台上，再量出各元件间所需管子的长度，长度选取要合理，要考虑电磁阀接线插座的拆卸、接线和各元件以后更换的方便，以及管子在安装过程中的弯曲长度等。

● 正式安装　根据模拟安装的工艺，拧下各元器件上的端直通，在端直通接头上包上聚四氟乙烯密封带再重新拧入气压元件内并用扳手拧紧；按照模拟安装时选好的管子长度，把各元件连接起来。在安装时要注意:铜管插入管接头时必须插到底再稍退,并且检查每一个管接头中是否铜卡鼓,卡紧螺帽必须用扳手扳紧,以防漏气。待这部分组件安装好后将它整体固定到控制柜内,再用铜管把相关回路连接起来,最后装上相关仪表,并注意压力表要垂直安装,表面朝向要便于观察。

③ 正确调试气压系统。

气压系统安装好后要进行系统的调试。只有通过正确的调试,才能使系统中的压力、流量、方向等主要参数满足系统设计的需要,也才能使执行元件的输出力、输出速度和运动方向满足设备使用的要求。

● 调试前的准备工作。首先要熟悉气压设备说明书等有关技术资料,力求全面了解系统的原理、结构、性能及操作方法;其次要了解需要调整的元件在设备上的实际位置、操作方法及调节旋钮的旋向等;然后把所有气压元件的输出口用事先准备好的堵头堵住,在需要测试的部位安装好临时压力表以便观察压力;准备好驱动电磁阀的临时电源,并将电磁阀的临时电源接好(对 220V 电压的系统要特别注意安全,核查每一个电磁阀的额定许用电压是否与实验电压一致);最后连接好气源。在空载情况下,观察执行元件是否有动作的产生。空载试运行不得少于 2h,主要观察压力、流量、温度的变化。

● 正式调试工作。打开气源开关,缓缓调节进气,调压阀使压力逐渐升高至 0.6MPa,检查每一个管接头处是否有漏气现象,如有必须加以排除。调节每一个支路上的调压阀使其压力升高,观察其压力变化是否正常。对每一路的电磁阀进行手动换向和通电换向,如遇到电磁阀不换向可用升高压力或对阀体稍加振动的方法进行实验。换向阀因久放不用,发生不换向现象时,须拆开阀体把涂在阀芯上的干硬硅脂用煤油洗掉,重新涂上硅脂安装好。注意在用手动方法换向后,一定要把手动手柄恢复到原位,否则可能会出现通电后不换向的情况。执行元件的速度调试应逐个回路进行,在调试一个回路时,其余回路应处于关闭状态;对速度平稳性要求较高的气压系统,应在带负载的状态下,观察其速度的变化情况。速度调试完毕,然后调节各执行元件的行程位置程序动作和安全联锁装置。各项指标均达到设计要求后,方能进行设备的试运行。

④ 组装成 H400 加工中心换刀气压系统。

● 根据加工中心气压传动系统图选择相应气压元件并在相应位置进行固定。

● 根据系统图连接各元件组成系统并对系统进行检验。

● 调节减压阀,观察执行元件运行时系统压力的变化,并根据系统负载的大小调节好减压阀的压力。

● 调节节流阀,观察执行元件运行速度的变化,并根据系统设计需要调节好节流阀的正确位置。

● 完成任务经老师检查评价后,关闭电源,拆下气压元件和连接管线并放回原来地方。

● 对训练过程中取得的数据和现象进行分析与总结,得出结论。

3. H400 加工中心气压传动系统的维护保养

H400 加工中心气压传动系统是一个综合性设备,在使用过程中如果不注意日常的维护和保养,会使设备的使用效率大大降低,甚至会影响到设备的正常安全使用。对 H400 加工中心气压传动系统中的动力元件、控制元件、执行元件、辅助元件进行日常的维护与保养,是工作中不可缺少的一个重要环节。

(1) 气压系统的维护和保养

H400 加工中心气压传动系统的日常维护与保养应及早进行，不应该拖延到问题已经在设备的某个部分产生，并需要修理时才进行。为确保设备使用寿命，以及单个元件和整个系统的工作可靠性，首先考虑的问题就是对它们进行预防性维护保养。定期对系统维护保养不会带来任何不必要的花费，相反有利于减小因空气泄漏、修理和由于故障或损坏系统停止使用给生产所带来的损失。对气压设备应指派在气压技术方面经过专门培训的合格人员来维护保养。

气压系统日常维护的主要内容是冷凝水和系统润滑的管理。气压系统从控制元件到执行元件，凡有相对运动的部件表面都需润滑，如润滑不当，会使摩擦阻力增大导致元件动作失常。同时，密封圈磨损会引起系统漏气等危害。润滑油的性能直接影响润滑效果。通常，高温环境下用高黏度润滑油，低温环境下用低黏度润滑油。如果温度特别低，为克服起雾现象可在油杯内装加热器。

(2) 气压系统的检修

气压系统的检修时间间隔通常为三到四个月，其主要内容有：

① 查明系统各漏气点，并设法予以解决。

② 通过对方向控制阀排气口的检查，判断润滑油是否适度，空气中是否有冷凝水。

③ 检查安全阀、紧急开关动作是否可靠。定期检查时，必须确认它们动作的可靠性，以确保设备和人身安全。

④ 观察换向阀的动作是否正常。根据换向时声音是否异常，判定铁磁和衔铁配合处是否有杂质，检查铁芯是否有磨损，密封件是否老化，手摸电磁头是否过热，外壳是否损坏。

⑤ 反复开关换向阀观察汽缸动作，判断活塞上的密封是否良好。检查活塞杆外露部分，判定其与前盖的配合处是否有漏气现象等。

上述各项检查和修复的结果应记录在案，以作为设备出现故障查找原因和设备大修时的参考。气压系统的大修间隔期为一年或几年，其主要内容是检查系统各元件和部件，判定其性能和寿命，并对平时产生故障的部位进行检修或更换元件，排除修理期间内一切可能产生故障的因素。

(3) H400 加工中心气压系统常见故障的诊断与排除

气压设备是由机械、气压、电器及仪表等装置有机组合的统一体，气压系统又是由各种基本回路和元件组成的统一体。气压设备在使用过程中，由于种种原因，会产生各种各样的故障，如输出力不能满足要求，漏气，速度不能满足要求，异常振动，异常噪声等。当气压设备出现故障后，往往要用比较长的时间寻找故障原因。在分析故障之前必须弄清气压系统的工作原理、结构特点与机械、电气的关系，根据故障现象进行调查分析，缩小可疑范围，确定故障区域、部位，直至某个气压元件。

① H400 数控加工中心换刀系统常见故障。

- 压力降低过大，系统不能完成动作。
- 执行元件的异常振动。
- 气压系统有漏气现象。

●执行元件的运动速度太低。

●汽缸不能正常换向。

② H400数控加工中心换刀系统常见故障的原因分析。

气压设备故障的诊断方法通常有经验法和推理分析法两种。经验法主要是依靠实际经验,并借助简单的仪表,诊断故障发生的部位,找出故障的原因。推理分析法是利用逻辑推理,步步逼近,寻找出故障产生的真实原因。

③ H400数控加工中心换刀系统常见故障的解决方法。

在确定了气压系统故障部位和产生故障的原因之后,应本着"先外后内"、"先调后拆"、"先洗后修"的原则,制订出修理工作的具体措施。

H400数控加工中心换刀系统常见故障及其排除方法见表5-5。

表5-5 H400数控加工中心换刀系统常见故障及其排除方法

故障	原因	排除方法
系统压力降低过大	1. 可能由于减压阀下部积存冷凝水或减压阀内混入异物 2. 汽缸内进入冷凝水 3. 气源提供压力降低 4. 分水过滤器滤芯堵塞	1. 清洗减压阀或更换减压阀 2. 定期排放汽缸内污水 3. 检查气泵输出口或端部的压力 4. 用净化液清洗滤芯,必要时更换滤芯
执行元件的异常振动	1. 减压阀内弹簧弹力减小,使输出力不稳定 2. 汽缸内润滑不好或活塞卡住 3. 汽缸内缓冲部分的密封圈性能差	1. 更换减压阀内调压弹簧或更换减压阀 2. 给汽缸加油或清洗 3. 更换汽缸内密封圈
气压系统有漏气现象	1. 活塞杆密封圈密封不好 2. 活塞密封圈密封不好 3. 分水滤气器密封不好 4. 油雾器密封不好	1. 更换活塞杆密封圈 2. 更换活塞密封圈 3. 检查分水滤气器密封情况 4. 检查油雾器情况
汽缸的运动速度太慢	1. 气源输出气体流量过小 2. 减压阀的阀口径太小 3. 单向节流阀调得太小 4. 汽缸有漏气现象	1. 检查气源输出空气流量大小 2. 调大减压阀的阀口口径 3. 调大单向节流阀的口径 4. 检查汽缸内外是否泄漏,如漏气需更换缸内密封圈
汽缸不能正常换向	1. 电磁换向阀阀芯卡住 2. 电磁铁没有得电信号	1. 清洗电磁换向阀的阀芯 2. 检查电磁铁的通电情况

(二) MJ-50数控车床液压系统常见故障及其排除方法

1. 概述

MJ-50数控车床卡盘的夹紧与松开、卡盘夹紧力的高低与转换、回转刀架的松开与夹紧、刀架刀盘的正转与反转、尾座套筒的伸出与退回都是由液压系统驱动的,液压系统中各磁阀电磁铁的动作是由数控系统的PC控制实现的。

如图5-10所示为数控车床液压系统原理图,卡盘系统的执行元件是液压缸,控制油路则由一个有两个电磁铁的二位四通换向阀 1、一个二位四通换向阀 2、两个减压阀 6 和 7 组成。

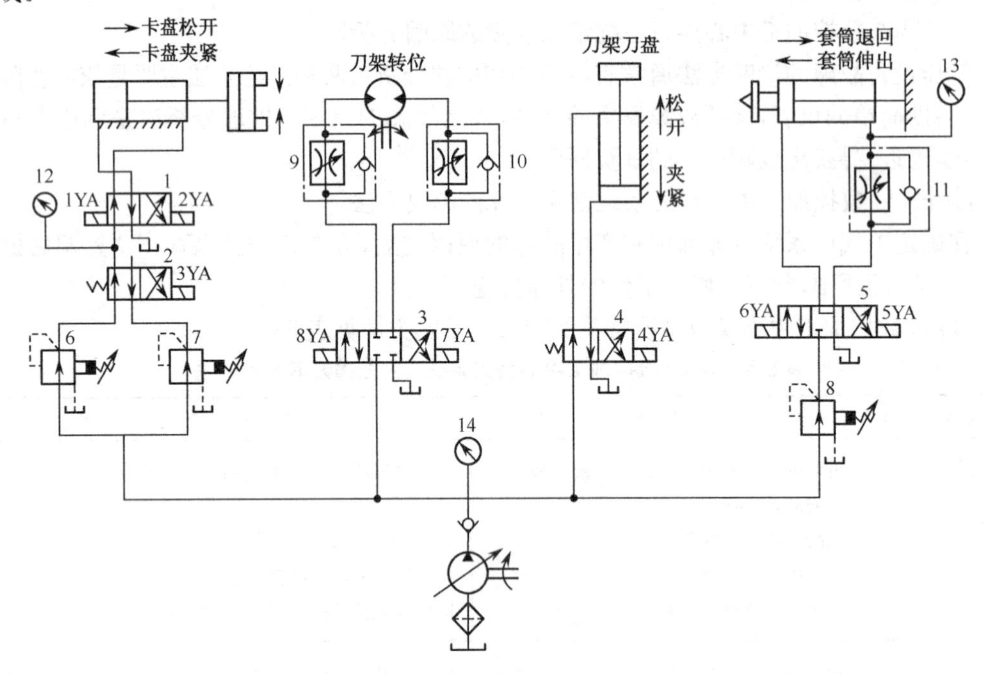

图 5-10　数控车床液压系统原理图

高压夹紧：3YA 失电，1YA 得电，换向阀 2 和 1 均位于左位。分系统的进油路：液压泵→单向阀→减压阀 6→换向阀 2→换向阀 1→液压缸右腔。回油路：液压缸左腔→换向阀 1→油箱。这时，活塞左移使卡盘夹紧(称正卡或外卡)，夹紧力的大小可通过减压阀 6 调节。由于减压阀 6 的调定值高于减压阀 7，所以卡盘处于高压夹紧状态。松夹时，使 2YA 得电，1YA 失电，换向阀 1 切换至右位。进油路：液压泵→单向阀→减压阀 6→换向阀 2→换向阀 1→液压缸左腔。回油路：液压缸右腔→换向阀 1→油箱。活塞右移，卡盘松开。

低压夹紧：油路与高压夹紧状态基本相同，唯一不同的是这时 3YA 得电而使换向阀 2 切换至右位，因而液压泵的供油只能经减压阀 7 进入分系统。通过调节阀 7 便能实现低压夹紧状态下的夹紧力。

2. MJ-50 数控车床液压系统工作原理

MJ-50 数控车床液压系统采用单向变量液压泵，系统压力调整至 4MPa，由压力表 14 显示。在阅读和分析液压系统图时，可参阅表 5-6 所列电磁铁动作顺序表。

表 5-6　电磁铁动作顺序表

动作 \ 电磁铁			1YA	2YA	3YA	4YA	5YA	6YA	7YA	8YA
卡盘正卡	高压	夹紧	+	−	−					
		松开	−	+	−					
	低压	夹紧	+	−	+					
		松开	−	+	+					

（续表）

动作 \ 电磁铁			1YA	2YA	3YA	4YA	5YA	6YA	7YA	8YA
卡盘反卡	高压	夹紧	−	+	−					
		松开	+	−	−					
	低压	夹紧	−	+	+					
		松开	+	−	+					
回转刀架	刀架正转								−	+
	刀架反转								+	−
	刀盘松开					+				
	刀盘夹紧					−				
尾座	套筒伸出						−	+		
	套筒退回						+	−		

(1) 卡盘的夹紧与松开

主轴卡盘的夹紧与松开，由二位四通电磁阀 1 控制。卡盘的高压夹紧与低压夹紧的转换，由二位四通电磁阀 2 控制。

当卡盘处于正卡(也称外卡)且在高压夹紧状态下，夹紧力的大小由减压阀 6 来调整，由压力表 12 显示卡盘压力。当 3YA 断电、1YA 通电时，系统压力油经减压阀 6→换向阀 2(左位)→换向阀 1(左位)→液压缸右腔；液压缸左腔的油液经换向阀 1(左位)直接回油箱。活塞杆左移，卡盘夹紧。反之，当 2YA 通电时，系统压力油经减压阀 6→换向阀 2(左位)→换向阀 1(右位)→液压缸左腔；液压缸右腔的油液经换向阀 1(右位)直接回油箱。活塞杆右移，卡盘松开。

当卡盘处于正卡且在低压夹紧状态下，夹紧力的大小由减压阀 7 来调整。当 1YA 和 3YA 通电时，系统压力油经调节阀 7→换向阀 2(右位)→换向阀 1(左位)→液压缸右腔，卡盘夹紧。反之，当 2YA 和 3YA 通电时，系统压力油经调节阀 7→换向阀 2(右位)→换向阀 1(右位)→液压缸左腔，卡盘松开。

(2) 回转刀架动作

回转刀架换刀时，首先是刀盘松开，之后刀盘就达到指定的刀位，最后刀盘复位夹紧。

刀盘的夹紧与松开由一个二位四通电磁阀 4 控制。刀盘的旋转有正转和反转两个方向，它由一个三位四通电磁阀 3 控制，其旋转速度分别由单向调速阀 9 和 10 控制。

当 4YA 通电时，电磁阀 4 右位工作，刀盘松开；当 8YA 通电时，系统压力油经电磁阀 3(左位)→调速阀 9→液压马达，刀架正转。当 7YA 通电时，系统压力油经电磁阀 3(左位)→调速阀 9→液压马达，则刀架反转；当 4YA 断电时，电磁阀 4 左位工作，刀盘夹紧。

(3) 尾座套筒的伸缩动作

尾座套筒的伸缩与退回由一个三位四通电磁阀 5 控制。

当 6YA 通电时，系统压力油经减压阀 8→电磁阀 5(左位)到液压缸左腔；液压缸右腔油液经油液单向调速阀 11→电磁阀 5(左位)回油箱，套筒伸出。套筒伸出工作时的预紧力大小通过减压阀 8 来调整，并由压力表 13 显示，伸出速度由调速阀 11 控制。反之，当 5YA 通电时，系统压力油经减压阀 8→电磁阀 5(右位)→单向调速阀 11→液压缸右腔，套筒退回。这时，液压缸左腔的油液经电磁阀 5(右位)直接回油箱。

3. MJ-50 数控车床液压系统常见故障及其排除方法

MJ-50 数控车床液压系统常见故障及其排除方法见表 5-7。

表 5-7 液压系统常见故障及其排除方法

故障现象	产生原因	排除方法
系统无压力或压力不足	(1)溢流阀开启，由于阀芯被卡住，不能关闭，阻尼孔堵塞，阀芯与阀座配合不好或弹簧失效	(1)修研阀芯壳体，清洗阻尼孔，更换弹簧
	(2)其他控制阀阀芯由于故障卡住，引起卸荷	(2)找出故障部位，清洗或修研，使阀芯在阀体内运动灵活
	(3)液压元件磨损严重，或密封损坏，造成内、外泄漏	(3)检查泵、阀及管路各连接处的密封性，修理或更换零件和密封
	(4)液压过低，吸油堵塞或油温过高	(4)加油，清洗吸油管或冷却系统
	(5)泵转向错误，转速过低或动力不足	(5)检查动力源
流量不足	(1)油箱液位过低，油液黏度大，过滤器堵塞引起吸油阻力增大	(1)检查液位，补油，更换黏度适宜的液压油，保证油路通畅
	(2)液压泵转向错误，转速过低或空转磨损严重，性能下降	(2)检查原动机、液压泵及液压泵变量机构，必要时换泵
	(3)回油管在液位以上，空气进入	(3)检查管路连接及密封是否正确可靠
	(4)蓄能器漏气，压力及流量供应不足	(4)检查蓄能器性能与压力
	(5)其他液压元件及密封件损坏引起泄漏	(5)修理或更换
	(6)控制阀动作不灵活	(6)调整或更换
泄漏	(1)管接头松动，密封损坏	(1)拧紧接头，更换密封
	(2)板式连接或法兰连接结合面螺钉预紧力不够或密封损坏	(2)预紧力应大于液压力，更换密封
	(3)系统压力长时间大于液压元件或辅件额定工作压力	(3)元件壳体内压力不应大于油封允许压力，更换密封
	(4)油箱内安装水冷式冷却器，如果油位高，则水漏入油中；如果油位低，则油漏入水中	(4)拆修
过热	(1)冷却器通过能力小或出现故障	(1)排除故障或更换冷却器
	(2)液位过低或黏度不适合	(2)加油或更换黏度合适的油液
	(3)油箱容量小或散热性差	(3)增大油箱容量，增设冷却装置
	(4)压力调整不当，长期在高压下工作	(4)调整溢流阀压力至规定值，必要时改进回路
	(5)油管过细过长，弯曲太多造成压力损失增大，引起发热	(5)改变油管规格及油管路
	(6)系统中由于泄漏、机械摩擦造成功率损失过大	(6)检查泄漏，改善密封，提高运动的部件加工精度、装配精度和润滑条件
	(7)环境温度高	(7)尽量减少环境温度对系统的影响

(续表)

故障现象	产生原因	排除方法
振动	(1)液压泵:吸入空气,安装位置过高,吸油阻力大,齿轮齿形精度不够,叶片卡死断裂,柱塞卡死移动不灵活,零件磨损使间隙过大	(1)更换进油口密封,吸油口管口至泵吸油口高度要小于500mm,保证吸油管直径足够大,修复或更换损坏零件
	(2)液压油:液位太低,吸油管插入液面深度不够,油液黏度太大,过滤器阻塞	(2)加油,吸油管加长,浸到规定深度,更换合适黏度液压油,清洗过滤器
	(3)溢流阀:阀芯与阀座配合间隙过大,弹簧失效	(3)清洗阻塞孔,修配阀芯与阀座间隙,更换弹簧
	(4)其他阀芯移动不灵活	(4)清洗,去毛刺
	(5)管道:管道细长,没有固定装置,互相碰击,吸油管与回油管太近	(5)增设固定装置,扩大管道间距离及吸油管和回油管距离
	(6)电磁铁:电磁铁焊接不良,弹簧过硬或损坏,阀芯在阀体内卡住	(6)重新焊接,更换弹簧,清洗及研配阀芯和阀体
	(7)机械:液压泵与电动机联轴器不同心或松动,运动部件停止时有冲击,换向缺少阻尼,电动机振动	(7)保持泵轴与电动机轴同心度不大于0.1mm,采用弹性联轴器,紧固螺钉,设阻塞或缓冲装置,对电动机做平衡处理
冲击	(1)蓄能器冲气压力不够	(1)给蓄能器充气
	(2)工作压力过高	(2)调整压力至规定值
	(3)先导阀、换向阀制动不灵及节流缓冲慢	(3)减少制动锥的斜角或增加制动锥的长度,修复溢流缓冲装置
	(4)液压缸端部没有缓冲装置	(4)增设缓冲装置或背压阀
	(5)溢流阀故障使压力突然升高	(5)修理或更换溢流阀
	(6)系统中有大量空气	(6)排除空气

习题与思考五

1. 举例说明气动与液压传动的应用。
2. 气、液压控制技术的基本工作原理是什么?
3. 帕斯卡原理的内容是什么?
4. 气、液压系统的基本构成如何?
5. 气、液压传动的基本特点有哪些?
6. 气压系统的日常维护应注意哪几个方面?
7. 简述气压减压阀的常见故障及排除方法。
8. 简述气压方向控制阀的常见故障及排除方法。
9. 液压泵故障可能有哪些方面? 如何处理?
10. H400加工中心气压传动系统的维护保养内容有哪些?
11. 解释MJ-50数控车床液压系统工作原理。
12. MJ-50数控车床液压系统常见故障有哪些? 排除方法如何?

参 考 文 献

[1] 许忠美. 数控设备管理和维护技术基础. 北京:高等教育出版社,2008
[2] 朱晓春. 数控技术. 北京: 机械工业出版社,2010
[3] 易红. 数控技术. 北京: 机械工业出版社,2010
[4] 赵玉刚. 数控技术. 北京: 机械工业出版社,2010
[5] 邵泽波. 机电设备管理技术. 北京:化学工业出版,2004
[6] 杜栋. 管理控制学. 北京:清华大学出版社,2006
[7] 张钢. 企业组织网络化发展. 浙江:浙江大学出版社,2005
[8] 高新华. 如何进行企业组织设计. 北京:北京大学出版社,2004
[9] 任浩. 现代企业组织设计. 北京:清华大学出版社,2005
[10] 徐衡. 数控机床故障维修. 北京:化学工业出版社,2005
[11] 张光跃. 数控设备故障诊断与维修实用教程. 北京:电子工业出版社,2005
[12] 韩鸿鸾. 数控机床维修实例. 北京:中国电力出版社,2006
[13] 邵泽强. 机床数控系统技能实训. 北京:北京理工大学出版社,2006
[14] 陈子银. 数控机床电气控制. 北京:北京理工大学出版社,2006
[15] 朱仁盛. 气动与液压控制技术. 北京:中国铁道出版社,2011